U0368279

卓越工程师教育培养计划配套教材

飞行技术系列

飞机空气动力学

王秉良　鲁嘉华　匡江红　吕鸿雁　曹达敏　编

清华大学出版社
北京

内容简介

本书是一本理论和实践相结合的书。全书分7章，讲述了飞机和大气的特点、低速气流特性、飞机的低速空气动力特性、高速气流特性、飞机的高速空气动力特性、螺旋桨空气动力特性和非常规气动特点。本书在内容广度和深度上兼顾知识的系统性、逻辑性，力求结构合理，理论性和实用性并重。

本书可以作为飞行技术及民航交通运输专业的教科书，也可作为航空爱好者的参考书。

版权所有，侵权必究。举报：010-62782989，beiqinquan@tup.tsinghua.edu.cn。

图书在版编目(CIP)数据

飞机空气动力学/王秉良等编. —北京：清华大学出版社，2013 (2025.1重印)
(卓越工程师教育培养计划配套教材·飞行技术系列)
ISBN 978-7-302-31822-4

Ⅰ. ①飞…　Ⅱ. ①王…　Ⅲ. ①飞机—空气动力学—高等学校—教材　Ⅳ. ①V211.4

中国版本图书馆 CIP 数据核字(2013)第 063001 号

责任编辑：庄红权
封面设计：常雪影
责任校对：王淑云
责任印制：宋　林

出版发行：清华大学出版社
网　　址：https://www.tup.com.cn, https://www.wqxuetang.com
地　　址：北京清华大学学研大厦 A 座　　**邮　　编**：100084
社 总 机：010-83470000　　**邮　　购**：010-62786544
投稿与读者服务：010-62776969，c-service@tup.tsinghua.edu.cn
质量反馈：010-62772015，zhiliang@tup.tsinghua.edu.cn
印 装 者：三河市君旺印务有限公司
经　　销：全国新华书店
开　　本：185mm×260mm　　**印　　张**：15　　**字　　数**：360 千字
版　　次：2013 年 7 月第 1 版　　**印　　次**：2025 年 1 月第11次印刷
定　　价：42.00 元

产品编号：046435-03

卓越工程师教育培养计划配套教材

总编委会名单

主　任：丁晓东　汪　泓

副主任：陈力华　鲁嘉华

委　员：（按姓氏笔画为序）

丁兴国　王岩松　王裕明　叶永青　刘晓民

匡江红　余　粟　吴训成　张子厚　张莉萍

李　毅　陆肖元　陈因达　徐宝纲　徐新成

徐滕岗　程武山　谢东来　魏　建

卓越工程师教育培养计划配套教材

——飞行技术系列编委会名单

主　任：汪　泓　丁兴国　郝建平

副主任：谢东来　陈力华　魏　建

委　员：（按姓氏笔画为序）

卫国林　马银才　王秉良　王惠民　史健勇

石丽娜　匡江红　吴　忠　陆惠忠　范海翔

郝　勇　徐宝纲　贾慈力　隋成城　鲁嘉华

PREFACE 序言

我国“十二五”发展规划的重点建设目标之一，是根据国民经济发展对民航业的要求，不断扩充与优化配置航线和飞机等资源。在民航业持续快速发展的同时，必然会使飞行专业技术人才高度匮乏。在《中国民用航空发展第十一个五年规划》中，中国民用航空局对未来20年全行业人才需求进行了预计分析，其中，“十二五”期间需增加飞行员16 500人。因此，飞行技术人才的培养是推动或阻碍民航发展的关键。

与其他本科专业相比，飞行技术专业的学生除了学习掌握飞行原理、飞机系统、航空动力装置、航空气象、空中领航、机载设备、仪表飞行程序设计、空中交通管制等飞行技术的专业知识外，还需具备一定的管理能力和较高的英语水平。并且，飞行技术专业人才的培养多采用学历教育与职业教育同步实施的模式，要求同时取得学历学位证书和职业技能证书(飞行驾驶执照)后，才有资格担任民航运输机副驾驶员。

飞行技术人才培养具有专业性强、培养难度大和成本高的特点。伴随着大型民用运输机的生产与发展，必然要求提高飞行员的学历层次。国内设置飞行技术本科专业的高等院校仅有中国民航飞行学院、中国民航大学、北京航空航天大学、南京航空航天大学、上海工程技术大学等几所。而且，培养学士学位飞行技术人才的历史仅20多年，尽管积累了一定的培养经验，但适用的专业教材相对较少。

在飞行技术专业的学科建设中，上海工程技术大学飞行学院和航空运输学院秉承服务国家和地区经济建设的宗旨，坚持教学和科研相结合、理论和实践相结合。2010年，上海工程技术大学飞行技术专业被列为教育部卓越工程师教育培养计划的试点专业，上海工程技术大学被列为教育部卓越工程师教育培养计划的示范单位。为满足飞行技术专业卓越工程师教育培养的需要，上海工程技术大学从事飞行技术专业教学和研究的骨干教师以及航空公司的业务骨干合作编写了“卓越计划”飞行技术专业系列教材。

“卓越计划”飞行技术专业系列教材共20本，分别为《运输机飞行仿真技术及应用》、《飞机系统》、《飞机空气动力学》、《飞机飞行力学》、《航空动力装置》、《空中领航》、《航空气象》、《仪表飞行程序设计原理》、《航空机载电子设备》、《空中交通管理基础》、《飞行运营管理》、《民用航空法概论》、《飞行人因工程》、《机组资源管理》、《民航运输机飞行性能与计划》、《陆空通话》、《飞行专业英语(阅读)》、《飞行专业英语(听力)》、《飞行基础英语(一)》、《飞行基础英语(二)》等。

系列教材以理论和实践相结合作为编写的理念和原则，具有基础性、系统性、应用性等特点。在借鉴国内外相关文献资料的基础上，坚持加强基础理论，对基本概念、基础知识和基本技能进行详细阐述，能满足飞行技术专业卓越工程师教育培养的教学目标和要求。同时，强调理论联系实际，体现“面向工业界、面向世界、面向未来”的工程教育理念，实践上海工程技术大学建设现代化特色大学的办学思想，凸显飞行技术的专业特色。

系列教材在编写过程中，参阅了大量的中外文参考书籍和文献资料，吸收和借鉴了现有部分教材的优势，参考了航空运输企业的相关材料，在此，对国内外有关作者和企业一并表示衷心的感谢。

受编者水平和时间所限，书中难免有错误和疏漏之处，敬请读者提出宝贵意见，不足之处还请同行不吝赐教。

上海工程技术大学　汪泓

2012年1月

前言

FOREWORD

近年来，我国的民航事业飞速发展，越来越多的先进机型陆续投入运营市场，需要大量高素质的民航飞行、维护和管理人才。

目前，国内开设飞行技术、交通运输(航空器械维修)等专业的院校，一般都将“空气动力学”作为一门必修的专业基础课程。但现有教材有的理论性太强，有的则理论知识偏浅、覆盖面不够，而难度适中、适用于本专科学生的相关教材极其匮乏。

本书针对飞机这个特定的飞行器，注重实用性，同时也注意了理论性和系统性。本书参照了相关的行业标准和航理教学大纲，考虑了本科教材应有的深度和知识面，并加入了部分选学内容(目录中带*部分)。在每章后面附有精选习题，供教学参考。为拓展相关知识面，每个章节后面还增加了阅读内容。

本书从流体的基本属性出发，密切联系空气的特点，系统地阐述了低、高速空气动力特性及其变化规律，以及螺旋桨的空气动力特性和飞机的常规布局特性等。高速部分原则上只讲到亚、跨声速部分，考虑到目前民航飞机的特点，超声速内容未展开讲。内容尽量联系相关机种的空气动力特点，并注意为后续学科打好必要的坚实基础。

本书作为卓越工程师教育培养计划飞行技术专业建设项目内容，由上海工程技术大学组织编写，得到了上海工程技术大学航空运输学院和飞行学院领导的大力支持。本书由王秉良负责统稿，由王秉良、鲁嘉华、匡江红、吕鸿雁、曹达敏共同编写完成。编写过程中参考了相关的空气动力学和飞行原理教材，在此一并表示感谢。

本书的使用对象主要为飞行技术、交通运输(航空器械维修)等相关专业的学生，也可作为民航企业的培训教材。

一本能立得住的教材，无不凝聚着集体的智慧，并经教学实践的验证。编者虽然经多方搜集资料再加上多年教学实践，但因水平有限，书中难免有错漏之处，恳请各方同行、专家斧正。

编　者

2013年2月

主要符号表

符号	定义
a	温度膨胀系数
A	诱导阻力因子
$\overline{b}$	桨叶相对宽度
b_f	抖动系数
b	机翼翼弦
b	桨弦
$\overline{c}$	桨叶厚弦比
$\overline{c}$	翼型相对厚度
CAS	校正空速
c_p	比定压热容
C_P	拉力系数
C_p	压力系数
C_R	总空气动力系数
c_v	比定容热容
C_{x0}	零升阻力系数
C_{xi}	诱导阻力系数
C_{xp}	废阻力系数
C_x	阻力系数
C_y	升力系数
C_Z	侧力系数
C_y^α	升力系数曲线斜率
C_Z^β	侧力系数曲线斜率
c	声速,翼型厚度
$\overline{X}_c$	翼型最大弯度相对位置
D	直径
EAS	当量空速
E	体积弹性模量
$\overline{f}$	翼型相对弯度
$\boldsymbol{F}_B$	质量力
$\boldsymbol{F}_S$	表面力
$\overline{X}_f$	翼型最大厚度相对位置

$F_{粘}$	粘性力
g	重力加速度
G	重量
$H(h)$	高度
IAS	指示空速、表速
k_q	速度阻滞系数
k	比热比
K	升阻比
L	机翼展长(翼展)
Ma_{cr}	临界马赫数
Ma_X	阻力发散马赫数
max	最大
Ma	马赫数
min	最小
M	摩尔质量
m	质量
$\bar{n}$	翼型前缘钝度
$N_{桨}$	螺旋桨有效功率
$N_{桨需}$	螺旋桨旋转所需功率
$N_{有效}$	发动机有效功率
n	转速
p_0	全压(总压)、驻点压力
p	压力(强)
P	螺旋桨拉力
Q	热量，旋转阻力
Re	雷诺数
R_m	摩尔气体常数
r_q	翼型前缘半径
R	半径，总空气动力，气体常数
$S(A)$	面积，机翼面积
TAS	真空速
t_F	华氏温度
t_R	兰氏温度
T	热力学温度
t	摄氏温度
U	切向速度
V_{cr}	临界速度
V_m	摩尔容积
V'	下洗流速度

v	比体积(比容)
$V_{表}$	表速
V	速度(真速),体积
W	剖面合速度
W	下洗速度,功
X_c	翼型最大厚度位置
X_f	翼型最大弯度位置
X_i	诱导阻力
X	空气阻力
Y	升力
Z	侧力
Δp	剩余压力
ϕ	机翼安装角、桨叶角
α_{cr}	临界迎角
α_0	零升迎角
α_s	失速迎角
α_t	平尾迎角
α_t	有效迎角
$\alpha_{利}$	有利迎角
α	迎角、桨叶迎角
β	侧滑角,螺旋桨功率系数,压缩系数
δ	诱导阻力修正系数
ε	下洗角
η	机翼根尖比(尖根比)、螺旋桨效率
θ	性质角
λ	机翼展弦比
λ	前进比
μ	空气粘性系数,马赫角
ρ_0	海平面空气密度
ρ_H	H 高度空气密度
ρ	空气密度
τ	单位面积上的摩擦力(切应力),机翼后缘角
φ_t	平尾安装角
χ	机翼后掠角
ψ	机翼上(下)反角
ω	旋转时角速度

CONTENTS

目录

第1章

流体的基本属性和流体静力学基础

本章关键词

压缩性(compressibility)
膨胀性(expansion)
欧拉静平衡方程(Euler equation of static equilibrium)
连续介质(continuous medium)
粘性(viscosity)
导热性(thermal conductivity)

本章主要介绍流体的基本属性,包括流体的力学特性、连续介质的概念以及压缩性、膨胀性、粘性等流体的重要特性。在解决流体力学问题时必须考虑到流体的这些属性并恰当地处理它们对实际问题的影响。在了解这些特性的基础上研究流体处于静止状态时的平衡规律和其中的压强分布规律。

由于流体和固体的力学特性不同,流体力学的研究方法也和固体力学的不同,流体静力学的分析方法在流体力学中具有一定程度的普遍意义,也是研究流体动力学的基础。

空气动力学的基本任务是为飞行器的设计提供重要的理论依据,空气动力的基本理论,更是指导飞行实践必不可少的理论依据。空气动力学是流体力学的组成部分,而流体力学又是物理学的一个分支。流体力学又分为流体静力学和流体动力学两大组成部分。前者研究的是流体静止时其作用力产生和变化的规律,后者研究的是流体运动时的运动规律及其作用力产生和变化的规律。很显然,流体力学的基本理论都适用于空气。

1.1 流体的力学特性和连续介质模型

1. 流体的力学特性

物质有三种状态,分别是气态、液态和固态,对应的物质一般称为气体、液体和固体。根据其是否能流动,将液体和气体分作一类,称之为**流体**。

流体与固体相比,其分子与分子之间的吸引力很小,分子热运动较剧烈,因而分子排列较为松散,本身不能保持一定的形状。

从力学性质来说,固体能够抵抗压力、拉力和剪切力,在一定的外力作用下会产生一定的变形,如果再施加更大的作用力则会破坏固体本身的形状或结构。可是,在一般情况下,流体只能承受压力,而不能承受拉力,在一定的剪切力的作用下,流体会产生连续的变形,因此静止流体不能承受剪切力。这就是流体和固体在力学性质上的明显区别。

液体和气体具有流体的共同特性，但其各自也有不同的特性。

液体分子与分子之间的间距和分子的有效直径差不多相等，也就是分子与分子之间的距离相对较近。因而，对液体施加压力的时候，液体分子与分子之间的间距稍有缩小，分子与分子之间就会产生很大的斥力来抵抗压力，液体分子之间的间距很难再缩小，表现出来就是液体不易压缩。由于液体分子之间的间距相对较小，因此分子之间的吸引力较大，液体有表面积收缩到最小的特性，所以一定质量的液体具有一定的体积，在容器中会形成液面与空气分界的自由分界面。

与液体相比，气体分子之间的距离要大得多，例如在常温常压下，空气分子之间的平均距离约为 3×10^{-9} m，而分子的有效直径为 10^{-10} m。分子之间的距离比分子有效直径大得多。正因为如此，当气体受到压力压缩时，只有当分子之间的距离缩小很多时，才会明显地表现出分子与分子之间的斥力。所以，对气体加压时，其体积很容易被压缩。也正因为气体分子与分子的间距较大，其表现出来的引力也很小，相对于液体具有较强的分子引力来说，气体的分子热运动对气体特性起着决定性作用。这就是气体和液体的不同之处，一定质量的气体没有一定的体积。总的来说，气体既没有一定的形状也没有一定的体积。一定量的气体进入较大容器后，由于分子的无规则热运动，气体很快就充满整个容器，而不能形成自由表面。

2. 连续介质模型

对于流体，无论是液体还是气体，其本质都是由大量不断运动的分子组成。而且无论是分子与分子之间的间距大小如何，从微观的角度来看，分子与分子之间总是存在间隙的。从数学的角度来说，流体的质量在空间上其实是不连续的。同时，由于分子的随机运动，又会导致在任一空间点上的流体物理量对于时间是不连续的。要研究这样的微观运动是极其困难的。流体在微观上确实是不连续的，但人们日常生活中观察到的或者用仪器测量到的流体宏观结构和宏观运动又明显地表现出连续性和确定性。空气动力学所研究的正是空气这种流体的宏观运动。

空气实际上是由大量微小的空气分子组成的；空气分子之间存在间隙，每个空气分子都在不断地作无规则的热运动。在分子热运动过程中，空气分子两次碰撞之间所走过的平均路程，叫**空气分子的平均自由程**。分析分子运动的最基本方法是对每一个分子运用运动定律，分析每一个分子的运动规律，然后用统计学方法求得大量分子微观量的平均值。这种研究方法，通常被称为统计力学方法，相对来说较为严谨，不过它的计算过于繁琐，实际应用受到了一定限制。

1753 年，欧拉首先采用了"连续介质"作为宏观流体模型，将流体看成是由无限多流体质点所组成的稠密而无间隙的连续介质，这个模型称为**连续介质模型**。

目前，一般飞机活动的高度范围主要在大气与地面最近的对流层，而这个范围内的空气十分稠密，所包含的空气质量几乎占整个大气质量的3/4。在标准大气（标准大气状态参数随高度的变化见3.2.2节）状况下，海平面的大气，空气的分子密度约为 2.7×10^{19} 个/mm^3，空气分子的平均自由程只有约 10^{-8} mm。所以在目前一般飞机飞行的高度范围内，空气分子的平均自由程与飞机的特征长度（表示飞机尺寸大小的有代表性的长度，如飞机两翼尖之间的距离或机翼弦长）相比，是极其微小的。在这样的条件下，空气作用在物体表面的力，是大量空气分子连续不断地撞击物体表面的宏观效果，空气动力是大量空气分子共同作用的统计平均结果，不是由个别分子的具体运动决定的。而空气动力学的任务是研究空气和飞机的相互作用，研究的是空气的宏观运动规律。所以在空气动力学领域，一般都抛开无规则的分子运动特点，也不考虑实际空气的微观结构，而是另用一种简化的模型来代替空气的真实微观结构，只从宏观上研究空气微团对飞机的作用力。

所谓**空气微团**，是指含有很多空气分子的很微小的一团空气，它与飞行器特征尺寸大小相比是微不足道的，同时它还要包含足够多的空气分子数目，要使空气密度的统计平均值有确切的意义。空气微团所表现出来的特性不是每个分子的行为，而是整个空气的总体属性。需要说明的是，本书所讲的空气的运动速度就是指空气微团质心的宏观运动速度，有别于空气分子的热运动速度概念；而空间某一点的密度则是指质心与该点重合的空气微团的密度。

有了空气微团的概念，就可以把空气看成是由空气微团组成的没有间隙的连续体，这就是**连续介质假设**。由连续介质假设所带来的最大简化是：我们不必研究大量分子的瞬间状态，而只要研究描述空气宏观状态的物理量，如压强 p、密度 ρ、温度 T、体积 V 等就行了。有了这个假设，我们就可以把空气的 p,ρ,T,V 等状态参数看作是空间坐标及时间的连续函数，因而在分析研究空气动力学问题时，就可以广泛地应用数学上有关连续函数的解析方法。

1.2 流体的密度、温度、压强及气体状态方程

流体的密度、温度、压强是描述流体基本属性的物理量。

1. 流体的密度

单位体积中流体的质量叫做流体的**密度**，记作 ρ，它表示流体的稠密程度。质量为 m 的流体，如果体积为 V，则平均密度为 $\rho=\dfrac{m}{V}$。根据连续介质的概念，密度的数学定义为

$$\rho = \lim_{\Delta V \to 0} \frac{\Delta m}{\Delta V} \tag{1.1}$$

在国际单位制中，密度单位是kg/m^3。

在标准大气条件(15℃，一个标准大气压)下，空气的密度为

$$\rho_0 = 1.225\text{kg/m}^3$$

高度增加，空气密度减小，在 22 000ft(6 500m)的高空，空气密度大约降为海平面密度的一半，如图 1-1 所示。

2. 流体的温度

温度是表示物体冷热程度的参数，它反映分子无规则运动平均动能的大小。

温度的高低通常用温度表来测量。大多数国家(包括我国)都使用摄氏温度 t，摄氏温度以水的冰点为 0℃，以水的沸点为 100℃。而有的国家和地区，如美国，则使用华氏温度 t_F，在华氏温度中，水的冰点为 32℉，水的沸点为 212℉。

这两种温度的换算关系为

$$t_F = \frac{9}{5}t + 32 \quad 或 \quad t = \frac{5}{9}(t_F - 32)$$

在热力学计算中，常用的是绝对温度。把空气分子的运动速度为零，即空气分子停止做

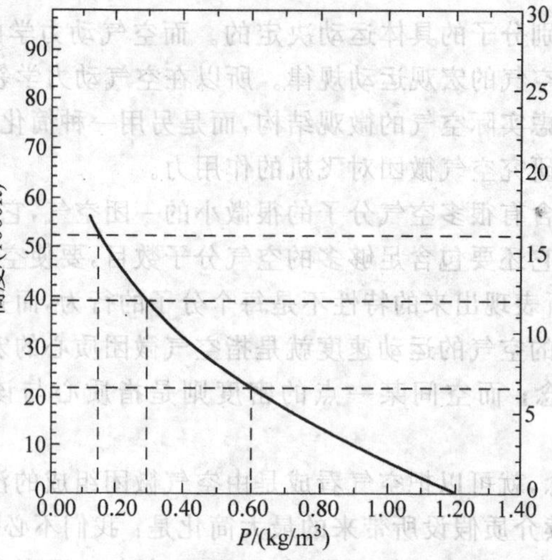

图 1-1　大气密度随高度变化的曲线

不规则热运动时的温度，作为绝对温度的零度。绝对温度有两种单位，如果其刻度增量与摄氏温度相同，则称为开氏温度 T；如果其刻度增量与华氏温度相同，则称为兰氏温度 t_R。一般使用开氏温度 T 居多。

开氏温度 T 和摄氏温度 t 的换算关系为

$$T = t + 273.15$$

摄氏温度 t、华氏温度 t_F、开氏温度 T 的换算也可用图 1-2 表示。

3. 流体的压强

垂直作用在流体单位面积上的作用力叫做流体的压强，记作

$$P = \lim_{\Delta S \to 0} \frac{\Delta N}{\Delta S} \tag{1.2}$$

式中：ΔS 为微元面积；ΔN 为气体对 ΔS 的垂直(法向)作用力(见图 1-3)。

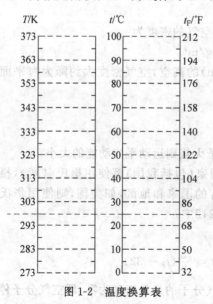

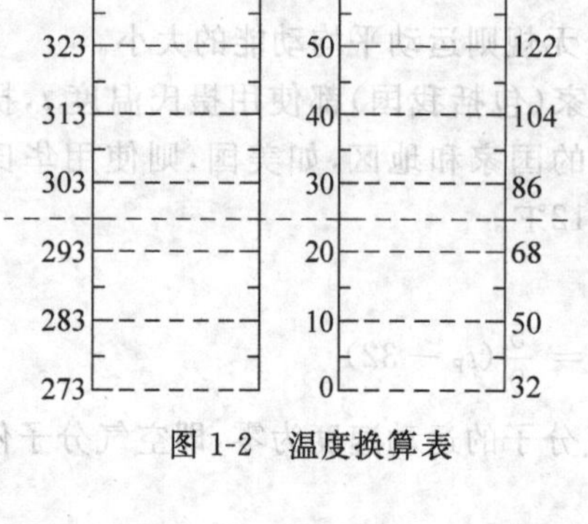

图 1-2　温度换算表

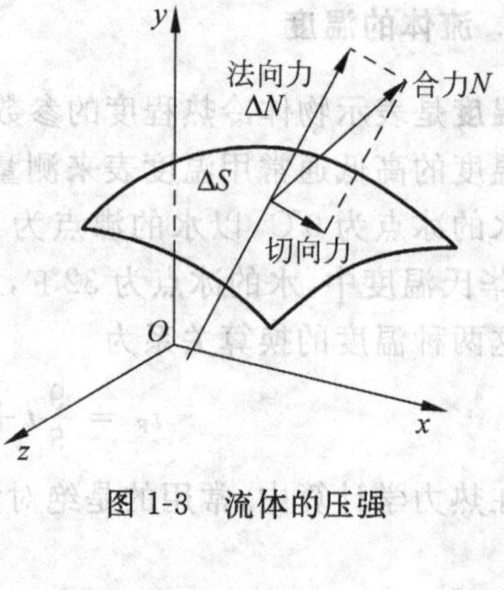

图 1-3　流体的压强

本书后面常提到的压力，实际上是指压强，因为我们研究的受力范围通常取单位面积。

在国际单位制中，压强的单位为 Pa（帕斯卡），即 N/m^2。航空界常用的压强单位还有百帕（hPa）、毫米汞柱（mmHg）、大气压（atm）、巴（bar）、毫巴（mbar）、PSI（lbf/in^2）等。各常用压强单位之间的换算见表 1-1。

表 1-1　压强单位换算表

帕斯卡 ($Pa(N/m^2)$)	大气压 (atm)	毫米汞柱 (mmHg)	毫巴 (mbar)	英寸汞柱 (inHg)	千克力/米^2 (kgf/m^2)	磅力/英寸^2 (lbf/in^2)
1.000	9.866×10^{-5}	7.500×10^{-3}	1.000×10^{-2}	2.953×10^{-4}	1.029×10^{-1}	1.450×10^{-4}
1.013×10^{5}	**1.000**	7.600×10^{2}	1.013×10^{3}	2.992×10	1.033×10^{4}	1.469×10
1.333×10^{2}	1.316×10^{-3}	**1.000**	1.333	3.937×10^{-2}	1.359×10	1.933×10^{-2}
1.000×10^{2}	9.870×10^{-4}	7.500×10^{-1}	**1.000**	2.953×10^{-2}	1.020×10	1.450×10^{-2}
3.386×10^{3}	3.342×10^{-2}	2.540×10	3.385×10	**1.000**	3.452×10^{2}	4.910×10^{-1}
9.800	9.670×10^{-5}	7.353×10^{-2}	9.800×10^{-2}	2.895×10^{-3}	**1.000**	1.42×10^{-3}
6.894×10^{3}	6.800×10^{-2}	5.171×10	6.896×10	2.036	7.031×10^{2}	**1.000**

在静止的大气中，大气压力就是物体单位面积上所承受的大气柱的重量。在标准海平面，大气的压强可达到 $14.7lbf/in^2$ 或 $101.325kN/m^2$。

随着高度的增加，空气压强减小，在 18 000ft 的高度上，空气压强约为海平面压强的一半，该高度的氧气含量也只有海平面的一半（见图 1-4）。因此在高空飞行，必须使用氧气设备和增压座舱，以满足人体正常生理活动的需要。

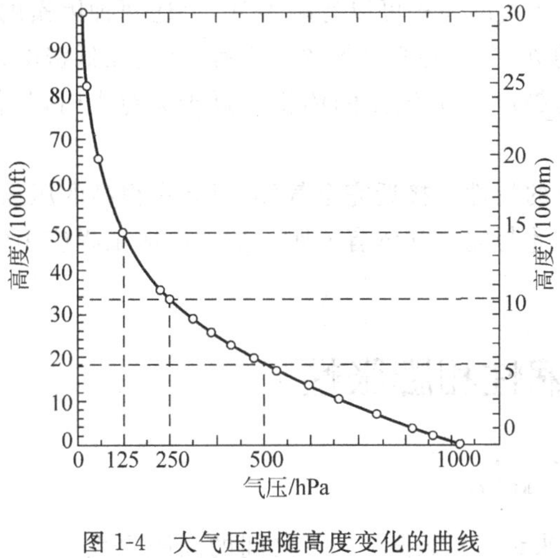

图 1-4　大气压强随高度变化的曲线

4. 理想气体的状态方程

凡遵循克拉贝龙状态方程的气体，称为**完全气体**。

对于不同物理量的气体，克拉贝龙方程有下列几种形式：

$$pv = RT \quad （对 1kg 气体） \tag{1.3}$$

$$pV_m = R_m T \quad （对 1kmol 气体） \tag{1.4}$$

$$pV = mRT = nR_mT \quad (\text{对 } m\text{kg 或 } n\text{kmol 气体}) \tag{1.5}$$

式中：p 为压强；v 为比体积；T 为开氏温度；V_m 为摩尔容积，在相同压力和温度下，各种气体的摩尔容积相同。在标准状态下，各种理想气体的 V_m 均相同，都是 22.414m^3/kmol。R_m 为摩尔气体常数，不仅与气体所处的状态无关，而且还与气体种类无关，因此又称为通用气体常数。R_m 值的大小可以根据标准状态参数由(1.2)式确定，也就是

$$R_m = \frac{1.013\,25 \times 10^5 \times 22.414}{273.15} = 8\,314\text{J/(kmol} \cdot \text{K)}$$

R 是气体常数，它与所处状态无关，但随气体种类不同而不同，气体常数和通用气体常数的关系是 $R_m = M \cdot R$，其中 M 为物质的摩尔质量。不同气体的 M 值不同，则 R 也不同。比如，氧气的摩尔质量 M 为 32kg/kmol，空气的摩尔质量 M 为 28.97kg/kmol，则氧气和空气的 R 分别为 259.8J/(kg·K)和 287.1J/(kg·K)。

克拉贝龙方程描述的是同一状态下的理想气体 p,V,T 三个状态参数之间的关系。

对于克拉贝龙方程的应用，需要注意的是：

(1) 方程中必须采用绝对压力，而对于直接测量得到的表压不能使用；

(2) 方程中必须使用绝对温度，而不能使用摄氏、华氏温标；

(3) p,V,V_m,T,M 等量的单位必须与通用气体常数 R_m 的单位一致。

克拉贝龙状态方程是描述理想气体的状态方程，是气体性质的一种近似描述。理想气体可看作是实际气体的 $p\to 0, v\to 0$ 的极限状态的气体。而实际气体分子本身具有体积，分子之间存在相互作用力，这对分子的运动状况会产生一定的影响。但当气体的密度比较低，也就是分子间的平均距离比较大时，分子本身所占的体积与气体的总容积相比很小，特别是 $p\to 0, v\to 0$ 时，分子本身所占的体积可以忽略不计，上述两种因素的作用趋近于 0。当气体密度很大时，各种气体的 p,V,T 将明显偏离该方程，即使在低密度条件下，两者也只是大致相符，只有当气体的压力趋近于 0，气体的体积趋近于无穷大时，气体的性质才能完全符合这一方程。

实验证明，实际气体的特性很接近完全气体，只有在很高的压强或者接近凝点的状态下(例如水蒸气)，实际气体才与完全气体有差距。所以一般工程应用中，可采用克拉贝龙方程来描述实际气体的状态。

1.3 流体的压缩性和膨胀性

1.3.1 流体压缩性

由于流体相比固体来说，其分子与分子之间的间距更大，当作用在流体上的压强增大时，流体分子与分子之间的间距将会缩短，宏观上表现出流体体积的缩小，我们将流体随着压强增大而体积缩小的特性称为**流体的压缩性**。通常用**压缩系数** β 来度量流体的压缩性，定义为：在一定温度下升高单位压强时，流体体积的相对缩小量，即

$$\beta = -\frac{1}{V}\frac{dV}{dp} = -\frac{1}{v}\frac{dv}{dp} = \frac{1}{\rho}\frac{d\rho}{dp} \tag{1.6}$$

式中：V 表示体积；v 表示比容；p 表示压强；ρ 表示密度。

压缩系数的倒数称为**体积弹性模量** E，它表示单位密度变化所需要的压强增量，即

$$E=\frac{1}{\beta}=\rho\frac{\mathrm{d}p}{\mathrm{d}\rho} \tag{1.7}$$

体积弹性模量越大，流体越不容易压缩。纯液体的体积弹性模量很大，比如，常温下水的弹性模量 $E=2.1\times10^9\,\mathrm{Pa}$，液压用油 $E=1.8\times10^9\,\mathrm{Pa}$。因此，如果研究液体运动时，通常可以认为液体的体积和密度变化不大，其变化可以忽略不计或者简单地认为其体积和密度不变。只有在高压领域、液压冲击等方面，才需要考虑液体的压缩性。

对于气体，同样有压缩系数和弹性模量，但和液体不同的是，气体的密度随压强的变化是和热力过程有关的。比如，对于等温的压缩过程，$\mathrm{d}p/\mathrm{d}\rho=p/\rho$，这时的 $E=P$，当 $p=10\times10^5\,\mathrm{Pa}$ 时，空气的体积弹性模量 $E=1.0\times10^6\,\mathrm{Pa}$。可见，气体的体积弹性模量远小于液体。

虽然纯液体的体积弹性模量很大，但如果混有不溶解的气体时，其体积弹性模量将会降低很多。设体积为 V_m 混有气体的液体中，气体的体积为 V_g，纯液体的体积 $V_l=V_m-V_g$；当压强增加 Δp 时，混气液体的体积减小 ΔV_m，气体体积减小 ΔV_g，纯液体体积减小 ΔV_l，则 $\Delta V_m=\Delta V_l+\Delta V_g$；混气液体、气体和纯液体的体积弹性模量分别为

$$E_m=-\frac{V_m\Delta p}{\Delta V_m},\quad E_g=-\frac{V_g\Delta p}{\Delta V_g},\quad E_l=-\frac{V_l\Delta p}{\Delta V_l}$$

于是有

$$\frac{V_m\Delta p}{E_m}=\frac{V_g\Delta p}{E_g}+\frac{V_l\Delta p}{E_l}$$

即

$$\frac{1}{E_m}=\frac{V_g}{V_m}\left(\frac{1}{E_g}\right)+\frac{V_l}{V_m}\left(\frac{1}{E_l}\right)=\frac{V_g}{V_m}\left(\frac{1}{E_g}\right)+\left(1-\frac{V_g}{V_m}\right)\left(\frac{1}{E_l}\right)$$

按上式，可以算出 E_m，比如液压用油中常混有一定气体，液压用油的弹性模量为 $E=1.8\times10^9\,\mathrm{Pa}$，在温度不变的情况下，若液压用油压强增至 $10^7\,\mathrm{Pa}$，这时 $E_g=1.0\times10^7\,\mathrm{Pa}$，则混气油液的体积弹性模量可计算如下

$$\frac{1}{E_m}=\frac{V_g}{1.0\times10^7V_m}+\frac{(1-V_g/V_m)}{1.8\times10^9\,\mathrm{Pa}} \tag{1.8}$$

由此式可以计算出混入不同气体量时液体的体积弹性模量，如下表 1-2 所示：

表 1-2 混入气体后对液体体积弹性模量的影响

V_g/V_m	E_m/Pa	V_g/V_m	E_m/Pa
0.000	1.80×10^9	0.04	2.70×10^8
0.005	9.50×10^8	0.06	1.53×10^8
0.010	6.42×10^8	0.08	1.17×10^8
0.020	3.91×10^8	0.10	9.50×10^7

从上述表格可以看出，在一定的压强下，油液夹带 1% 的气体时，其体积弹性模量为纯油的 35.6%，夹带 4% 气体时则仅为纯油液体积弹性模量的 15%。因此，在需要液压油大体积弹性模量的情况下，必须严格排除油液中夹带的气体。

一定质量的空气，当其压强或温度改变时，其密度（或体积）也会发生相应的变化。空气的这种物理性质，称为**空气的可压缩性**。

生活中的一些现象也告诉我们这一点。例如，用力压皮球，可以把它压瘪；有凹坑的乒乓球放在热水里，凹下去的部分会重新鼓起来。再如，在机翼前缘，气流受到阻挡，速度减慢，压力增大，空气密度会增大；在机翼上表面，流速加快，压力减小，密度会减小。低速气流空气密度变化不大，近似认为全流场密度是常数；高速气流流动过程中则必须考虑其密度变化。

空气动力学所讨论的空气的压缩性，是指空气在流动的过程中，由于气流的压力和温度发生变化而引起密度改变的特性。

1.3.2 温度对空气压缩性的影响

空气的弱压缩过程可以认为是一个可逆的绝热过程，满足等熵关系式，即

$$p = C\rho^k \tag{1.9}$$

由上式和气体状态方程 $p=\rho RT$ 可得

$$\frac{\mathrm{d}p}{\mathrm{d}\rho} = kC\rho^{k-1} = k\frac{p}{\rho} = kRT \tag{1.10}$$

式中：C 为常数；k 为绝热指数；R 为气体常数。空气的 $k=1.4$，$R=287\mathrm{J/(kg \cdot K)}$。

式(1.10)表明，随着温度的升高，$\mathrm{d}p/\mathrm{d}\rho$ 增大，空气将变得难以压缩；反之，温度降低，空气将变得容易压缩。例如，体积和质量相同的两个皮球，一个被太阳晒过，温度较高；一个没有晒过，温度较低。用手在皮球上增加同样多的压力，就会发现：晒过的皮球不容易变形，体积减小得少，密度增加得少；没有晒过的皮球，容易变形，体积减小得多，密度增加得多。

空气可压缩性的大小常用 Δp 与 $\Delta\rho$ 的比值 $\Delta p/\Delta\rho$ 来表示。显然改变单位密度所需的压强改变量越大，$\Delta p/\Delta\rho$ 越大，说明空气难压缩，空气的可压缩性小；反之，$\Delta p/\Delta\rho$ 小，说明空气易压缩，空气的可压缩大。

理论推导表明，气体中的声速 $c=\sqrt{\Delta p/\Delta\rho}$，因此，可用声速的大小来衡量空气的可压缩性。$c$ 大，表示空气难压缩，可压缩性小。c 小，表示空气易压缩，可压缩性大。

压缩性对气体流动的影响通常用马赫数 Ma 来表示($Ma=v/c$，v 是气流速度)，马赫数 Ma 越大，说明空气的压缩程度越大。$Ma=0.3$ 通常作为空气可压缩性可忽略的上限，超过0.3，则必须考虑空气可压缩性的影响。

关于声速 c 和马赫数 Ma 的详细内容将在第5章作进一步介绍。

1.3.3 流体的膨胀性

影响流体分子与分子之间的间距的，并不都是压强，还有可能是温度。当流体温度升高时，流体分子与分子之间的间距也会增加，这种流体温度升高时，流体体积增大的特性称为**流体的膨胀性**。通常用**温度膨胀系数 a** 来度量这种特性。a 定义为在压强不变的条件下温度升高1℃时流体体积的相对增加量，即

$$a = \frac{1}{V}\frac{\mathrm{d}V}{\mathrm{d}T} = \frac{1}{v}\frac{\mathrm{d}v}{\mathrm{d}T} = -\frac{1}{\rho}\frac{\mathrm{d}\rho}{\mathrm{d}T} \tag{1.11}$$

式中：T 为温度；V 表示体积；v 表示比容；p 表示压强；ρ 表示密度。

如表 1-3 所示，水的温度膨胀系数 a 随压强和温度变化的数值很小，同水一样，其他液体的 a 也很小，所以工程上一般不考虑它们的膨胀性，但当温度变化很大时，则需要考虑。

表 1-3 温度对流体膨胀性的影响(a 值)

压强/10^5 Pa	温度/K				
	274～283	283～293	313～323	333～343	363～373
0.981	0.14×10^{-4}	1.50×10^{-4}	4.22×10^{-4}	5.56×10^{-4}	7.19×10^{-4}
98.1	0.43×10^{-4}	1.65×10^{-4}	4.22×10^{-4}	5.48×10^{-4}	7.04×10^{-4}
198.2	0.72×10^{-4}	1.83×10^{-4}	4.26×10^{-4}	5.39×10^{-4}	

对于气体，利用气体状态方程 $pv=RT$，可以得到在压强不变时 $dv/v=dT/T$，从而有

$$a=\frac{1}{T} \tag{1.12}$$

1.4 流体的粘性

1.4.1 流体粘性的概念

流体在静止时虽然不能承受剪切力，但在运动时，对相邻两层流体间的相对运动，即相对滑动却是有抵抗力的，这种抵抗力称为**粘性力**。如图 1-5 所示，两块平行平板之间充满流体，下板固定不动，当上板在外力作用下以速度 V_0 平行于下板运动时，由实验可知，附着在运动平板下的流体层具有与运动平板相同的速度 V_0，而越往下，流体速度越小，附着在固定不动的平板上的流层速度为 0。这一事实说明：每一运动较慢的流体层都是在运动较快的流体层带动下才运动的，换句话说，每一运动较快的流体层也受到运动较慢流体层的阻碍，也就是对相对滑动具有粘性力。在作相对运动的两流体层的接触面上，存在一对等值而反向的作用力来阻碍两相邻流体层作相对运动，流体的这种性质叫做**流体的粘性**，由此粘性产生的作用力也就是粘性力或者称做为**粘性阻力**或**内摩擦力**。

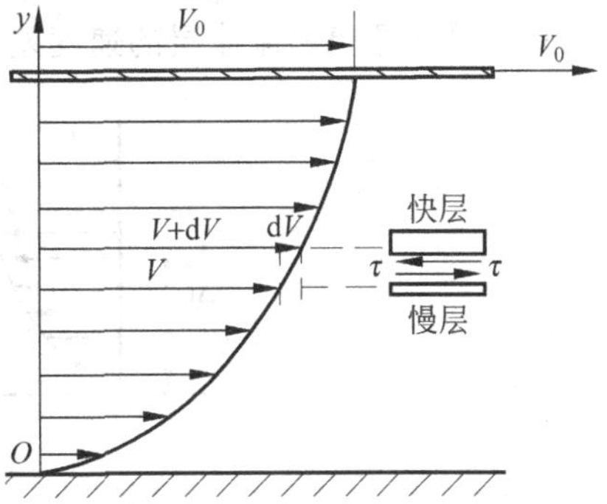

图 1-5 流体在两平板间的流动情况

流体粘性阻力产生的物理原因是由于存在分子不规则运动的动量交换和分子间的吸引力而造成的。

一是由于分子始终在作不规则运动，各流体层之间互有分子迁移掺混，在速度快的流体层有分子进入速度慢的流体层，给速度慢的流体层以向前的碰撞并交换动量，使速度慢的流体层加速，而速度慢的流体层迁移到速度快的流体层时，给速度快的流体层以向后的碰撞，形成阻力并使速度快的流体层减速。这就是分子不规则运动的动量交换形成的粘性阻力。

二是当相邻流体层相对运动时，在层和层交界的地方还存在分子和分子间的引力，速度快的流体层的分子在引力作用下拖动速度慢的流体层，而速度慢的流体层的引力又会阻滞

速度快的流体层，这是两层流体之间吸引力所形成的粘性阻力。

对于气体和液体，其粘性产生的主要原因并不相同。比如，对于气体来说，由于分子之间的距离很大，其分子与分子之间的引力很小，而分子的不规则运动则占主要地位，所以气体的粘性阻力主要取决于分子不规则运动的动量交换所形成的阻力。对于液体来说，由于其分子的不规则运动较微弱，所以其粘性主要取决于分子之间的吸引力。

空气有粘性，可以用图 1-6 的实验证明。实验模型有两个彼此靠近、但又不接触的圆盘，上圆盘由支杆悬挂，下盘装在电动机上。开动电动机使下盘转动一段时间后，上圆盘也会随之慢慢沿同一方向转动起来。这是因为下圆盘转动时，紧贴其表面的一层空气像被盘面“粘住”一样，随盘面一齐转动，这层转动的空气又会带动上层空气转动起来，以致上圆盘随之转动。这个现象表明空气是具有粘性的。

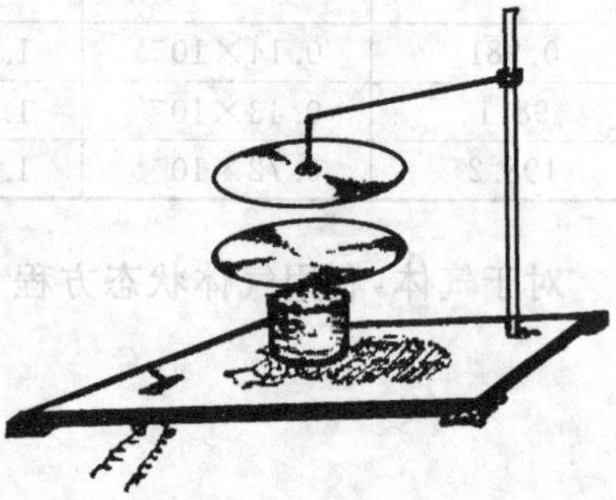

图 1-6　空气粘性实验

1.4.2　牛顿内摩擦定律

牛顿总结大量实验结果在 1686 年得出：相邻两层流体作相对运动所产生的摩擦力 F 与两层流体的速度梯度成正比；与两层流体的接触面积成正比；与流体的物理特性有关；与接触面上的压强无关。

速度梯度是相邻流体层的速度差 ΔV 与层间距离 Δy 的比值，见图 1-7。

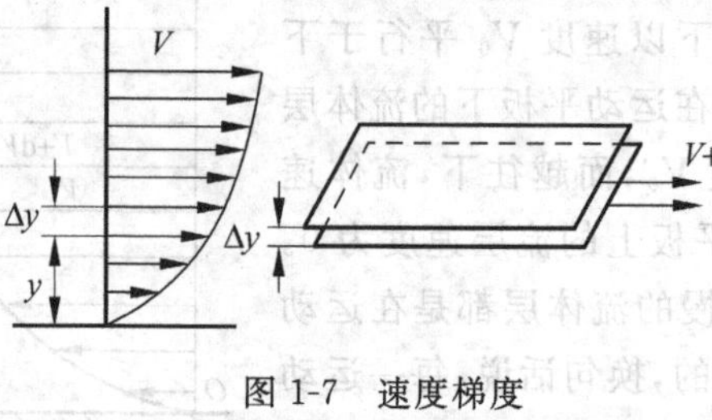

图 1-7　速度梯度

速度梯度大，表示相邻流体层的动量差别大，因而粘性力大；反之，速度梯度小，粘性力也小。

牛顿将其总结成如下表达式，称为**牛顿内摩擦定律**，即

$$F = \mu \frac{\mathrm{d}V}{\mathrm{d}y} S \tag{1.13}$$

或

$$\tau = \frac{F}{S} = \mu \frac{\mathrm{d}V}{\mathrm{d}y} \tag{1.14}$$

式中：τ 表示单位面积上的摩擦力，即切应力，Pa；μ 是比例常数，与流体种类及温度有关，称为**动力粘性系数** μ，Pa · s。动力粘性系数一般简称**粘性系数**。

需要指出的是：

(1) 切应力 τ 是成对出现的，它的方向可以这样确定：当流体层被速度较快的流体层带动时，τ 的方向与运动方向一致，当流体层被速度较慢的流体层阻滞时，τ 的方向与运动方向

相反。

(2) 当 $dV/dy=0$ 时，$F=0$，$\tau=0$，即流体层没有相对运动时(静止或相对静止)，流体中不出现内摩擦力。

(3) 牛顿内摩擦定律只能应用于流体作层状运动也就是层流运动的情况。

实验证明，大多数气体、水或许多分子结构简单的液体都能很好地遵循牛顿内摩擦定律，当温度一定时，流体的粘性系数 μ 保持常数，与 dV/dy 无关，τ 与 dV/dy 成线性关系。我们将满足牛顿内摩擦定律的流体称为**牛顿流体**，而把不满足该定律的流体称为**非牛顿定律**，比如泥浆、污水、有机胶体等这些塑性流体；油漆、纸浆液、高分子溶液等假塑性流体都不属于牛顿流体。

动力粘性系数 μ 是流体的一种属性，是流体粘性大小的一种度量，不同的流体有不同的动力粘性系数 μ。温度对粘性有很大的影响，由于产生粘性的主要原因不同，导致温度对不同流体的粘性影响也不同。温度升高时，液体的动力粘性系数 μ 值减少，而气体的动力粘性系数 μ 值则增加。这是因为液体的粘性主要是由分子间的引力造成的，温度升高时，分子无规则运动加剧，分子间的引力将会减小，其动力粘性系数 μ 值就会降低；而气体粘性产生的主要原因是气体分子的不规则运动，随着温度升高，气体分子的不规则运动变得更剧烈，使得速度不同的相邻气体层之间的质量和动量的交换更剧烈，所以，气体的粘性也就增大了。

例如，对空气来说，

$$T = 288.15\text{K 时}, \quad \mu = 1.7894 \times 10^{-5}\ \text{Pa}\cdot\text{s};$$

$$T = 273.15\text{K 时}, \quad \mu = 1.7126 \times 10^{-5}\ \text{Pa}\cdot\text{s}.$$

μ 的单位为 Pa·s，在工程中还常用泊(Poiseuille，P)和厘泊(cP)作为动力粘性系数 μ 的单位，它们的换算关系为

$$1\text{cP} = 10^{-2}\text{P} = 10^{-3}\text{Pa}\cdot\text{s} \tag{1.15}$$

1.5 流体模型化

流体模型化，就是根据所研究问题的性质(一般研究低速气流时)，突出问题的主要方面，忽略流体的某些次要物理属性，建立简化的流体模型，便于研究。

1. 理想流体

我们从空气的基本物理属性知道，空气是粘性流体。这给空气动力的研究以及数学模型的建立都带来极大困难，但由于空气的粘性系数比较小，对于有些问题的研究(尤其是低速气流的研究)结果影响甚微，忽略其粘性的存在，在研究这类问题时会大大简化研究过程，又不影响问题的基本结论。这时我们就把空气看成是理想流体。可见，所谓**理想流体**，就是不考虑粘性(粘性系数为零)的流体。

飞机在空中飞行，空气与机翼之间的相对流动情况如图 1-8 所示。从 P_1 点处气流沿翼面法向的速度分布看出，紧贴机翼表面有一法向速度梯度很大的薄层，叫附面层(详见 2.4 节中的内容)。附面层内的流动受空气粘性的影响很大。附面层外的主流，沿翼面的法向速度梯度很小，说明受空气粘性的影响很小，甚至可以忽略不计。因此，附面层外的主流就可以看作是理想流体。

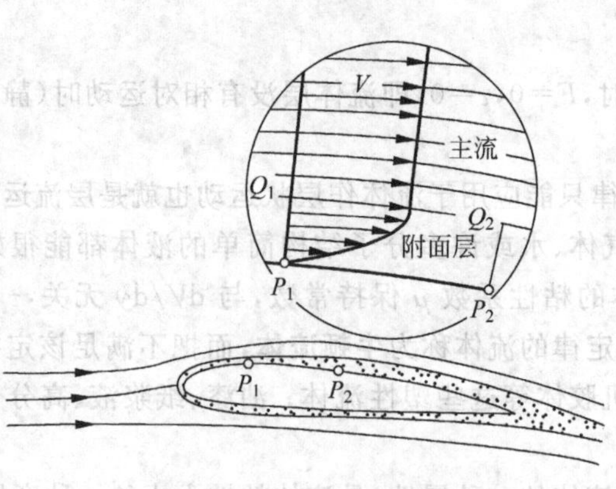

图 1-8　机翼表面的附面层

2. 不可压流体

空气流过机翼时，随着流速和压力的变化，空气密度要发生变化，其变化量的大小取决于马赫数(将在第 5 章中进行讨论)。当 $Ma<0.3$ 时，空气密度的变化小到可以忽略的程度，因此把密度为常量的流体视为**不可压流体**。

3. 绝热流体

这种流体模型不考虑气体热传导属性。在低速流体中，除了专门研究热问题(如发动机的散热)外，一般是不考虑气体的热传导属性的。在高速流动中，温度梯度不太大的地方，如附面层以外的气体，气体微团间传热是很微小的，也可以不必考虑。这种不考虑热传导属性的流体称为**绝热流体**。

综上所述，通常可以把附面层外作低速流动的空气，视为理想的、绝热的、不可压流体。

1.6　作用在流体微团上的力

从流体中划出一个体积为 V 的流体，它的封闭表面为 S。作用在这块流体上的力可以分成两大类：质量力和表面力。

1. 质量力(F_B)

质量力有时候也被称为体积力，是指作用在体积 V 内每一流体质量或体积上的非接触力，其大小与流体质量或体积成正比。重力、惯性力和电磁力都属于质量力。流体力学中的质量力一般只考虑重力和惯性力。一般用 $\boldsymbol{f}$ 表示单位质量流体所受的质量力。用 X、Y、Z 分别表示 $\boldsymbol{f}$ 在直角坐标系上的投影分量，则质量力 $\boldsymbol{f}$ 可以表示为

$$\boldsymbol{f}=X\boldsymbol{i}+Y\boldsymbol{j}+Z\boldsymbol{k} \tag{1.16}$$

式中，$\boldsymbol{i}$，$\boldsymbol{j}$，$\boldsymbol{k}$ 是单位坐标矢量。

2. 表面力($\boldsymbol{F}_S$)

所谓表面力是指作用在所取流体体积表面 S 上的力，它是由与这块流体相接触的流体

或物体的直接作用而产生的。根据连续介质概念，这种力是连续分布在所取流体表面上的。

如图1-9所示，在流体表面上围绕一点 M 取微元面积，该面积的法向方向为 n，切向方向为 t，作用在其上的表面力可以用 $\Delta \boldsymbol{F}_S$ 表示，一般 $\Delta \boldsymbol{F}_S$ 不垂直于作用面，将 $\Delta \boldsymbol{F}_S$ 分解为垂直于表面的法向力 $\Delta \boldsymbol{F}_n$ 和平行于表面的切向力 $\Delta \boldsymbol{F}_t$。在静止流体或运动的理想流体中，切向力 $\Delta \boldsymbol{F}_t=0$，表面力只存在法向力 $\Delta \boldsymbol{F}_n$。这时，作用在 M 点周围单位面积上的法向力就定义为 M 点上的流体静压强，即

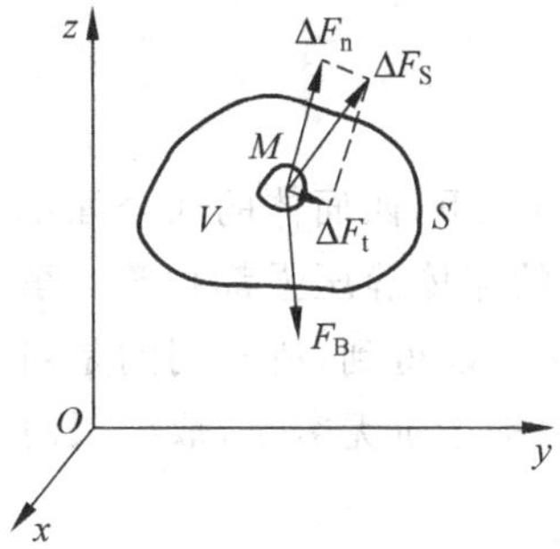

图1-9　体积为 V 的流体

$$p=\lim_{\Delta S\to\Delta S_0}\frac{\Delta \boldsymbol{F}_n}{\Delta S} \tag{1.17}$$

这里 ΔS_0 是和流体质点的体积 ΔV_0 具有相比拟尺度的微小面积。

1.7　流体静压强的两个重要特性

流体静压强的两个重要特性是：

(1) 流体静压强的方向总是和作用面相垂直并且指向作用面，这是因为在静止流体或理想流体中没有切向力，又由于流体分子之间的吸引力很小，流体几乎不能承受拉力，所以只存在指向作用面的静压强。

(2) 在静止流体或运动的理想流体中，某一点静压强的大小与所取作用面的方位无关。也就是说，静压强仅是空间位置的标量函数。

流体静压强第二个特性的证明如下。

在流体中围绕 A 点取一微元四面体(见图1-10)，四面体的顶点 A 作为坐标原点，四面体的三个棱边与坐标轴重合，棱边长度分别为 $\mathrm{d}x,\mathrm{d}y,\mathrm{d}z$。对于静止流体，不存在内摩擦力，作用在四面体上的表面力只有法向力：作用在 Abc 面上的法向力等于 Abc 面上的静压强和表面积 $\mathrm{d}x\mathrm{d}z/2$ 的乘积。由于 Abc 面上的静压强方向与 y 轴平行，用 p_y 表示该面上的压强。这样 Abc 面上的表面力为 $p_y\mathrm{d}x\mathrm{d}z/2$。同理，作用在 Aac，Aab，abc 面上的表面力分别为 $p_x\mathrm{d}z\mathrm{d}y/2$，$p_z\mathrm{d}x\mathrm{d}y/2$ 和 $p_n\mathrm{d}S_n$。

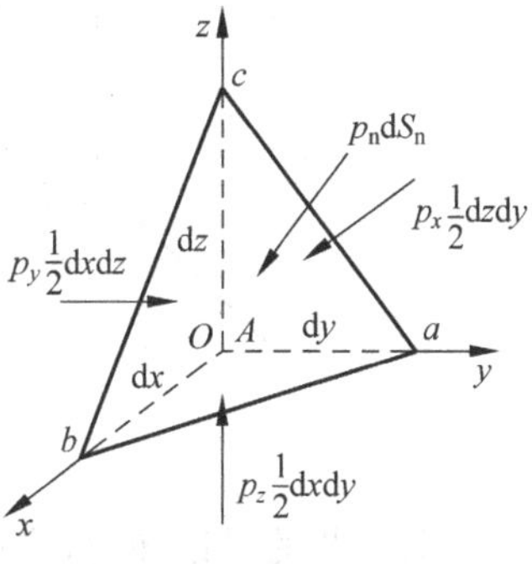

图1-10　微元四面体

作用在四面体上的质量力在 x、y、z 方向上的投影分量分别为 $X\rho\mathrm{d}x\mathrm{d}y\mathrm{d}z/6$，$Y\rho\mathrm{d}x\mathrm{d}y\mathrm{d}z/6$，$Z\rho\mathrm{d}x\mathrm{d}y\mathrm{d}z/6$。其中 $\mathrm{d}x\mathrm{d}y\mathrm{d}z/6$ 是四面体的体积。

流体静止时，作用在四面体上的外力应平衡，也就是说，所有外力在各坐标方向的投影和应等于零。因此，在 x 方向有

$$\frac{1}{2}p_x\mathrm{d}y\mathrm{d}z-p_n\mathrm{d}S_n\cos(n,x)+\frac{1}{6}X\rho\mathrm{d}x\mathrm{d}y\mathrm{d}z=0 \tag{1.18}$$

式中：$\cos(n,x)$是 abc 平面的外法线方向 n 与 x 轴方向夹角的余弦；乘积 $\mathrm{d}S_n\cos(n,x)$则是 abc 面的面积在 yOz 坐标平面上的投影，可以看出 $\mathrm{d}S_n\cos(n,x)=\mathrm{d}y\mathrm{d}z/2$，将此式代入

式(1.18),化简后可得到

$$p_x - p_n + \frac{1}{3} X\rho \mathrm{d}x = 0 \tag{1.19}$$

当四面体向 A 点缩小时,$\mathrm{d}x \to 0$,从上式可以得出 $p_x = p_n$。

用同样的方法,在 y 和 z 方向也可以得到 $p_x = p_y = p_z = p_n$。

当四面体向 A 点缩小时,斜面 abc 也向 A 点接近,在极限情况下,四面体的四个面都通过 A 点。此外,由于 n 方向是任意取的,所以 A 点任意方向上的流体静压强都相等。虽然这是在静止流体中推导出的结果,但对于运动的理想流体,同样可以得到,所不同的是对运动的理想流体进行推导时,式中多了一项惯性力,但该项惯性力是三阶无穷小,取极限时也趋于零,对最终结果没有影响。

1.8 流体的静平衡方程——欧拉静平衡方程

1.8.1 欧拉静平衡方程

为了进一步研究流体静平衡规律和流体内部静压强分布规律,我们先运用牛顿第二定律建立流体静平衡方程。

从静止流体中取一微小六面体(见图 1-11),其表面与坐标平面平行,边长分别为 $\mathrm{d}x$, $\mathrm{d}y$, $\mathrm{d}z$。

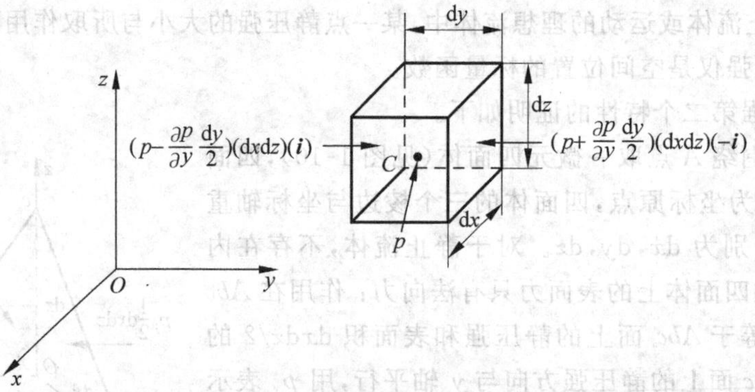

图 1-11 静止流体中一微小六面体

从上一节的讨论知道,作用在流体上的力有质量力和表面力,则对于图 1-12 所取的微元体,作用在其上的质量力为 $\mathrm{d}\boldsymbol{F}_B = \boldsymbol{f}\rho \mathrm{d}x\mathrm{d}y\mathrm{d}z$,其中 $\rho \mathrm{d}x\mathrm{d}y\mathrm{d}z$ 是微元体的质量。

静止流体不能承受剪切力,故在静止流体中,不存在切向力,表面力仅有压力。由于流体中各处的压强并不相同,即压强是位置的函数,$p = p(x, y, z)$。因而作用在微元体每个面上的压力不同,其合力可以由 6 个面上的压力按矢量相加而得。

设微元体中心 C 点 (x, y, z) 的压强为 p,则微元体 6 个面上的压强可以由泰勒级数在 C 处展开得到,例如,微元体左面的压强为

$$p_L = p + \frac{\partial p}{\partial y}(y_L - y) = p - \frac{\partial p}{\partial y}\frac{\mathrm{d}y}{2} \tag{1.20}$$

展开时略去二阶以上的微量,因为对于二阶以上的微量取极限时,趋向于零。同样,微

元体右面的压强为

$$p_R = p + \frac{\partial p}{\partial y}(y_R - y) = p + \frac{\partial p}{\partial y}\frac{dy}{2} \tag{1.21}$$

图 1-11 上表示了 y 方向两个面上的压力作用，每个力由三部分组成：第一部分是压强的大小，第二部分为表面积，第三部分是单位坐标矢量。图上也表明了每个力都指向作用面。用同样的方法可以写出其他面上的作用力，这些表面力的合力为

$$\begin{aligned} d\boldsymbol{F}_S = & \left(p - \frac{\partial p}{\partial x}\frac{dx}{2}\right)dydz(\boldsymbol{i}) + \left(p + \frac{\partial p}{\partial x}\frac{dx}{2}\right)dydz(-\boldsymbol{i}) \\ & + \left(p - \frac{\partial p}{\partial y}\frac{dy}{2}\right)dxdz(\boldsymbol{j}) + \left(p + \frac{\partial p}{\partial y}\frac{dy}{2}\right)dxdz(-\boldsymbol{j}) \\ & + \left(p - \frac{\partial p}{\partial z}\frac{dz}{2}\right)dxdy(\boldsymbol{k}) + \left(p + \frac{\partial p}{\partial z}\frac{dz}{2}\right)dxdy(-\boldsymbol{k}) \end{aligned}$$

化简后为

$$d\boldsymbol{F}_S = -\left(\frac{\partial p}{\partial x}\boldsymbol{i} + \frac{\partial p}{\partial y}\boldsymbol{j} + \frac{\partial p}{\partial z}\boldsymbol{k}\right)dxdydz \tag{1.22}$$

括号中的项称为压强梯度，并写作 $\text{grad}p$ 或 ∇p，在直角坐标系中有

$$\text{grad}p \equiv \nabla p \equiv \left(\boldsymbol{i}\frac{\partial p}{\partial x} + \boldsymbol{j}\frac{\partial p}{\partial y} + \boldsymbol{k}\frac{\partial p}{\partial z}\right) \equiv \left(\boldsymbol{i}\frac{\partial}{\partial x} + \boldsymbol{j}\frac{\partial}{\partial y} + \boldsymbol{k}\frac{\partial}{\partial z}\right)p \tag{1.23}$$

梯度 grad 或 ∇ 可看作是一个矢量运算符，是对标量取梯度后得到的矢量。

采用梯度符号后，表面力合力的公式就可写成

$$d\boldsymbol{F}_S = -\nabla p dxdydz \tag{1.24}$$

从而有

$$\nabla p = -\frac{d\boldsymbol{F}_S}{dxdydz} \tag{1.25}$$

式(1.25)表明，压强梯度是单位体积流体所受表面力的负值。

组合表面力和质量力，可以得到作用在微元体上的总作用力为

$$d\boldsymbol{F} = d\boldsymbol{F}_B + d\boldsymbol{F}_S = (\rho\boldsymbol{f} - \nabla p)dxdydz \tag{1.26}$$

在静止流体中，流体加速度为零，于是可以根据牛顿第二定律，得到作用在微元体上的作用力应平衡，即

$$d\boldsymbol{F} = 0 \tag{1.27}$$

于是可以得到矢量方程

$$\rho\boldsymbol{f} - \nabla p = 0 \tag{1.28}$$

从式(1.28)的导出过程可以看出其中各项的物理意义，第一项为单位体积流体所受的质量力，第二项则是单位体积流体所受的表面力。

将上式投影到各坐标轴上，则可以得到三个各坐标轴上的标量方程：

$$\begin{cases} \rho X - \dfrac{\partial p}{\partial x} = 0 \\ \rho Y - \dfrac{\partial p}{\partial y} = 0 \\ \rho Z - \dfrac{\partial p}{\partial z} = 0 \end{cases} \tag{1.29}$$

标量方程组和矢量方程是由欧拉在1775年首先导出的，因此通常也称它们为**欧拉静平衡方程**。它表示了流体在质量力和表面力作用下的平衡条件。方程的意义表示在静止流体中压强的空间变化是由于体积力的存在造成的。

将标量方程组各式分别乘以 dx，dy 和 dz 后相加，则得

$$\rho(X\mathrm{d}x+Y\mathrm{d}y+Z\mathrm{d}z)=\frac{\partial p}{\partial x}\mathrm{d}x+\frac{\partial p}{\partial y}\mathrm{d}y+\frac{\partial p}{\partial z}\mathrm{d}z \tag{1.30}$$

式(1.30)右边是压力函数 p 的全微分 dp，所以上式又可以写成

$$\mathrm{d}p=\rho(X\mathrm{d}x+Y\mathrm{d}y+Z\mathrm{d}z) \tag{1.31}$$

如果我们所讨论的流体是不可压缩的，则因式(1.31)左边是全微分，那么右边也应该是某个函数的全微分，令此函数为 $U(x,y,z)$，则有

$$\mathrm{d}\rho=\rho\mathrm{d}U=\rho\left(\frac{\partial U}{\partial x}\mathrm{d}x+\frac{\partial U}{\partial y}\mathrm{d}y+\frac{\partial U}{\partial z}\mathrm{d}z\right) \tag{1.32}$$

比较上面式(1.31)和式(1.32)，不难发现：

$$X=\frac{\partial U}{\partial x},\quad Y=\frac{\partial U}{\partial y},\quad Z=\frac{\partial U}{\partial z}$$

以及　　　　$\mathrm{d}U=X\mathrm{d}x+Y\mathrm{d}y+Z\mathrm{d}z$

从而可以看出函数 U 和质量力之间的关系。

为了弄清函数 U 的物理意义，作如下分析(见图1-12)。在流体中取一点 A，若将该点流体移动 $\mathrm{d}l$ 距离，$\mathrm{d}l$ 在坐标方向的分量分别为 dx，dy 和 dz，则质量力对单位质量流体所做的功为 $\boldsymbol{f}\cdot\mathrm{d}\boldsymbol{l}=X\mathrm{d}x+Y\mathrm{d}y+Z\mathrm{d}z$。这个值刚好等于 U 函数的增量。另一方面，它也是单位质量流体的势能的变化量。因此，函数 $U(x,y,z)$ 反应了单位质量流体的势能，所以称 U 为**势函数**或**力函数**。并且得到如下推论：质量力有势是不可压缩流体静止的必要条件。

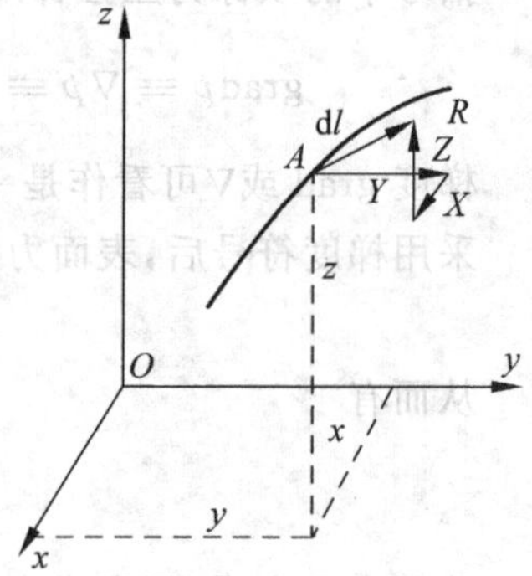

图1-12　U 函数的物理意义

1.8.2　静止流体的等压面

在静止流体中，静压强相等的各点所组成的面称为等压面。等压面具有三个重要特性：

(1) 在平衡的流体中，通过每一个点的等压面必与该点流体所受的质量力相垂直。因为在等压面上移动流体时，压强没有变化，即 $\mathrm{d}p=0$，这时质量力所做的功 $X\mathrm{d}x+Y\mathrm{d}y+Z\mathrm{d}z=0$。所以质量力必与等压面垂直。

(2) 等压面就是等势面。因为在等压面上 $\mathrm{d}p=0$，故 $\mathrm{d}U=0$，也就是等势面。

(3) 两种密度不同而又在不相混的流体处于平衡时，它们的分界面必为等压面。

如在分界面上任取相邻两点，设这两点的静压差为 dp，势函数之差为 dU。因为这两点同属于两种流体，若其中一种流体的密度为 ρ_1，另一种为 ρ_2，则同时有

$$\mathrm{d}p=\rho_1\mathrm{d}U\quad 和\quad \mathrm{d}p=\rho_2\mathrm{d}U$$

但 $\rho_1\neq\rho_2$，所以只有 dp 和 dU 均为零时上面的两个等式才能成立。所以分界面是等压面也是等势面。

本章小结

本章阐述了流体的力学特性及连续介质的概念；描述流体基本属性的物理量(压强、密度、温度)及其关系的气态方程；阐述了流体的压缩、膨胀性、粘性的成因；最后介绍了欧拉静平衡方程。

复习与思考

1. 什么是连续介质假设？作这样的假设合理吗？研究飞行器在任何高度飞行所受的空气动力时都可以应用连续介质假设吗？
2. 描述流体的主要物理量有哪些？各有什么特点？它们之间存在什么关系？
3. 理想气体的状态方程及其应用条件是什么？
4. 什么是流体的压缩性？通常用什么来度量流体的压缩性？
5. 什么是空气的可压缩性？与温度有什么关系？
6. 空气为什么具有粘性？写出牛顿粘性力公式并分析各因素对粘性力的影响情况。
7. 压缩性对气体流动的影响通常用什么来表示？
8. 什么是理想流体？什么是不可压流体？运用条件各有什么特点？
9. 什么是体积弹性模量？与流体的压缩性有什么关系？
10. 温度对空气的压缩性有什么影响？与声速有何关系？
11. 什么是流体的膨胀性？通常用什么来度量流体的膨胀性？
12. 质量力和表面力有什么区别？
13. 流体静压强具有哪两个重要的特性？
14. 写出欧拉静平衡方程，并说明其意义。
15. 什么是等压面？其具有哪些重要特征？

拓展阅读

空气动力学的发展简史

最早对空气动力学的研究，可以追溯到人类观察鸟或弹丸在飞行时的现象及其受力和力的作用方式的猜测。17 世纪后期，荷兰物理学家惠更斯首先估算出物体在空气中运动的阻力；1726 年，牛顿应用力学原理和演绎方法得出：在空气中运动的物体所受的力，正比于物体运动速度的平方和物体的特征面积以及空气的密度。这一工作可以看作是空气动力学经典理论研究的开始。

1755 年，数学家欧拉得出了描述无粘性流体运动的微分方程，即欧拉方程。这些微分形式的动力学方程在特定条件下可以积分，得出很有实用价值的结果。19 世纪上半叶，法国的纳维和英国的斯托克斯提出了描述粘性不可压缩流体动量守恒的运动方程，后称为纳维-斯托克斯方程。

到19世纪末，经典流体力学的基础已经形成。20世纪以来，随着航空事业的迅速发展，空气动力学便从流体力学中发展出来并形成力学的一个新的分支。

航空要解决的首要问题是如何获得飞行器所需要的升力、减小飞行器的阻力来提高它的飞行速度。这就要从理论和实践上研究飞行器与空气相对运动时作用力的产生及其规律。1894年，英国的兰彻斯特首先提出无限翼展机翼或翼型产生升力的环量理论，和有限翼展机翼产生升力的涡旋理论等。但兰彻斯特的想法在当时并未得到广泛重视。

大约在1901—1910年间，库塔和儒科夫斯基分别独立地提出了翼型的环量和举力理论，并给出举力理论的数学形式，建立了二维机翼理论。1904年，德国的普朗特发表了著名的低速流动的边界层理论。该理论指出在不同的流动区域中控制方程可有不同的简化形式。

边界层理论极大地推进了空气动力学的发展。普朗特还把有限翼展的三维机翼理论系统化，给出它的数学结果，从而创立了有限翼展机翼的举力线理论。但它不能适用于失速、后掠和小展弦比的情况。1946年美国的琼斯提出了小展弦比机翼理论，利用这一理论和边界层理论，可以足够精确地求出机翼上的压力分布和表面摩擦阻力。

近代航空和喷气技术的迅速发展使飞行速度迅猛提高。在高速运动的情况下，必须把流体力学和热力学这两门学科结合起来，才能正确认识和解决高速空气动力学中的问题。1887—1896年间，奥地利科学家马赫在研究弹丸运动扰动的传播时指出：在小于或大于声速的不同流动中，弹丸引起的扰动传播特征是截然不同的。

在高速流动中，流动速度与当地声速之比是一个重要的无量纲参数。1929年，德国空气动力学家阿克莱特首先把这个无量纲参数与马赫的名字联系起来，10年后，马赫数这个特征参数在气体动力学中广泛引用。

小扰动在超声速流中传播会叠加起来形成有限量的突跃——激波。在许多实际超声速流动中也存在着激波。气流通过激波流场，参量发生突跃，熵增加而总能量保持不变。

英国科学家兰金在1870年、法国科学家希贡扭在1887年分别独立地建立了气流通过激波所应满足的关系式，为超声速流场的数学处理提供了正确的边界条件。对于薄翼小扰动问题，阿克莱特在1925年提出了二维线化机翼理论，以后又相应地出现了三维机翼的线化理论。这些超声速流的线化理论圆满地解决了流动中小扰动的影响问题。

在飞行速度或流动速度接近声速时，飞行器的气动性能发生急剧变化，阻力突增，升力骤降，飞行器的操纵性和稳定性极度恶化，这就是航空史上著名的"声障"。大推力发动机的出现冲过了声障，但并没有很好地解决复杂的跨声速流动问题。直至20世纪60年代以后，由于跨声速巡航飞行、机动飞行，以及发展高效率喷气发动机的要求，跨声速流动的研究更加受到重视，并有很大的发展。

远程导弹和人造卫星的研制推动了高超声速空气动力学的发展。在20世纪50年代到60年代初，确立了高超声速无粘流理论和气动力的工程计算方法。60年代初，高超声速流动数值计算也有了迅速的发展。通过研究这些现象和规律，发展了高温气体动力学、高速边界层理论和非平衡流动理论等。

由于在高温条件下会引起飞行器表面材料的烧蚀和质量的引射，需要研究高温气体的多相流。空气动力学的发展出现了与多种学科相结合的特点。

空气动力学发展的另一个重要方面是实验研究，包括风洞等各种实验设备的发展和实验理论、实验方法、测试技术的发展。世界上第一个风洞是英国的韦纳姆在1871年建成的。到今天，适用于各种模拟条件、目的、用途和各种测量方式的风洞已有数十种之多，风洞实验的内容极为广泛。

20世纪70年代以来，激光技术、电子技术和电子计算机的迅速发展，极大地提高了空气动力学的实验水平和计算水平，促进了对高度非线性问题和复杂结构的流动的研究。

除了上述由航空航天事业的发展推进空气动力学的发展之外，20世纪60年代以来，由于交通、运输、建筑、气象、环境保护和能源利用等多方面的发展，出现了工业空气动力学等分支学科。

（摘自 http://baike.baidu.com/view/78138.htm）

第2章

流体运动学和动力学基础

本章关键词

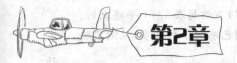

拉格朗日法(Lagrange method)　　欧拉法(Euler method)
流线(streamline)　　连续方程(equation of continuity)
伯努利方程(Bernoulli's equation)　　迹线(trace)

飞机在大气中飞行时,对飞行速度有很大依赖性。我们根据物理学中的运动相对性原理,将物体在静止空气中的运动,转换为空气流过静止物体的运动,那么飞机在空气中低速的运动,就可以转换为空气流过静止飞机的低速流动。

飞机之所以能在大气中作持续性飞行,依靠的是飞机受到的空气动力。要了解空气动力产生的原因和变化规律,首先要掌握空气流动的特性。空气的流动称为气流。

本章将讨论流体运动学和动力学问题,由于流体动力学涉及的内容较多,而且比较复杂,本章在介绍流体运动研究方法后,分析最简单的流动以降低难度,即一维定常流动。本章主要讨论一维定常流的基本方程。

所谓一维定常流,是指在流动中流体的速度、压强、密度、温度等参数都只是一个坐标的函数,这个坐标可以是直角坐标系也可以是曲线坐标系。一维定常流是一种最简单的理想化的流动模型。

运动的流体所占据的空间称为**流场**。研究流场气流特性时,首先必须对描述气流的基本概念有所了解,这是因为实际流体的运动都很复杂,运用数学工具直接对其进行分析计算时将会遇到许多困难,因而常常需要在物理意义上作一些假设或简化一些前提,并建立已为实验所证实的基本概念和合理的模型,以便在分析过程中作直观的探讨,进而近似地分析和研究所要解决的复杂实际问题。

在上一章对空气做了连续性介质假设的基础上,本章将介绍有关气流的基本概念,主要包括流场、定常流动、非定常流动、流线、流管和流线谱,以及流体的基本运动方程和附面层的概念。

2.1　研究流体运动的方法及其基本概念

2.1.1　运动的转换——运动的相对性

根据物理学中的运动相对性原理，将物体在静止空气中的运动，转换为空气流过静止的物体的运动，称为**运动的转换**。在空气动力学中，为了简化理论研究，广泛采用运动的转换原理。

空气动力是空气相对物体有运动时产生的，而空气相对物体的运动(流动)称为相对气流。因此，空气动力学的研究离不开相对气流，不管是空气静止、物体运动或是物体静止、空气流动，只要物体和空气之间有相对运动，就会产生相对气流，同样都会产生空气动力。作用于飞机上的空气动力的施力者是相对气流，因而无论是飞机在静止的空气中飞行，还是空气流过相对静止的飞机，在其他条件不变的情况下，只要相对速度相同，两者所产生的空气动力就相同。

研究飞机在空气中运动时空气动力的产生和变化，就是以运动转换原理为依据，把飞机看成是静止的，空气以一定速度流向飞机。比如某一时刻飞机在空中飞行，飞机所受的空气动力是一定的，此时站在地面上的人看到的是飞机以一定的速度向前飞行，而对于驾驶该飞机的飞行员来说，空气相对于飞机向后流过，气流的速度与飞机速度大小相等、方向相反。

利用风洞实验测定飞机模型的空气动力，也是以运动转换原理为依据，模型固定不动，气流相对模型吹来，以此来模拟飞机在静止空气中飞行时空气动力的产生和变化。为了研究空气的流动，1871 年世界上建成了第一座风洞。目前风洞的种类很多，按实验段气流的速度大致可将风洞分为低速风洞(见图 2-1)和高速风洞(包括亚声速风洞、跨声速风洞、超声速风洞、高超声速风洞和高焓高超声速风洞等)两大类。

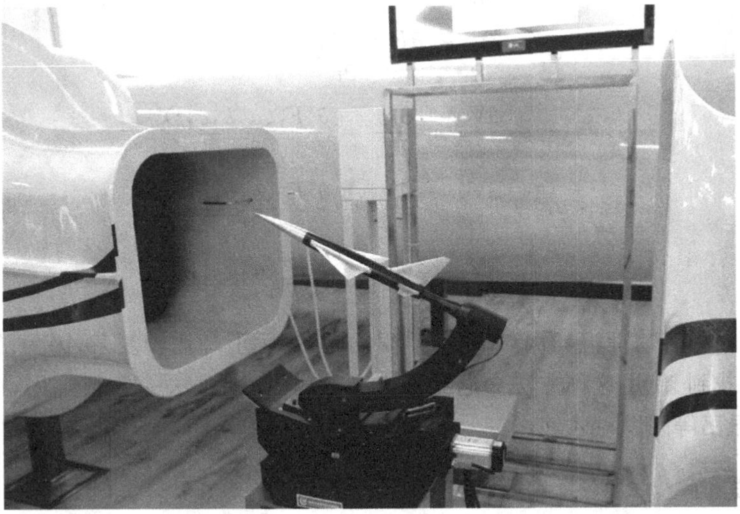

图 2-1　回流式低速敞口风洞

2.1.2 研究流体运动的两种方法

研究流体动力学时，一般有两种不同的方法：一种是从分析流体各个质点的运动来研究整个流体的运动；一种是从分析流体所占据空间中各固定点处的流体运动来研究整个流体的运动。这两种方法是由欧拉首先提出的，以后拉格朗日运用第一种方法来研究非定常流动，所以一般称第一种方法为**拉格朗日法**，而把第二种方法称为**欧拉法**。

1. 拉格朗日法

拉格朗日法是将流体运动的研究归结为分析某一指定流体质点的速度、加速度、密度、压强等参数的变化，以及由某一流体质点转到另一流体质点时这些参数的变化。

为了研究每一个流体质点的运动，首先要区别出各个流体质点。可以取起始瞬时 $t=t_0$ 时各个质点在空间的坐标 (a,b,c) 来标明它们，不同的空间坐标 (a,b,c) 值将代表不同的流体质点。这样，在瞬时 t，任一流体质点的位置，即空间的坐标 (x,y,z) 可以用 (a,b,c) 及 t 的函数来表示，即

$$\begin{cases} x = F_1(a,b,c,t) \\ y = F_2(a,b,c,t) \\ z = F_3(a,b,c,t) \end{cases} \tag{2.1}$$

式中：4 个变量 (a,b,c,t) 称为拉格朗日变量。

当 a,b,c 取确定值时，式(2.1)代表确定的某个流体质点的运动轨迹；当 t 确定时，式(2.1)代表 t 时刻各质点所处的位置，所以式(2.1)可以描述所有质点的运动。

根据式(2.1)，任一流体质点的速度和加速度在 x,y,z 三个轴上的投影为

$$\begin{cases} V_x = \dfrac{\partial x}{\partial t} = \dfrac{\partial F_1(a,b,c,t)}{\partial t} \\ V_y = \dfrac{\partial y}{\partial t} = \dfrac{\partial F_2(a,b,c,t)}{\partial t} \\ V_z = \dfrac{\partial z}{\partial t} = \dfrac{\partial F_3(a,b,c,t)}{\partial t} \end{cases} \tag{2.2}$$

$$\begin{cases} a_x = \dfrac{\partial V_x}{\partial t} = \dfrac{\partial^2 x}{\partial t^2} = \dfrac{\partial^2 F_1(a,b,c,t)}{\partial t^2} \\ a_y = \dfrac{\partial V_y}{\partial t} = \dfrac{\partial^2 y}{\partial t^2} = \dfrac{\partial^2 F_2(a,b,c,t)}{\partial t^2} \\ a_z = \dfrac{\partial V_z}{\partial t} = \dfrac{\partial^2 z}{\partial t^2} = \dfrac{\partial^2 F_3(a,b,c,t)}{\partial t^2} \end{cases} \tag{2.3}$$

拉格朗日法很容易理解，看起来也似乎很简单，实际上却比较复杂，因为函数 F_1,F_2,F_3 等往往不容易找到，使用这种方法会遇到困难，所以拉格朗日法一般很少用，通常只在研究像流体波动、振荡等问题时才使用。

2. 欧拉法

欧拉法是将流体运动的研究归纳为分析被运动流体所占空间中某指定点上流体参数随时间的变化，以及分析由空间某一点转到另一点时这些参数的变化，也就是说按照欧拉法，

不需要像拉格朗日法那样注意个别流体质点的整体运动过程，而是研究运动流体所占空间中各点的流体参数变化。因此，在欧拉法中，一切描述流体运动的参数都是空间点坐标(x,y,z)和时间t的函数。我们以空间点A上流体质点的速度为例，如图2-2所示，它表示为

$$\boldsymbol{V}=\frac{\mathrm{d}\boldsymbol{r}}{\mathrm{d}t}=f(\boldsymbol{r},t)$$

或

$$\begin{cases}V_x=\dfrac{\mathrm{d}x}{\mathrm{d}t}=f_1(x,y,z,t)\\V_y=\dfrac{\mathrm{d}y}{\mathrm{d}t}=f_2(x,y,z,t)\\V_z=\dfrac{\mathrm{d}z}{\mathrm{d}t}=f_3(x,y,z,t)\end{cases}\tag{2.4}$$

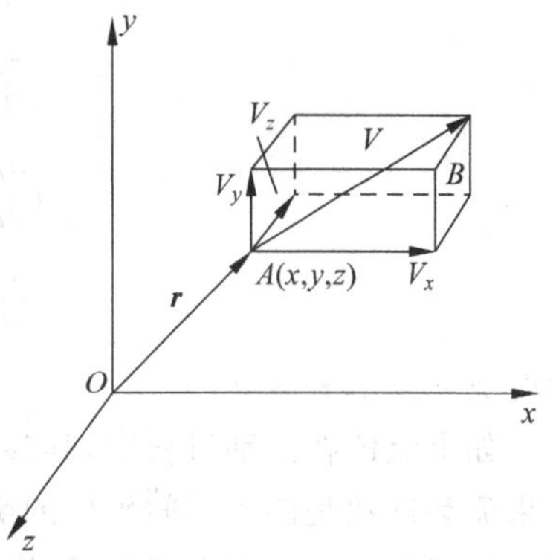

图2-2　空间点A上流体质点的速度

式中：$\boldsymbol{V}$表示流体质点在A点处的速度；$\boldsymbol{r}$表示A点的向径（坐标原点到A点的矢量）；V_x,V_y,V_z表示速度矢量$\boldsymbol{V}$在三个坐标轴上的投影；x,y,z则是A点的坐标。变量称为欧拉变量。

要注意的是，在拉格朗日法中，x,y,z是同一个流体质点在空间的位置的坐标；而在欧拉法中，x,y,z则是空间点的坐标，不同瞬时，有许多不同的流体质点穿过该空间点。

应用欧拉法研究流体运动时，由于空间点坐标是固定的，变化的只是流体质点的速度、加速度、密度等参数，而这些参数都可以写成是空间点坐标和时间的函数，所以在数学上的困难比较少，而且能使我们广泛地运用数学中的场论知识。因此，欧拉法得到普遍的应用。

2.1.3　流体运动的分类

根据欧拉法，可以按照流体运动所依赖的变量的数目对流体运动加以分类。在一般的情况下，分速度V_x,V_y,V_z和压强p、密度ρ等流体运动参数都是坐标x,y,z和时间t的函数，但是在有些情况下，在任意空间点上，流体质点的全部运动参数都不随时间的变化而变化，将这种流动称为**定常流动**，它满足下列条件：

$$\frac{\partial V_x}{\partial t}=\frac{\partial V_y}{\partial t}=\frac{\partial V_z}{\partial t}=\frac{\partial p}{\partial t}=\frac{\partial \rho}{\partial t}=\frac{\partial T}{\partial t}=0\tag{2.5}$$

这时流体的全部流动参数仅仅是坐标的函数：

$$\begin{cases}V_x=f_1(x,y,z)\\V_y=f_2(x,y,z)\\V_z=f_3(x,y,z)\\p=f_4(x,y,z)\\\rho=f_5(x,y,z)\\T=f_6(x,y,z)\end{cases}\tag{2.6}$$

在任意空间点上，流体质点的全部或部分流动参数随时间发生变化的流动称为**非定常流动**，这时

$$\begin{cases} \dfrac{\partial V_x}{\partial t} \neq 0, \dfrac{\partial V_y}{\partial t} \neq 0, \dfrac{\partial V_z}{\partial t} \neq 0 \\ \dfrac{\partial p}{\partial t} \neq 0 \\ \dfrac{\partial \rho}{\partial t} \neq 0 \\ \dfrac{\partial T}{\partial t} \neq 0 \end{cases} \tag{2.7}$$

同时成立或部分成立。

如果流体在流动过程中，其参数是三个空间坐标的函数，则这样的流动称为**三维流动**；如果流动参数是两个空间坐标的函数，就称为**二维流动**；如果仅是一个空间坐标的函数，就叫**一维流动**。如果再考虑时间，则可以将流动分成一维定常流、一维非定常流、二维定常流、二维非定常流、三维定常流和三维非定常流。

例如，平坦河面中间各点水的状态参数都不随时间变化，是定常流动；而桥墩后面的旋涡(见图 2-3)和汽车行驶时车后的涡流等，都是非定常流动。空气的流动通常是看不见的，所以在研究低速流动时人们常用与之流动情况类似的水的流动情形来理解空气的流动。

图 2-3　水流过桥墩的情形

又如图 2-4(a)所示，水从水箱一侧上的渐缩管流出，用流速仪测量 A 点的流动速度。从流速仪可以看出，随着时间的推移，水箱内水的持续流出，水箱水面位置逐渐下移，A 点的流速逐渐减小，因此，这是随着时间的变化而变化的流动，是非定常流动。假如，采取另外一种措施，如图 2-4(b)所示，使水箱内水面高度维持恒定，则渐缩管处的压强因为水面高度的不变而不变，这时从流速仪上可以看到，A 点的流动速度也不随时间变化而变化，这时的流动是定常流动。

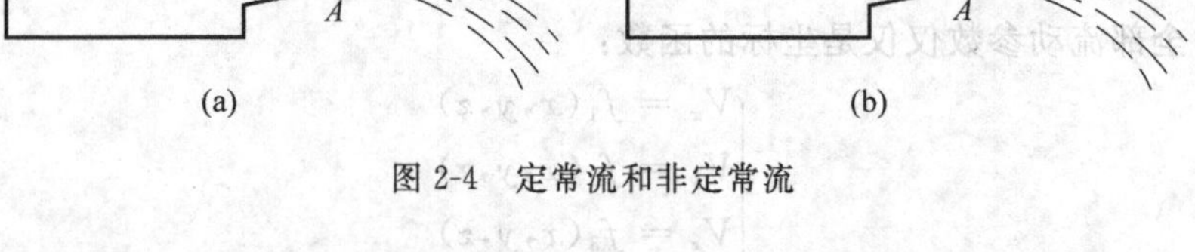

图 2-4　定常流和非定常流

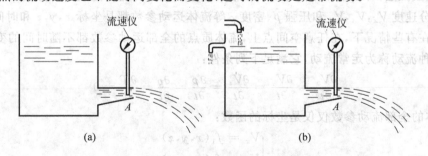

由于定常流动是不随时间变化而变化的，也就是可以不考虑时间因素，可以大大简化某些问题的分析，因此我们往往把某些非定常流动简化为定常流动。比如，当分析某种物理量随时间变化得非常缓慢的流动时，就可以在较短的时间间隔内，近似地把这种流动作为定常流动来处理。我们仍以图 2-4(a)所示的流动为例，假设水箱的容积足够大，而渐缩管的出口孔径又足够小，则水箱内水面下降得十分缓慢，那么在较短的时间间隔内研究这种流动时，就可以近似地认为是定常流动。

流动是否为定常流动，有时还与坐标系的选择有关，为了将非定常流动简化成定常流动来分析，常常用转化坐标系统的方法来实现。

图 2-5 表示气体在发动机尾喷管内的流动情况，在不需要精确设计尾喷管时，往往可以近似地认为在尾喷管的气体流动参数只沿着尾喷管轴线方向也就是图中的 x 轴方向变化，而将其他方向的变化忽略，这样，原本实际问题中的三维流动就简化成了一维流动。发动机处于稳定工作状态时，气体在这样简化的尾喷管中的流动就是一维定常流，而在起动或停车这样的不稳定工作状态，则为一维非定常流。

图 2-6 表示粘性流体在圆锥形管内的流动情况，流体质点的速度既是半径 r 的函数，又是沿轴线距离 x 的函数，明显，这是个二维流动问题。

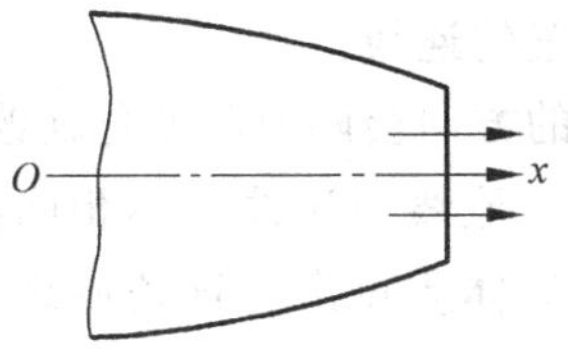

图 2-5　尾喷管内流动

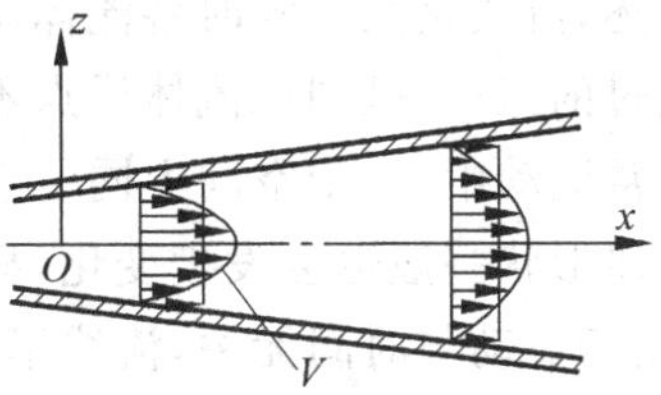

图 2-6　粘性流体在圆锥形管内的流动

图 2-7 表示均匀流体流过机翼的情况，如果机翼的翼展比翼弦大得多(可看作是无限翼展)，且翼型剖面形状不变，则可以忽略机翼两端的影响，将绕机翼的流动看作是二维流动。也就是认为流动参数沿翼展方向(z 方向上)没有变化，只有在 x 和 y 方向才有变化。如果机翼为有限翼展，则必须考虑两翼翼端的影响，这时流动参数由 x,y,z 三个坐标来决定，如图 2-8 所示，研究的则是三维流动。

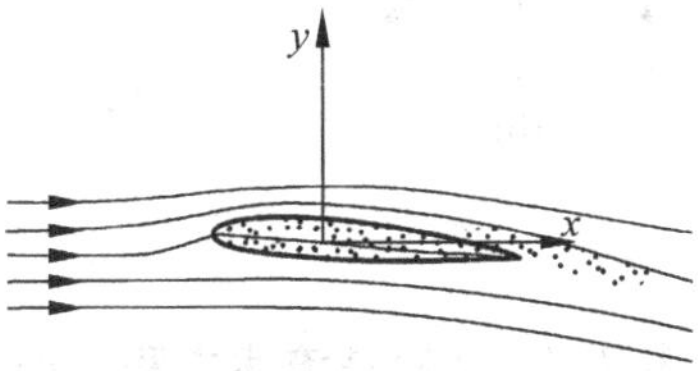

图 2-7　二维流体流过机翼的情况

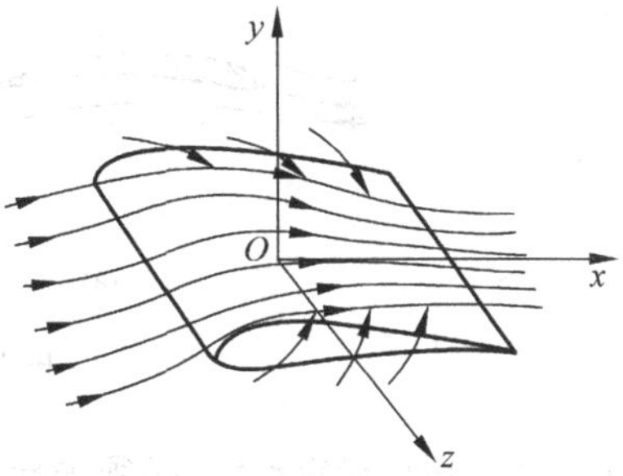

图 2-8　三维流动下的情况

2.1.4　流线、迹线及流管

我们知道，运动流体所处的空间称为流场。要形象地描述流场，需要了解流线和流管等概念。

某一瞬时流场中存在这样的曲线，该曲线上每一点的速度矢量都与该曲线相切，这样的曲线称为**流线**，如图 2-9 所示。而将任何一个流体质点在流场中的运动轨迹称为**迹线**(或称为**轨线**)。

每一瞬时，流场上所有流线的总体，称为**流线簇**。

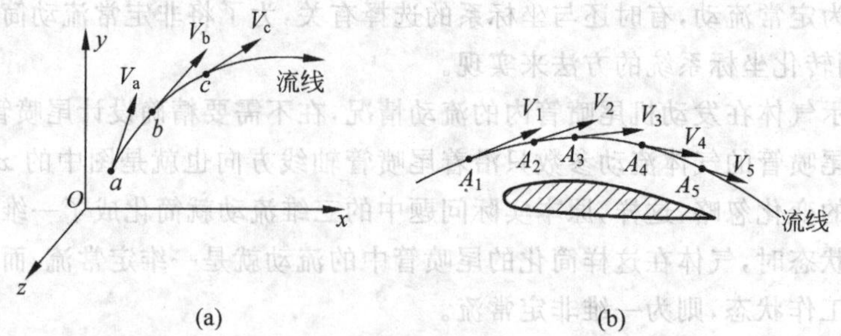

图 2-9　流线

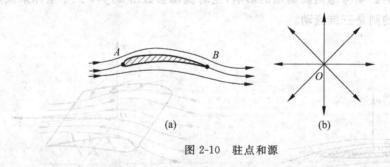

由上所述，流线是某一瞬时各流体质点的运动方向线，而迹线则是某一流体质点在一段时间内所经过的路径，是同一流体质点不同时刻所在位置的连线。

在非定常流动中，由于空间上同一点流体运动速度的方向会随时间变化而改变，所以通过该点的流线形状一般也会发生变化，显然，这种流动中，流线与迹线是不相同的。而在定常流动中，由于流动与时间无关，流线不随时间而改变，流体质点沿着这条流线运动，所以，在定常流动中，流线与迹线重合。

在一般情况下，流线彼此不会相交，如果有两条流线彼此相交的话，那么位于交点上的流体质点势必有两个不同方向的速度，在一般情况下这是不可能的。但有三种特殊情况：一种是速度为零的点上，如图 2-10(a)中的 A 点，通常将 A 点称为**前驻点**；第二种情况则是流线相切，如图 2-10(a)所示的 B 点，上下两股速度不相等的流体在 B 点相切；还有一种是在速度为无限大的奇点上，如图 2-10(b)中的 O 点。

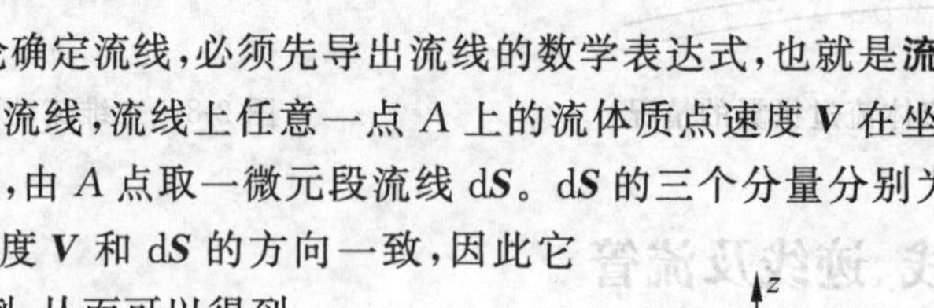

图 2-10　驻点和源

为了用数学理论确定流线，必须先导出流线的数学表达式，也就是**流线方程**。如图 2-11 所示，曲线 S 是一条流线，流线上任意一点 A 上的流体质点速度 $\boldsymbol{V}$ 在坐标轴 x,y,z 上的投影分量为 V_x,V_y,V_z，由 A 点取一微元段流线 $\mathrm{d}\boldsymbol{S}$。$\mathrm{d}\boldsymbol{S}$ 的三个分量分别为 $\mathrm{d}x,\mathrm{d}y,\mathrm{d}z$，由于 S 是一条流线，所以速度 $\boldsymbol{V}$ 和 $\mathrm{d}\boldsymbol{S}$ 的方向一致，因此它们的分量对应成比例，从而可以得到

$$\frac{\mathrm{d}x}{V_x}=\frac{\mathrm{d}y}{V_y}=\frac{\mathrm{d}z}{V_z} \tag{2.8}$$

或者写成矢量形式

$$\mathrm{d}\boldsymbol{r}\times\boldsymbol{V}=\boldsymbol{0} \tag{2.9}$$

这就是流线方程。

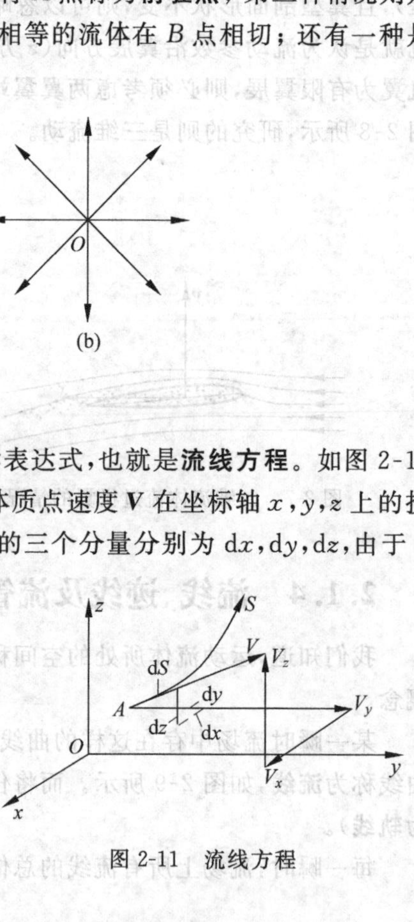

图 2-11　流线方程

在流场中取任意不是流线的封闭曲线 C，通过

该曲线 C 的每一点作一流线,这些流线便形成一条流管,如图 2-12(a)所示为三维总体示意图。若流管的横截面尺寸为无限小,则这种流管称为**基元流管**。在基元流管的任意截面上的流动参数都可以认为是均一的。在二维剖面图中,流管管壁的剖面图为两条相邻的流线(见图 2-12(b))。

流面则是通过一条不封闭或封闭曲线所作的那些流线所组成的曲面,如图 2-13 所示。

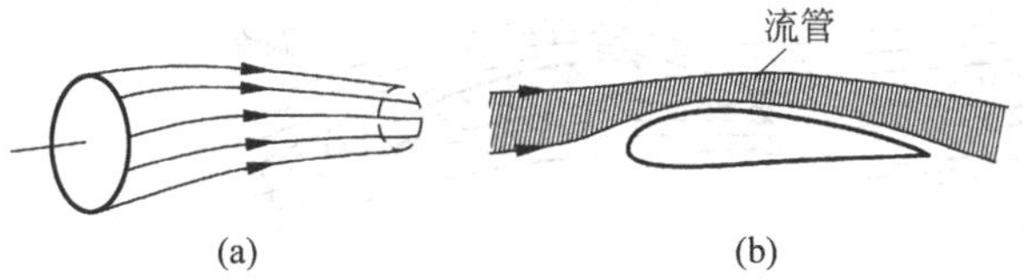

图 2-12　流管

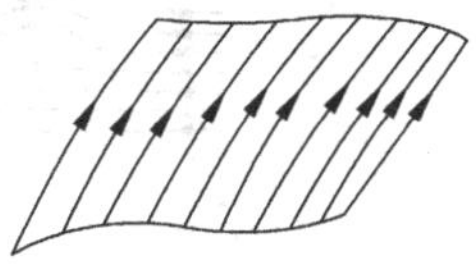

图 2-13　流面

因为流管的侧表面是由流线组成的,根据流线的定义,流线上各点没有垂直于流线的法向分速度,所以流管表面上的流体质点的速度方向总是和表面相切的;在定常流中,流管的形状不随时间改变,因此,流管以内或以外的流体质点只能始终在流管以内或以外流动,不能穿越管壁。从这个意义上来说,对于无粘流体的定常流动,可以用流管来代替一个具有固体壁面的管道,所以流管虽然只是一个假想的管子,但它却可以像真的固体壁面一样,把管内外的流体完全隔开。

2.1.5　流线谱

由流场内的物体及其流线组成的能反映流体流动全貌的图形叫**流线谱**(简称**流谱**)。由于空气是无色透明的气体,为了便于直接观察空气流过物体的流态(绕流情况),常用的流态显示设备是烟风洞。图 2-14 是一个简易的直流式低速二维烟风洞,它用风扇驱动气流,实验用模型安装在实验段,在实验段前方的稳定段均匀装有一排烟管,实验时与空气密度和比重都很接近的烟流会随空气流动,人们就可以形象、直观地看到空气流过机翼或其他物体剖面时的流线谱。实验中空气相对于物体剖面的流动是二维流,其流谱是二维流谱,也叫剖面流谱。除此之外,还有立体烟风洞,可用来观察三维流谱。

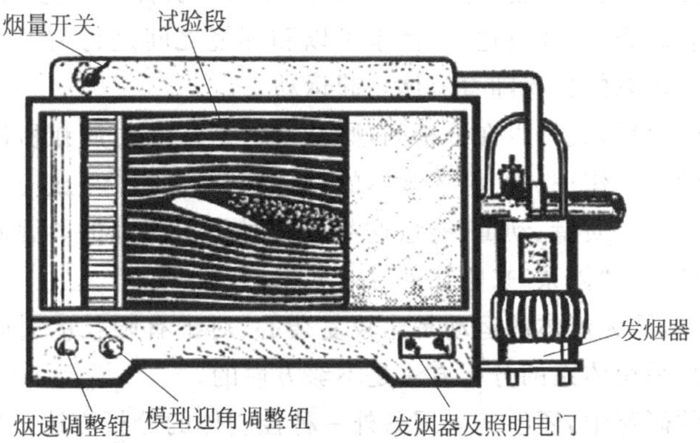

图 2-14　二维烟风洞

图 2-15 是根据烟风洞实验结果记录的几个典型物体的二维流谱。

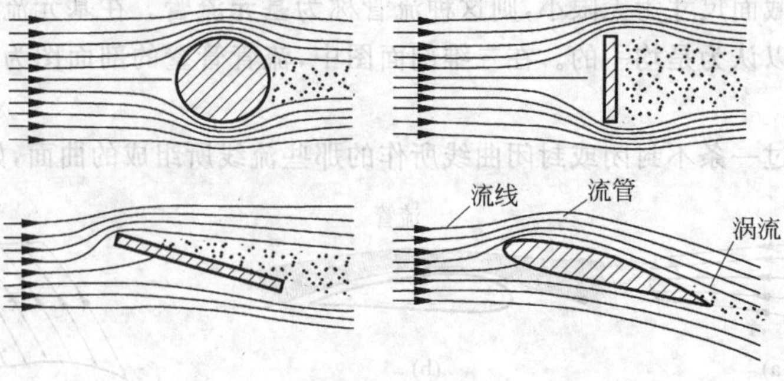

图 2-15　几个典型物体的二维流线谱

观察流谱的形状时，主要观察流管剖面面积大小变化情况、涡流区的大小以及涡流区与物体间的相对位置，等等。

实验结果表明：

(1) 在低速气流中，流谱的形状取决于两点，一是物体的剖面形状，二是物体与气流的相对关系位置。在低速范围内，流谱形状不随气流速度的大小变化而变化。

(2) 流谱剖面中，两条相邻流线可以看作是一个流管的管壁，两条流线中间的空气就好像顺着管子流动一样。物体表面凸起的地方，相邻两条流线间的距离减小，说明流管变细；气流受到阻挡和顺气流方向物面收缩的区域，如物体剖面的前部和机翼上表面后部，流管变粗。

(3) 空气流过物体时通常会在其后缘产生涡流(汽车和轮船行驶时其后面的涡流都是典型的例子)。涡流区的大小和相对位置取决于物体的剖面形状和物体在相对气流中与远前方相对气流方向的关系位置。

2.1.6　体系和控制体

在研究流体动力学的基本方程之前，必须先明确体系和控制体的概念。

所谓**体系**，是指某些确定的物质集合。体系以外的物质称为环境，体系的边界定义为把体系和环境分开的假想表面，通过边界，体系可以和环境之间进行力的作用和能量的交换，但没有质量的通过。体系的边界随着流体一起运动。

引用了体系的概念后，就可以在分析问题的时候，把注意力放在所确定的体系上，并考虑体系和环境之间的相互作用。在论述基本的物理定律并把其写成应用的方程形式时，必须先确定体系，否则，在讲质量、动量、能量这些概念时是不明确的。因此，基本的物理定律和概念最开始总是借助于“体系”来陈述的。

在流体动力学中，因为流体的运动是比较复杂的，对于有限长的时间，流体体系的边界往往很难确定，因此，采用体系的分析方法是不够方便的。

在流体动力学的研究中，还经常采用另外一种控制体的分析方法。所谓**控制体**，就是指为流体流过的固定在空间的一个任意体积。流体流入或流出控制体，从而使得占据控制体的流体随时间的变化而改变。控制体的边界称为**控制面**，它总是封闭表面。在控制体上可以有力的作用和能量的交换。引用了控制体的概念，在分析问题时，就可以把注意力放在所确定的控制体上，研究流体流过控制体时流体参数的变化情况，以及控制体内流体与控制体外物质的相互作用。

从上述解释不难看出，体系的分析方法是与研究流体运动的拉格朗日法相适应的，而控制体的分析方法则是和欧拉法相适应的。由于拉格朗日法的研究较为复杂，往往把基于体系解释的基本物理定律改写成基于控制体的形式。所以下面推导出的连续方程、动量方程和能量方程都是基于控制体的形式。

2.2　一维定常流动的基本方程

一维定常流动是一种最简单的理想化的流动模型。由于流体在空间内的实际流动一般都不是真正的一维流动，我们可以将整个流场划分成许多流管，在每一个十分细小的流管中，流体的流动就可以近似看成是一维的。另外，严格地讲，在同一坐标对应的截面上的各状态参数也不均一，但对于截面上的不同参数，我们可以通过采用取平均值的方法，将实际流动当作一维流动来近似处理。

本节将推导出一维定常流动的三个基本方程，并说明它们的物理意义、使用条件及其实际应用。这三个方程建立了气流各状态参数(如流管截面积 A、流速 V 和压强 p 等)之间的数量关系，根据这些关系，就有可能从理论上来研究和计算一些基本的低速气流特性问题。

2.2.1　连续方程

连续方程是把质量守恒定律应用于运动流体所得到的数学关系式，故又称为**质量方程**，它是空气动力学中最基本和最常用的方程之一。

1. 方程表达式及其物理意义

在图 2-16 所示的一维流管中，任取两个垂直于管轴 S 的截面 $a—b$ 和 $c—d$，构成区域 $abdc$，我们选取这一控制体为研究对象。气流由截面 $a—b$ 流入，由截面 $c—d$ 流出。设截面 $a—b$ 的面积、流速和空气密度分别为 A_1，V_1 和 ρ_1；截面 $c—d$ 的面积、流速和空气密度分别为 A_2，V_2 和 ρ_2，那么，单位时间内经截面 $a—b$ 流入的空气质量为 $\rho_1 V_1 A_1$，经截面 $c—d$ 流出的空气质量为 $\rho_2 V_2 A_2$。

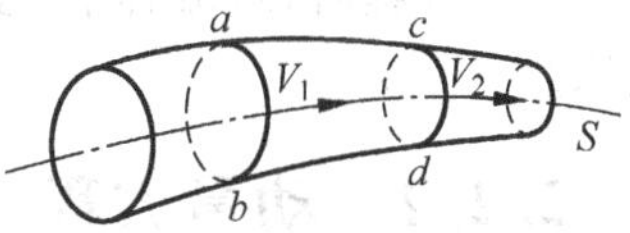

图 2-16　空气在流管中流动

流入的空气质量 $\rho_1 V_1 A_1$ 和流出的空气质量 $\rho_2 V_2 A_2$ 之间是什么关系呢？

前面已经指出，我们是把流体作为连续介质来看待的，即流体连续充满它所在的空间；而且对于定常流动，流场中任意一固定点的空气密度不随时间变化，所以，在空气流过流管的过程中，流管中任何部分的空气都不会变得稠密或稀薄，就是说，流入截面 $a—b$ 和流出截面 $c—d$ 的空气质量应该正好相等，即

$$\rho_1 V_1 A_1 = \rho_2 V_2 A_2 \tag{2.10}$$

因为 $abdc$ 控制体是任意选取的，所以，对于一维定常流动，沿同一流管恒有

$$\rho VA = \dot{m} \tag{2.11}$$

式中：$\dot{m}$是常数，称为质量流量，kg/s，它就是单位时间流过同一流管任一截面的空气质量。

对于不可压缩的低速气流，将整个流场中各处的空气密度(ρ)都看作是常数，那么，沿流管恒有

$$V_1A_1 = V_2A_2 = VA = \dot{Q} \tag{2.12}$$

式中：$\dot{Q}$也是一个常数，称为体积流量，m^3/s，它表示单位时间流过同一流管任一截面的空气体积。

式(2.11)是**一维定常流动的连续方程**，其物理意义是：在一维定常流动中，单位时间通过同一流管任一截面的流体质量都相等。而式(2.12)是**不可压缩流体的一维定常流动的连续方程**，其物理意义是：在不可压缩的一维定常流动中，单位时间通过同一流管任一截面的流体体积都相等。

式(2.12)的结论实际上是流体在运动中所遵循的质量守恒定律，在空气动力学中称为**连续性定理**，即在不可压缩的一维定常流动中，单位时间通过同一流管任一截面的流体体积都相等。管径截面积与流速成反比，管径大，流速慢；管径小，流速快。

连续性定理的现象在日常生活中也常常可以遇到，如穿堂风比院子里的风大，平坦河道的河水在河道窄的地方比在河道宽的地方流得快，我们用橡皮管接在水龙头上冲洗地面时，捏住橡皮管出口的一部分，水流速度会大大加快等。

2. 方程的使用条件

从连续方程的推导过程可以看出，尽管式(2.11)和式(2.12)都是一维定常流动的连续方程，但是，式(2.12)仅适用于不可压缩流体，因为它忽略了空气密度的变化。而式(2.11)对于可压缩和不可压缩流体都适用，因为它考虑了空气密度的变化，就是说它也适用于密度随流速变化的流体。

推导方程时，对流体有无粘性未加限制，因而，它既适用于理想流体，也适用于粘性流体。

2.2.2 动量方程

动量方程是把牛顿第二定律应用在运动流体所得到的数学表达式，对于一个确定的体系，可以将牛顿第二定律表述为在某一瞬时，体系的动量对时间的变化率等于在该瞬时作用在该体系上的全部外力的合力。而且动量的时间变化率的方向和合力的方向一致。

如同前一节所使用的研究方法，导出牛顿第二定律适用于控制体的形式。如图2-17所示为通过一个流管或管道的定常流，假设该定常流是一维的，取图中的虚线1-1—2-2所围成的空间为控制体。取瞬时 t 占据此控制体内的流体为体系，经过时间 dt 后，此体系流动到新的位置1'1'2'2'。在瞬时 t 时，体系所具有的动量以 $M(1122)$

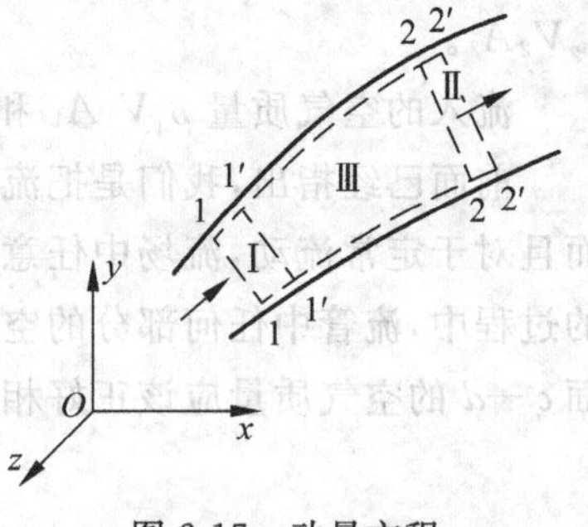

图 2-17　动量方程

表示，经 dts 后，在瞬时 t+dt 时，体系所具有的动量变为 $M(1'1'2'2')$。于是，体系经过 dt 时间后，动量变化为

$$M(1'1'2'2')-M(1122)$$

由于流场是定常的，因此在空间区域Ⅲ内的流体动量是不随时间变化而变化的，也因此有

$$M(1'1'2'2')-M(1122)=M(222'2')-M(111'1')=\mathrm{d}m_2\boldsymbol{V}_2-\mathrm{d}m_1\boldsymbol{V}_1$$

由此可以得到体系的动量随时间的变化率为

$$\begin{aligned}\frac{M(1'1'2'2')-M(1122)}{\mathrm{d}t}&=\frac{\mathrm{d}m_2}{\mathrm{d}t}\boldsymbol{V}_2-\frac{\mathrm{d}m_1}{\mathrm{d}t}\boldsymbol{V}_1\\&=\dot{m}_2\boldsymbol{V}_2-\dot{m}_1\boldsymbol{V}_1\\&=\dot{m}(\boldsymbol{V}_2-\boldsymbol{V}_1)\end{aligned}$$

若环境对瞬时占据控制体内的流体的全部作用力（也就是合力）为 $\sum\boldsymbol{F}$，则根据牛顿第二定律，可以得到

$$\sum\boldsymbol{F}=\dot{m}(\boldsymbol{V}_2-\boldsymbol{V}_1)\tag{2.13}$$

式(2.13)就是牛顿第二定律适用于控制体形式的表达式。它表示在定常流中，作用在控制体上的全部外力的合力 $\sum\boldsymbol{F}$，应该等于从控制面 2—2 流体动量的流出率与从控制面 1—1 流体动量的流入率的差值，如果将式(2.13)投影到直角坐标轴上，则有

$$\begin{cases}\sum F_x=\dot{m}(\boldsymbol{V}_{2x}-\boldsymbol{V}_{1x})\\\sum F_y=\dot{m}(\boldsymbol{V}_{2y}-\boldsymbol{V}_{1y})\\\sum F_z=\dot{m}(\boldsymbol{V}_{2z}-\boldsymbol{V}_{1z})\end{cases}\tag{2.14}$$

作用在控制体上的外力有表面力和质量力，如图 2-18 所示。

表面力有法向力 p_1A_1 和 p_2A_2，其方向均指向作用面。由于 A_1 和 A_2 分别与流体速度方向垂直，因此无剪切力，也就是说切向力为零。在控制面的侧表面上既有法向力 $\int_{A_s}p\mathrm{d}S_i$，又有切向力 $\int_{A_s}\tau\mathrm{d}S_i$。在许多应用中，后两种力往往是未知的，因此，我们常用 $\boldsymbol{F}_i$ 来表示其合力。

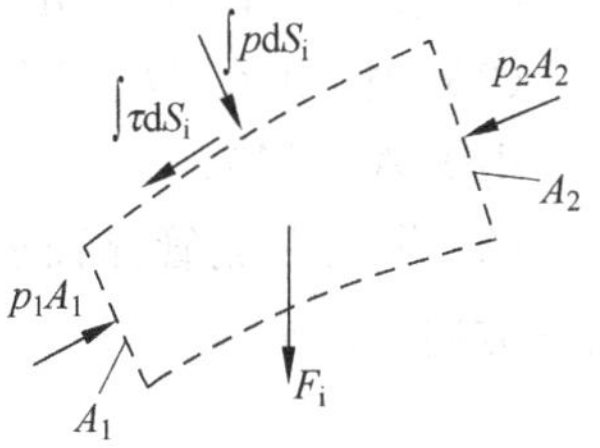

图 2-18 控制体上所受的力

这样，在式(2.13)中的合力就可以写成

$$\sum\boldsymbol{F}=\boldsymbol{p}_1A_1+\boldsymbol{p}_2A_2+\boldsymbol{F}_\mathrm{i}+\boldsymbol{F}_\mathrm{B}$$

即

$$\boldsymbol{p}_1A_1+\boldsymbol{p}_2A_2+\boldsymbol{F}_\mathrm{i}+\boldsymbol{F}_\mathrm{B}=\dot{m}(\boldsymbol{V}_2-\boldsymbol{V}_1)\tag{2.15}$$

对于流体在管道中的流动，$\boldsymbol{F}_\mathrm{i}$ 就是管壁施加于管内流体上的作用力，根据牛顿第三定律，管内流体作用于管壁的力 $\boldsymbol{F}_\mathrm{d}$ 和 $\boldsymbol{F}_\mathrm{i}$ 大小相等、方向相反，作用在两个不同的物体上，即 $F_\mathrm{d}=F_\mathrm{i}$，因此可以通过式(2.15)求出 $\boldsymbol{F}_\mathrm{i}$，即可求得 $\boldsymbol{F}_\mathrm{d}$。

需要注意的是牛顿第二定律只适用于惯性系统或相对惯性系统作匀速直线运动的参照系，而在所有相对于惯性系统作变速运动的坐标系中，像与发动机压气机转子一起绕定轴运

动的转动坐标系中,则通常所采用的牛顿第二定律的形式就不适用了。这时必须考虑由于惯性离心力和哥氏力而引进的一些附加项,并把速度改为相对速度。

可以证明的是,在定常流动的条件下,对于任意形状的控制体,只要在控制体的进出口截面上流体参数是均匀的,而不论流体在控制体里是什么流体情况、是否均匀,所导出的动量方程的形式均与式(2.14)相同。

动量方程是流体力学中最常用的基本方程之一,只要知道所划定的控制面上流体的流动情况,就能够直接确定出作用在控制面上的力,而不涉及流体在控制体内流动过程的详细情况。

2.2.3 微分形式的动量方程

在运用动量方程计算某些控制体上的作用力时,只需要知道进出口截面上的流动情况就可以了,而不必详细地了解控制体内部的流动情况,这是动量方程的最大优点。但是,当我们需要研究流体在流动过程中的详细变化情况时,一般形式的动量方程就不适用了,这就需要知道微分形式的动量方程。

在定常流动中,沿着一个基元流管的轴线 S 方向,取截面 aa 和 bb,它们之间的距离为无限小量 dS,如图 2-19 所示。在截面 aa 上,面积为 A,各流动参数分别为 p,ρ,V,在截面 bb 上,面积则为 $A+dA$,各流动参数也分别为 $p+dp,\rho+d\rho,V+dV$。取 $aabba$ 为控制体,沿着 S 方向,对控制体适用动量方程。

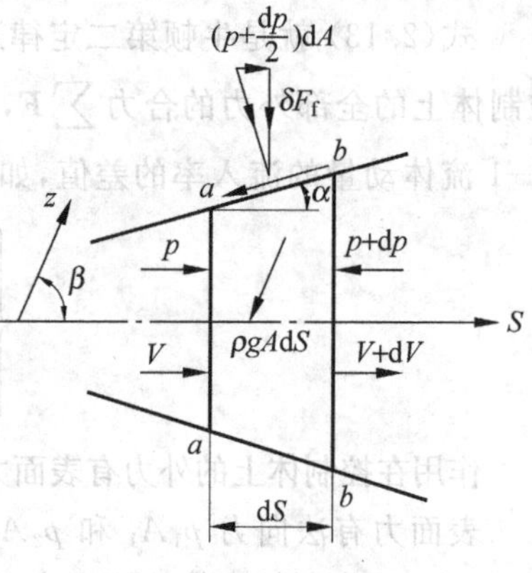

图 2-19 微分形式的动量方程

沿着 S 方向,控制体外的物质作用在控制体内流体的外力有:

(1) 作用在截面 aa 处流体压强的合力 pA;

(2) 作用在截面 bb 处流体压强的合力 $(p+dp)(A+dA)$;

(3) 作用在流管侧面表面上的平均压强的合力在 S 方向上的分量:

$$\left(p+\frac{dp}{2}\right)\frac{dA}{\sin\alpha}\sin\alpha=\left(p+\frac{dp}{2}\right)dA$$

式中,α 为管壁与轴线的夹角。

(4) 作用在流管侧面表面上的摩擦力在 S 方向的分量 δF_f,其方向沿 S 轴的负方向;

(5) 作用在控制体内流体的质量力,这里仅仅考虑重力,其方向沿 z 轴负方向,大小为 $\rho gAdS$。设 z 轴与 S 轴的夹角为 β,则质量力在 S 方向的分量为 $\rho gAdS\cos\beta=\rho gAdz$。

流体在单位时间内从截面 aa 流入控制体的动量为 $\dot{m}V$;在单位时间内从截面 bb 流出控制体的动量为 $\dot{m}(V+dV)$。根据动量方程(2.13)可以得到

$$-\rho gAdz+pA-(p+dp)(A+dA)+(p+dp/2)dA-\delta F_f=\dot{m}[(V+dV)-V]$$

略去高阶无穷小量,则上式可以化简为

$$-Adp-\rho gAdz-\delta F_f=\dot{m}V \tag{2.16}$$

式(2.16)叫做**微分形式的动量方程**。对于无粘性流体的流动,摩擦阻力 $\delta F_f=0$,将连

续方程$\dot{m}=\rho VA$代入，则式(2.16)在无粘流动中可以简化为

$$\rho g\,\mathrm{d}z+\mathrm{d}p+\rho V\mathrm{d}V=0 \tag{2.17}$$

式(2.17)就是无粘流体一维定常流动的运动微分方程，通常称为**一维流动的欧拉微分方程**。由于微元流管的极限是流线，所以上述形式的欧拉方程是沿任意一根流线成立的。式(2.17)表达了沿着任意一根流线，流体质点的密度、压强和速度位移之间的变化关系。

2.2.4　伯努利方程

将式(2.17)沿流管积分，可以得到

$$gz+\int\frac{\mathrm{d}p}{\rho}+\frac{V^2}{2}=C(\text{常数}) \tag{2.18}$$

式(2.18)适用于无粘性流体的一维定常流动，式中积分常数C通常叫做伯努利常数。为了求出式(2.18)中的积分$\int\frac{\mathrm{d}p}{\rho}$，必须知道流体在流动过程中$\rho$和$p$之间的函数关系。

1. 不可压缩流体的伯努利方程

对于不可压缩流，$\rho=$常数，则式(2.18)可以变为

$$\frac{p}{\rho}+\frac{V^2}{2}+gz=C(\text{常数}) \tag{2.19}$$

两边除去重力加速度g，则可以得到

$$\frac{p}{\gamma}+\frac{V^2}{2g}+z=C(\text{常数}) \tag{2.20}$$

式(2.20)称为不可压缩流体的伯努利方程。

从力学的观点来看，伯努利方程表示无粘流体定常流动中的能量守恒定律。这可以根据该方程中各项物理意义来加以说明。其中$\gamma=\rho g$，$\frac{p}{\gamma}$表示单位重量流体所产生的压力能；$\frac{V^2}{2g}$则代表单位重量流体所具有的动能；z代表单位重量流体所具有的位能。因此，式(2.20)表明，对于无粘性流体的定常流动，单位重量流体的压力能、位能和动能之和沿流管是一个常数。

在流体力学中还常用图2-20所示的各种曲线来直观地表示流管中各种能量的大小。在伯努利方程中，z项表示流管截面中心距基准面的高度，这个高度一般称为**位置压头**，流管各截面中心连成的曲线aa'称为**位置压头线**。方程中的$\frac{p}{\gamma}$项称为**压强压头**，同样是具有长度的单位，其大小也可以用高度来表示。若在位置压头线上加上代表压强压头的高度，则可得到反映$\frac{p}{\gamma}$和z之和的曲线cc'，这条曲线一般称为静压头线。方程中的$\frac{V^2}{2g}$项称为速度

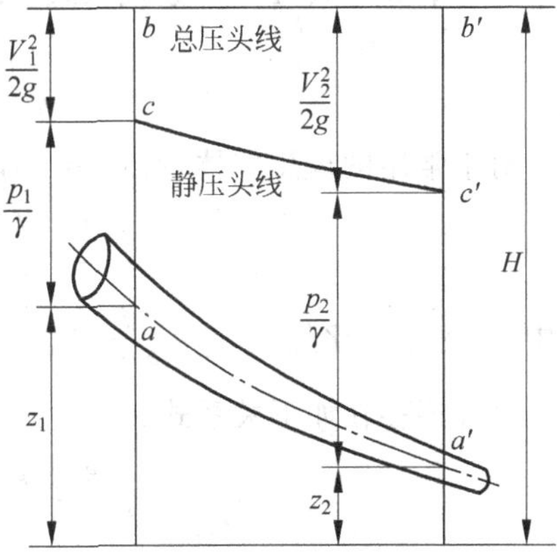

图2-20　流管中的压头线

压头，也具有高度的单位。在静压头线上，加上反映各截面上速度压头大小的高度，则最终可以得到一条反映单位重量流体总机械能的曲线 bb'，一般它被称为**总压头线**。

如果流体流动时在同一水平面内进行，或者流场中坐标 z 的变化与流体流动参数相比可以忽略不计时（如对气体），则式(2.19)可以简化为

$$p+\frac{\rho V^2}{2}=C=P_0 \tag{2.21}$$

式中：p，$\frac{\rho V^2}{2}$，P_0 分别称为静压、动压和总压。式(2.21)表示，流管每个截面上的总压相等。式(2.21)为**不可压缩气体的伯努利方程**。

2. 可压缩气体的伯努利方程

对于可压缩气体，重力的影响可以忽略不计，在流管的两个任意截面1、2之间的公式(2.17)可变化为

$$\int_1^2 \frac{dp}{\rho}+\frac{V_2^2-V_1^2}{2}=0 \tag{2.22}$$

同样，为了求出式(2.22)中的积分，也必须要知道 p 和 ρ 之间的函数关系，这就必须知道流体的热力过程。在这里仅仅讨论可逆的绝热过程，也就是等熵过程。对于气体的等熵过程，有过程方程 $p/\rho^k=$常数，则有 $p/\rho^k=\frac{p_1}{\rho_1^k}=\frac{p_2}{\rho_2^k}=C$，因而

$$\int_1^2 \frac{dp}{\rho}=\frac{kRT_1}{k-1}\left[\left(\frac{p_2}{p_1}\right)^{\frac{k-1}{k}}-1\right]$$

代入式(2.22)中，可以得到

$$\frac{k}{k-1}RT_1\left[\left(\frac{p_2}{p_1}\right)^{\frac{k-1}{k}}-1\right]+\frac{V_2^2-V_1^2}{2}=0 \tag{2.23}$$

因为式(2.23)是由式(2.17)积分得来的，而在推导式(2.17)时采用的物理模型假设了流体是无粘性一维定常流动，所以式(2.23)的限制条件是一维定常绝能等熵流动。

对气体，式(2.17)的积分也可以写成

$$\int \frac{dp}{\rho}+\frac{V^2}{2}=\text{常数} \tag{2.24}$$

将等熵关系式 $\frac{p}{\rho^k}=$常数代入式(2.24)，则可以得到

$$\frac{k}{k-1}\frac{p}{\rho}+\frac{V^2}{2}=\text{常数} \tag{2.25}$$

对于常用的理想气体，有理想气体状态方程 $p=\rho RT$，则有

$$\frac{k}{k-1}\frac{p}{\rho}=\frac{k}{k-1}RT=c_p T=h$$

式中，c_p 为定压比热比，$c_p=\frac{k}{k-1}R$。

另外还存在如下关系式：

$$\frac{k}{k-1}\frac{p}{\rho}=\frac{1}{k-1}\frac{p}{\rho}+\frac{p}{\rho}$$

$$\frac{1}{k-1}\frac{p}{\rho}=\frac{1}{k-1}RT=c_v T=u$$

式中，c_v 为定容比热比，$c_v=\frac{k}{k-1}$。

因此，式(2.25)又可以写成

$$h+\frac{V^2}{2}=\text{常数} \tag{2.26}$$

$$\frac{kC^2}{k-1}+\frac{V^2}{2}=\text{常数} \tag{2.27}$$

$$u+\frac{p}{\rho}+\frac{V^2}{2}=\text{常数} \tag{2.28}$$

式中：$h=u+\frac{p}{\rho}$，为单位质量流体的焓；u 为单位质量流体的内能。

式(2.28)的物理意义是：在理想气体一维定常流等熵流动中，在流体流管任一截面上单位质量流体的内能、压强势能和动能之和保持不变。

3. 伯努利方程的物理意义

伯努利方程是根据物理学中的动量定理得来的，但它反映了流体的能量关系。

式(2.21)中第一项 p 是压强，又称静压或压力(如前所述，本书常把流场中的压强称为压力，这是因为我们研究的对象一般都取单位面积)。

当空气分子撞击物体表面时它们将被弹回，根据牛顿第二运动定律，作用在该物体表面的力应等于这些被弹回的分子的动量对时间的变化率，也就是说这个力等于每秒钟撞击该表面并由该表面弹回的全部分子的动量变化量。实验证明，不管入射角度怎样，分子之间以及分子与物体表面之间的碰撞都是弹性的，从而动量的平均变化是一个垂直于表面的矢量，因此，作用在物体表面的空气压力指向并垂直于该表面。而压强是物体表面单位面积上所承受的压力，所以静压的方向也是指向且垂直物体表面的。由于不论空气是运动的还是相对静止的，空气分子总是在不停地作热运动，所以静压是指运动或静止的空气垂直作用在物体表面单位面积上的压力，而认为静压就是大气压的说法是不够正确的。由于流体的重量密度乘高度(ρgh)等于压强(p)，则 $p/\rho g$ 就是流体在垂直压力管中的上升高度。所以，压强 p 是一种尚未表现为高度的势能，应用于空气时，p 是单位体积空气所具有的势能，常称为压力能。

式(2.21)中第二项 $\frac{1}{2}\rho V^2$ 常称为动压，代表单位体积空气具有的动能，与压强(p)有相同的量纲。动压是蕴藏在气流内部的一种能量，只有当气流流速减慢时，动压才会转化为静压，使静压升高，以压力能的形式表现出来。动压常用符号“q”表示。

对于空气，静压(p)与动压$\left(\frac{1}{2}\rho V^2\right)$之和就是单位体积空气的总机械能，常称为全压或总压(P_0)。

伯努利方程表明：空气在低速一维定常流动中，同一流管的各个截面上，静压与动压之和(全压)都相等，这个结论被称为**伯努利定理**。由此可知，在同一流管中，流速快的地方，压力(p)小；流速慢的地方，压力(p)大。所以说，伯努利方程是自然界机械能守恒定律在气体的低速定常流动规律上的表达式，故又称为低速气流的能量方程。

根据伯努利方程的结论：低速一维定常流动中同一流管的各处全压相等。不过，当我们考虑的流场高度变化不大时，通常认为同一时刻全流场各处的全压都相等。要注意：飞行中的全压不变是有条件的。当飞行高度和飞行速度一定时，全流场的全压是一个不变的数值；当飞行高度或飞行速度改变时，由于 p,ρ,V 变化，这个常数值通常都是变化的。但不管全压变与不变，只要远前方来流的 p,ρ,V 不随时间变化，则全流场中各处的全压就是相同的，即各个地方的静压与动压之和相等。

如图 2-21 所示，1,2,3 等点的静压与动压之和都相等。即

$$p_1+\frac{1}{2}\rho V_1^2=p_2+\frac{1}{2}\rho V_2^2=p_3+\frac{1}{2}\rho V_3^2=p_\infty+\frac{1}{2}\rho V_\infty^2$$

当飞行速度(V_∞)变化或飞行高度变化时，全压数值变化，但 1,2,3 等点的全压仍相等，只是变化后的全压等于一个不同的数值。

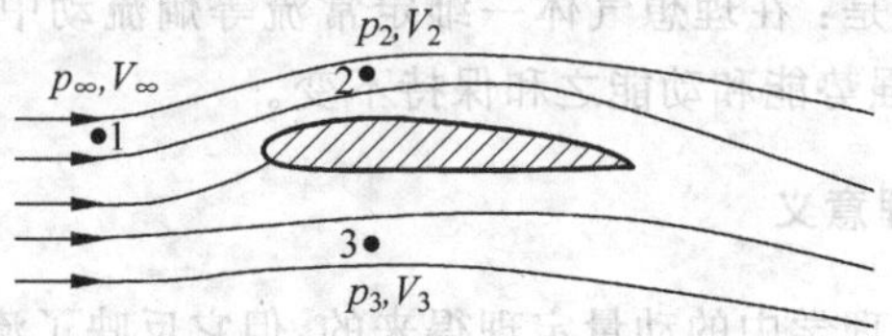

图 2-21　定常流场中各点全压都相等

4. 伯努利方程的使用条件

伯努利方程是在一维定常流动的条件下推导出来的，没有考虑空气流动过程中密度的变化和粘性力的作用。因此，这一方程仅适用于不可压缩理想流体的一维定常流动。

总之，伯努利方程反映了不可压理想流体一维定常流动的速度和压强的关系。综合连续方程和伯努利方程，可得到如下结论：在低速气流中，空气定常地流过一根粗细不同的流管时，流管细的地方流速快，压力小；流管粗的地方流速慢，压力大，这就是低速气流的主要特性。它是分析飞机低速飞行时空气动力产生和变化的基本依据。

5. 伯努利方程的应用举例

伯努利方程的应用十分广泛，安装在飞机上用来测量飞机飞行速度的空速管就是一例。如图 2-22 所示，空速管通过全压孔和静压孔分别感受气流的全压(p_0)和静压(p)，在全压和静压之差(即动压)的作用下空速表的指针发生偏转，即可指示飞机飞行时相应的速度。由伯努利方程可得

$$V=\sqrt{2(p_0-p)/\rho} \tag{2.29}$$

需要说明的是，空速表的刻度是按海平面标准大气密度(ρ_0)条件下制定的，空速表实际上对应的是动压 $\frac{1}{2}\rho_0 V_{表}^2$ 的大小，空速表根据动压大小指示的速度称为表速($V_{表}$)。表速相同，说明动压相等。因此，只有在标准大气海平面条件下飞行时，表速反映飞机的真实的速度，当飞行条件改变，空气密度不同时，指示的表速与真实的速度就不同了。

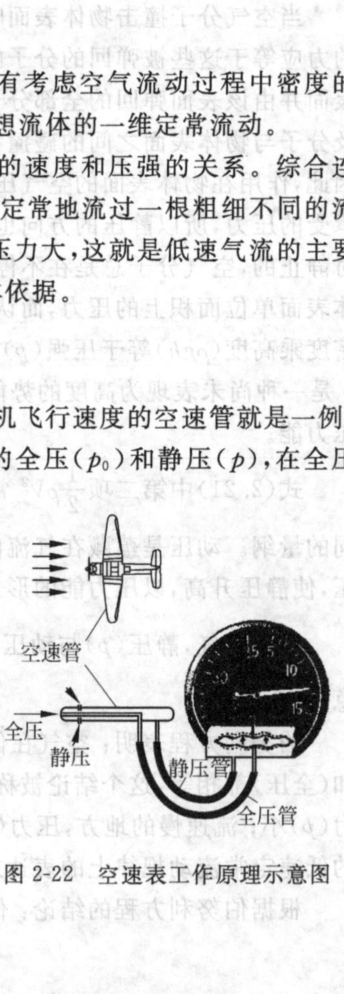

图 2-22　空速表工作原理示意图

实际飞行中，飞机相对于空气的真实速度称为真速($V_{真}$)，一般又叫飞行速度或空速。如果飞机飞行高度为 H 时的密度为ρ_H，实际动压应为$\frac{1}{2}\rho_H V_{真}^2$，用空速表指示时，就要等值地换算成空速表对应的动压。

忽略仪表存在的各种误差，真速和表速的换算关系为

$$V_{真} = V_{表}\sqrt{\frac{\rho_0}{\rho_H}} \tag{2.30}$$

飞行员常常根据空速的大小正确操纵飞机，还可根据空速的大小以及其他条件测出地速大小，从而确定飞行距离和时间。与飞行有关的空速有以下几种：

(1) **指示空速**(IAS)，也称**表速**。按照海平面标准大气条件下空速和动压的关系得到的空速。

(2) **校正空速**(CAS)，也叫修正表速。对指示空速修正安装误差(由来流与传感器角度引起的误差)和仪表误差后得到的空速，在海平面标准大气条件下，校正空速等于真空速。

(3) **当量空速**(EAS)。对特定高度上的校正空速修正空气压缩性误差后得到的空速。当飞机的指示空速低于 200kt(节，等于 200nmile/h)和飞行高度低于 20 000ft 时，该误差可忽略不计。

(4) **真空速**(TAS)，简称**真速**，即飞机相对空气运动的真实速度。对当量空速补偿压力和温度误差后得到的空速就是真空速。在海平面标准大气条件下，校正空速等于真空速。当高度增加或空气温度增加，空气密度将减小，因此在指示空速一定的条件下，真空速会随高度的增加或温度的增高而增大。

虽然指示空速(表速)一般不等于真空速，但它能反映动压的大小，反映飞机上空气动力的大小，飞行员根据指示空速操纵飞机比根据真空速更方便。

现代飞机上的组合型速度表能同时指示出表速(IAS)和真速(TAS)。

*2.2.5 能量方程

能量方程是热力学第一定律应用于流动流体所得到的数学表达式。它表述了流体在流动过程中能量转换的关系。下面根据热力学第一定律来建立静止坐标系中一维定常流动的能量方程。

同样先要确定一个体系，在热力学中有时候称为系统，对于一个确定的体系，热力学第一定律的一般表达式为

$$\delta Q = \mathrm{d}E + \delta W \tag{2.31}$$

上式表明，传入体系的热量 δQ 等于体系全部能量的增量 $\mathrm{d}E$ 以及体系所做的功 δW 的总和。

如图 2-23 所示一维定常流动模型，其中，流体与外界有热量交换，通过叶轮机的转轴，流体与外界有轴功的交换，取瞬时占据控制体 1-1—2-2 内的流体为体系，经过时间 $\mathrm{d}t$ 后，此体系运动到 $1'1'2'2'$ 位置。那么在该运动过程中体系能量的变化、外界传入体系的热量和体系向外界输出的功是如何变化的？

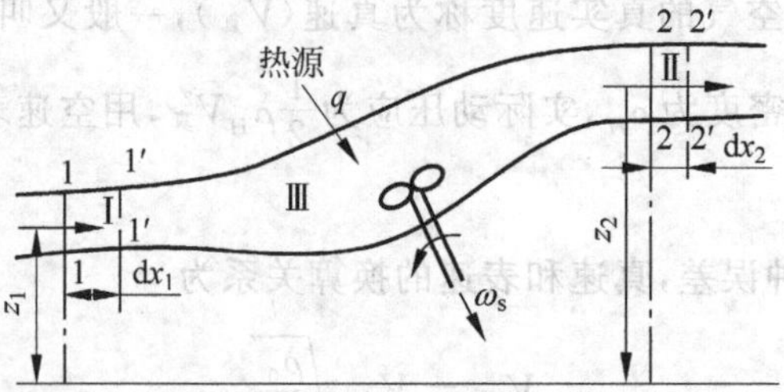

图 2-23　一维定常流动模型

1. 体系能量的变化

经过 dt 时间后，体系能量变化为 $dE=(E_{\text{Ⅲ}}+E_{\text{Ⅱ}})_{t+dt}-(E_{\text{Ⅲ}}+E_{\text{Ⅰ}})_t$。由于流动是定常的，因此有$(E_{\text{Ⅲ}})_{t+dt}=(E_{\text{Ⅲ}})_t$，$dE=E_{\text{Ⅱ}}-E_{\text{Ⅰ}}$。

在一般流体运动过程中，能量的变化指的是动能、内能、重力位能的变化。对于所研究的体系，经过 dt 时间后，它们的变化分别如下所述。

(1) 动能的变化

$$dE_k=dm_2\frac{V_2^2}{2}-dm_1\frac{V_1^2}{2}=dm\frac{V_2^2-V_1^2}{2}$$

式中：dm_1，dm_2分别表示 1—1′ 和 2—2′ 中流体的质量，也就是 dt 时间内流过控制面 1-1 和控制面 2-2 的流体质量。

(2) 位能的变化

$$dE_h=dmg(z_2-z_1)$$

式中：z_1、z_2分别表示由基准面算起的 1 截面和 2 截面中心的高度。

(3) 内能的变化

$$dE_t=dm(u_2-u_1)$$

式中：u 表示单位质量流体所具有的内能。

因此，在经过 dt 时间后，体系能量变化为

$$dE=dE_k+dE_h+dE_t=dm\left[\frac{1}{2}(V_2^2-V_1^2)+g(z_2-z_1)+(u_2-u_1)\right]\tag{2.32}$$

2. 外界传入体系的热量

在 dt 时间内，外界传入体系的热量用符号 δQ 表示。在这里不考虑传热过程的细节，仅仅用传热量 δQ 来表示传热对流动的影响。在热力学中通常规定外界向体系传入热量为正；反之，体系向外界传热为负。

3. 体系对外界所做的功

在 dt 时间内，体系对外界所做的功用符号 δW 表示，可以分轴功和边界表面力所做的功两类。

1) 轴功 δW_s

通常规定体系对外界做的轴功为正，外界对体系做功为负。

在体系边界上由于表面力所做的功，一般是指流体压强所做的功，也叫流动功，用 δW_p 表示。如图 2-22 所示，设控制面 11 左边的流体作用于体系的压力为 p_1A_1，经 $\mathrm{d}t$ 时间后，体系由 11 移动到 $1'1'$，设移动距离为 $\mathrm{d}x_1$，则在 $\mathrm{d}t$ 时间内，位于 1-1 截面左边的流体对体系所做的功为

$$p_1A_1\mathrm{d}x_1 = \frac{p_1}{\rho_1}\mathrm{d}m_1$$

同理，设控制体内的流体作用于 2—2 截面右边流体的压力为 p_2A_2，经 $\mathrm{d}t$ 时间后，体系由 22 流动至 $2'2'$，移动距离为 $\mathrm{d}x_2$，则 $\mathrm{d}t$ 时间内，体系对外所做的功为

$$p_2A_2\mathrm{d}x_2 = \frac{p_2}{\rho_2}\mathrm{d}m_2$$

因此，在 $\mathrm{d}t$ 时间内，体系对外界所做的流动功为

$$\delta W_p = \mathrm{d}m\left(\frac{p_2}{\rho_2} - \frac{p_1}{\rho_1}\right)$$

另外，外界作用于体系侧表面也有压强，但体系在该压强的方向上并没有位移，所以，其所做的功为零。

2) 边界表面力所做的功

在一般情况下，所取的控制面都与管道的静止壁面相重合，在壁面处流体速度为零，管壁加于流体的切应力并没有使流体移动，因此，并没有对流体做功。这样，尽管在壁面处有切应力存在，但切应力所做的功等于零。当然，如果控制面取在粘性附面层内，就必须考虑切应力所做的功。

综上所述，在 $\mathrm{d}t$ 时间内，体系对外界所做的功最终为

$$\delta W = \delta W_s + \delta W_p = \delta W_s + \mathrm{d}m\left(\frac{p_2}{\rho_2} - \frac{p_1}{\rho_1}\right) \tag{2.33}$$

将式(2.32)和式(2.33)代入到式(2.31)，并将各项通除以 $\mathrm{d}t$，得

$$\dot{Q} = \dot{m}\left[\frac{1}{2}(V_2^2 - V_1^2) + g(z_2 - z_1) + (u_2 - u_1) + \left(\frac{p_2}{\rho_2} - \frac{p_1}{\rho_1}\right)\right] + \dot{W}_s \tag{2.34}$$

式中：$\dot{Q} = \frac{\delta Q}{\mathrm{d}t}$ 是当 $\mathrm{d}t$ 趋于零时，也就是($1'1'2'2'1' \rightarrow 11221$)，外界通过控制面的传热率；$\dot{W}_s = \frac{\delta W_s}{\mathrm{d}t}$ 是当 $\mathrm{d}t$ 趋于零时，瞬时占据控制体的那块流体通过转轴对外界所做的轴功率。式(2.34)就是适用于控制体的一维定常流动的能量方程，将式(2.34)两侧除以 $\dot{m}$，则得

$$\dot{q} = \frac{1}{2}(V_2^2 - V_1^2) + g(z_2 - z_1) + (u_2 - u_1) + \left(\frac{p_2}{\rho_2} - \frac{p_1}{\rho_1}\right) + \dot{w}_s \tag{2.35}$$

或

$$\dot{q} - \dot{w}_s = \frac{1}{2}(V_2^2 - V_1^2) + g(z_2 - z_1) + (h_2 - h_1) \tag{2.36}$$

式中：$\dot{q} = \frac{\dot{Q}}{\dot{m}}$ 是外界加给流过控制体的每单位质量流体的热量；$\dot{w}_s = \frac{\dot{W}_s}{\dot{m}}$ 是流过控制体的每单位质量流体通过转轴对外界所做的机械功；$\frac{1}{2}(V_2^2 - V_1^2)$ 则是流过控制体的每单位质量流体动能的增量；$g(z_2 - z_1)$ 为控制体单位质量流体位能的增量；$(h_2 - h_1)$ 则是流过控制体的

每单位质量流体焓的增量。

式(2.36)表示外界加给流体的热量和外界对流体所做的机械功，用来增大流体的动能、位能和焓。

应该注意的是，在推导能量方程时，并没有涉及到流体在控制体内流动过程的具体情况，因此式(2.36)对于流体在控制体内的流动，不论是可逆过程或不可逆过程都适用，其限制条件是一维定常流动，以及在控制面边界上粘性摩擦力所做的功等于零。

2.3 低速附面层

实际流体都有粘性。考虑到粘性作用，实际流体在运动中必然会出现一些与理想流体不同的规律。这种不同，一般只限于紧贴物面、粘性力作用不可忽略的一个空气薄层内，我们把流体绕固态物体流动时在紧贴物体表面附近形成的流速沿物面法线方向逐渐增大的薄层空气称为**附面层**(也称**边界层**)。飞机在空气中飞行时，粘性作用主要表现在附面层里，附面层内的粘性对飞机的摩擦阻力、气流分离的影响都很大。本节将介绍空气低速流动时附面层内的流动现象和规律。空气高速流动时附面层还将出现气动增温等现象，本书暂不涉及。

附面层的概念是1904年由德国空气动力学家普朗特(Ludwing Prandtl)最早提出的，这为解释空气动力中的摩擦阻力和压差阻力的产生原因奠定了理论基础。

本节将介绍空气的粘性和低速附面层内的流动现象和规律，以便对贴近飞机表面的空气流动情况有一个最基本的认识。

2.3.1 附面层的产生及性质

1. 附面层的产生

空气流过物体时，由于物体表面不可能是绝对光滑的，加上空气本身具有粘性，所以，紧贴物体表面的一层空气受到阻滞，流速会减小为零。这层流速为零的空气又通过粘性的作用影响相邻上一层空气的流动，使上层空气流速减小。如此一层影响一层，在紧贴物体表面的范围，就出现了流速沿物面法线方向逐渐增大的薄层空气，在这一薄层内流动的空气就是附面层，如图2-24所示(图中的法向尺寸放大了若干倍)。沿物面法线流速不再变化的气流，称为主流。严格地说，沿物面法线向外，只有当离开物面无限远时，其流速才能等于主流速度，即粘性影响属于全流场。但在实际上，物面法线方向上速度的逐渐增大，主要是在物面附近的一个薄层内完成的。一般定义，沿物面各点的法线上，速度达到主流速度的99%处，为附面层的边界，如图2-24中的虚线所示。由附面层边界到物面的垂直距离为附面层厚度，常用δ表示。应该注意，附面层边界线并不是一条流线。边界线之外的主流则不再考虑粘性的影响，可以当作理想流体来处理。因而可认为粘性的影响仅局限于附面层内，而整个流场的粘性影响，也就可以通过附面层来体现了。

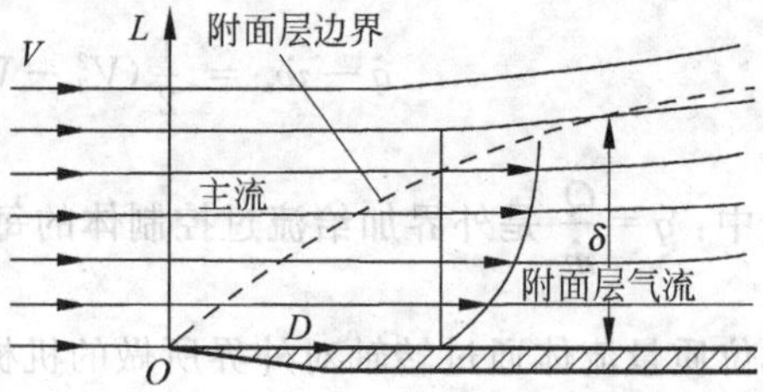

图2-24 平板表面的附面层

2. 附面层的特性

(1) 空气沿物面流过的路程越远，附面层就越厚。

空气沿物面流动时，紧贴附面层的主流空气不断受到附面层内空气粘性的影响，逐渐减速变成附面层内的气流。所以，空气沿物面流动的路程越远，附面层也就越厚。对一般飞机来说，从机翼前缘开始，翼面附面层逐渐增厚，离开机翼前缘 1～2m 处，附面层的厚度约为数毫米到数十毫米。

(2) 附面层内沿物面法线方向各点的压力不变，且等于主流的压力。

图 2-25 是二维机翼(翼型)附面层示意图。沿翼面法线 P_1Q_1 方向或 P_2Q_2 方向，压力不变，即 P_1 点的压力等于 Q_1 点的压力；P_2 点的压力等于 Q_2 点的压力。我们知道，附面层内气流速度沿物面法线方向是变化的，那为什么压力却是相等的呢？这是因为在附面层内，各层空气之间相互摩擦，使附面层内空气的部分动能(动压)转化为热能，散逸到周围去了，并没有转化为压力能。这样，就可以用理想流体理论先计算主流的压力，再利用这一结论分析物面上的压力了。

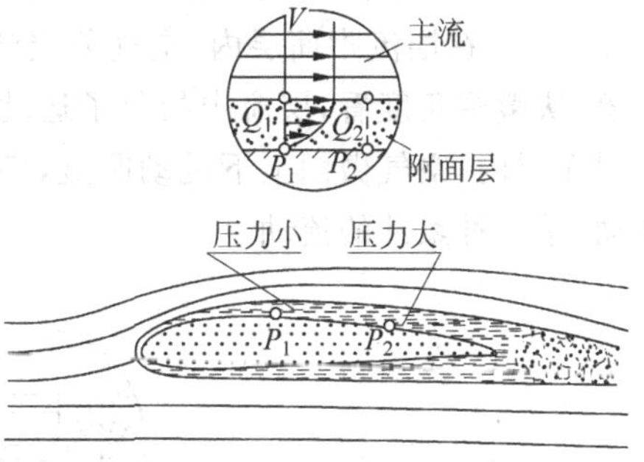

图 2-25 机翼的附面层

***3. 附面层的排移厚度**

上面已讲过，通常把各个截面上速度达到 $0.99V_\infty$ 或 $0.995V_\infty$ 值的所有点的连线定义为附面层外边界，而从外边界到物面的垂直距离定义为附面层厚度。

在附面层内，理想流体的质量流量为

$$m_i = \int_0^\delta \rho_e u_e \mathrm{d}y$$

其中，u_e为附面层外边界速度。

由于粘性的存在，实际流体通过的质量流量为

$$m_e = \int_0^\delta \rho u \mathrm{d}y$$

上述两项之差表示因粘性存在而损失的流量，这部分流量被排挤到主流场中，相当于主流区增加了一层流体。主流区所增加的厚度为 δ_1，由

$$\rho_e u_e \delta_1 = \int_0^\delta \rho(\rho_e u_e - \rho u)\mathrm{d}y$$

有

$$\delta_1 = \int_0^\delta \left(1 - \frac{\rho u}{\rho_e u_e}\right)\mathrm{d}y \tag{2.37}$$

这部分主流区增加的流体厚度是由附面层流体排挤入主流区造成的，因此，称其为**附面层排移厚度**。

几点说明：

(1) 实际流动中，附面层流动与理想流动是渐近过渡的，附面层的外边界线实际上是不

存在的，因此附面层的外边界线不是流线，而是被流体所通过的，允许流体穿过边界线流动。在附面层内流线是向外偏的。

(2) 附面层各种厚度的大小与附面层内流速分布有关。但各厚度的大小依次是：附面层厚度＞附面层排移厚度。

2.3.2　层流附面层和紊流附面层

1. 层流附面层和紊流附面层的不同特点

实验表明，根据附面层的流动特点，可分为层流附面层和紊流（或称湍流）附面层（见图 2-26）。在层流附面层内，空气分层流动，各层互不混淆，空气微团没有强烈的上下乱动现象（从微观角度看，层流中的分子运动当然仍是杂乱无章的，否则就不存在粘性了）；在紊流附面层内，空气微团上下乱动明显，各层之间强烈混合，呈现局部的微小旋涡，速度也出现脉动，是一种紊乱的流动。

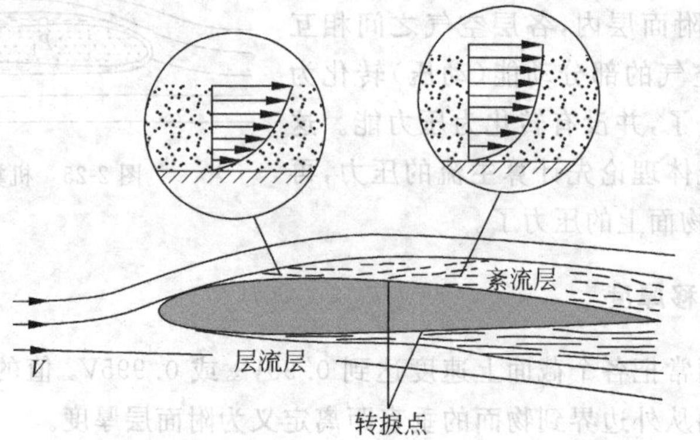

图 2-26　层流附面层和紊流附面层

层流附面层和紊流附面层的厚度不同，速度分布即速度梯度也不同。在紊流附面层中，空气微团的上下脉动较强，各层间的动量交换增多，因而紊流附面层的厚度较大；对层内而言，会使相邻各层之间的流速差减小，因而沿法向的速度梯度较小。但是，在紊流附面层靠近物面的部分，空气微团的上、下脉动受到限制，流动仍属于层流，称为层流底层。层流底层的流速梯度要比层流附面层的大，因而紊流附面层在物面处的速度梯度也比层流的大，即

$$\frac{\mathrm{d}V}{\mathrm{d}y_{y=0\text{紊}}} > \frac{\mathrm{d}V}{\mathrm{d}y_{y=0\text{层}}}$$

2. 附面层的转捩点

贴近飞机表面的附面层，前一段一般是层流附面层，流过一段距离之后，有时就会转变为紊流附面层。层流附面层与紊流附面层之间有一个不大的过渡区，通常把它看成是一点，称为**转捩点**（见图 2-26）。转捩点的位置靠前，表明附面层的层流段短，紊流段长。同一翼型，转捩点的位置并不是固定不变的，它随气温、来流速度、空气密度、气流原始紊乱程度以及飞机表面光滑程度等因素而改变。如果来流速度大、空气密度大、原始紊乱程度大、物体

表面粗糙，附面层空气便容易产生局部的微小旋涡而由层流变为紊流，这时转捩点必然靠前；如果气温高，则粘性系数大，层流附面层流动的稳定性增强，不易转变为紊流，转捩点必然靠后。

2.3.3　雷诺数

早在1882年英国物理学家雷诺通过大量的实验发现：一切不可压缩粘性流体(包括水、油、空气等)在管道内流动时，都可分为层流和紊流两种流态；还发现粘性系数 μ、密度 ρ、流速 V 和管道直径 d 等因素对流态有很大影响，减小 μ，增大 ρ，V 或 d，都会使层流运动的稳定性降低，导致层流变成紊流；管内紊流的出现，不是单纯由上述个别因素所决定，而是由它们组合参数的数值$\left(\rho V\dfrac{d}{\mu}\right)$所决定的。进一步研究还发现，除了管道以外，在其他状态下的流态，也遵循这个规律，物体的特征长度或流谱的线性尺度 L(此时已不仅仅局限管道直径 d 了)，共同决定了粘性流的流态，其组合数($\rho VL/\mu$)就是衡量流体惯性力和粘性力相对大小的一个无量纲相似参数，这个组合参数被称为**雷诺数**，用符号 Re 表示，即

$$Re=\frac{\rho VL}{\mu} \tag{2.38}$$

粘性流体的流动现象和规律都和雷诺数有关，可以用雷诺数进行描述。

粘性流动有两种流态：层流和紊流。雷诺数增大，会使层流运动的稳定性降低，导致紊流出现或紊流段增长(转捩点前移)。开始出现紊流的雷诺数叫**临界雷诺数**，用 Re^* 表示。$Re<Re^*$，流动是层流；$Re>Re^*$，流动是紊流。临界雷诺数也是判断附面层流态的一个标准：$Re>Re^*$ 时，附面层产生紊流；Re 增大，紊流段增长，层流段缩短；Re 增至一定程度时，附面层内的流动全变成紊流。需要注意的是，实验表明，Re^* 不是一个常数，其大小与物体表面的粗糙度以及流体的初始扰动情况等因素有关。Re^* 可以低到2 000，也可高达 10^5 以上。对于管道流动，Re^* 一般为2 320；对于飞机的飞行，Re 往往在 10^6 以上。

在流体力学的理论和实验研究中，都有一个流动相似的问题，例如流体流过两个几何相似的物体时，在何种条件下具有相似的流线形状的问题。只有流动相似，才能把从理论上或实验上得到的流过某个物体的流动，反推到流过另一个几何相似物体的流动上去。这一点，对用模型代替实物进行实验的真实性是非常重要的。对于不可压缩粘性流，雷诺数就是判断流动相似的准则，即如果两种流动相似，则两种流动的雷诺数必须相等。例如，在风洞实验中，如果飞机模型的尺寸是实际飞机的1/10，要保证流动相似，就必须使 Re 不变，根据式(2.38)，或者密度增大为10倍，或者粘性系数减小为1/10，以保持 Re 不变，则可以满足要求。

雷诺数是个无量纲的数，从物理意义上说，它代表着流体微团所受到的惯性力与粘性力之比。粗略地分析，在不可压缩粘性流中，作用在流体微团上的外力只有惯性力和粘性力，惯性力可表示为

$$F_{惯}=ma=\rho L\cdot a$$

所以

$$F_{惯}\sim\frac{\rho L^3\cdot L}{t^2}\sim\rho L^2V^2$$

其中，符号“～”表示“物理量的单位相当于”的意思；a 为加速度；V 为流速；L 为物体的特征长度。

已知流体微团所受的粘性力 $F_{粘}=\mu\cdot\frac{\mathrm{d}V}{\mathrm{d}y}\cdot S$,所以

$$F_{粘}\sim\frac{\mu\cdot V\cdot L^2}{L}\sim\mu VL,$$

于是有

$$\frac{F_{惯}}{F_{粘}}\sim\frac{\rho L^2V^2}{\mu VL}\sim\frac{\rho VL}{\mu}=Re$$

如果两个流场的雷诺数相等,则表示这两个流场中各对应位置的流体微团所受到的惯性力与粘性力是相等的;就一个流场来说,如果雷诺数很大,则说明流体微团受到的惯性力远大于粘性力。

*2.3.4 平板附面层的摩擦阻力

在飞机空气动力学中,飞机机翼、机身和尾翼的摩擦阻力的大小,通常是在估算平板摩擦阻力的基础上,加以适当修正而确定的。因此,本节将阐明平板摩擦阻力的产生原因,估算层流、紊流和混合附面层的平板摩擦阻力。

1. 平板摩擦阻力的产生

气流流过平板时,紧贴平板表面的一层空气,其速度恒等于零,就好像粘在平板表面一样,把此层空气记作 A 层,见图 2-27。作用在 A 层上的力有:邻近 A 的上层气流对 A 层的粘性力 $F_{粘}$,$F_{粘}=\mu\cdot(\mathrm{d}V/\mathrm{d}y)_{y=0}\cdot S$,方向与 $\boldsymbol{V}$ 相同;平板表面给 A 层的作用力 F'。由于 A 层空气的速度恒等于零,所以 $F_{粘}=F'$,但 F' 的方向与 $F_{粘}$ 的方向相反,如图 2-27 所示。根据作用与反作用定律,平板既对 A 层空气有作用力 F',A 层空气对平板也有反作用力,这个反作用力就是作用于平板的摩擦阻力(F_{mc})。$F_{mc}=F'=F_{粘}$,F_{mc} 的方向与 F' 相反,与 $F_{粘}$ 一致,即沿 $\boldsymbol{V}$ 方向。由此可见,作用于 A 层的粘性力通过 A 层传给平板,从而产生了摩擦阻力。

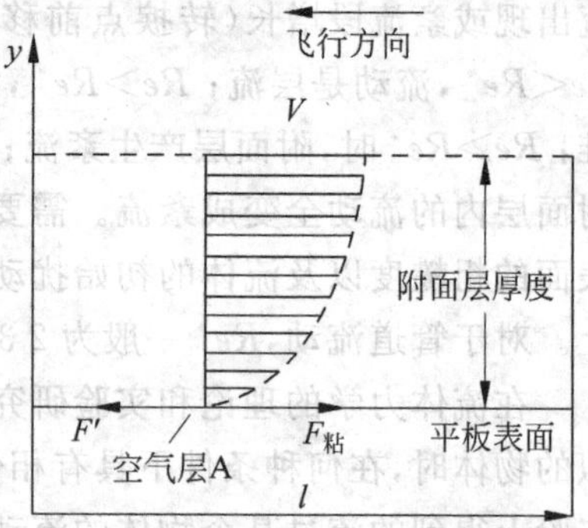

图 2-27 平板摩擦阻力的产生

2. 平板摩擦阻力的估算

设平板宽度为单位长度,长度为 l;沿平板 $\boldsymbol{V}$ 方向建立 Ox 轴,原点在平板起点(见图 2-27);在距原点 x 处考查微面积 $\mathrm{d}x$ 所受到的微元摩擦力 $\mathrm{d}F_{mc}$,有

$$\mathrm{d}F_{mc}=\mathrm{d}F_{粘}=\mu\cdot[(\mathrm{d}V/\mathrm{d}y)_{y=0}]_x\cdot\mathrm{d}x$$

式中:$[(\mathrm{d}V/\mathrm{d}y)_{y=0}]_x$ 表示距原点 x 处的附面层在紧贴表面处的法向速度梯度。

全板的摩擦阻力为

$$F_{mc}=\int_0^l F_{mc}=\int_0^l\mu[(\mathrm{d}V/\mathrm{d}y)_{y=0}]_x\cdot\mathrm{d}x\tag{2-39}$$

因此,估算平板摩擦阻力,关键在于确定被积函数$[(\mathrm{d}V/\mathrm{d}y)_{y=0}]_x$,而它与附面层类型及附面层厚度沿板长的分布规律有关,将层流、紊流的关系式$[(\mathrm{d}V/\mathrm{d}y)_{y=0}]_x$代入公式,积分后便得层流和紊流的摩阻公式,将此结果绘成曲线,即图 2-28。

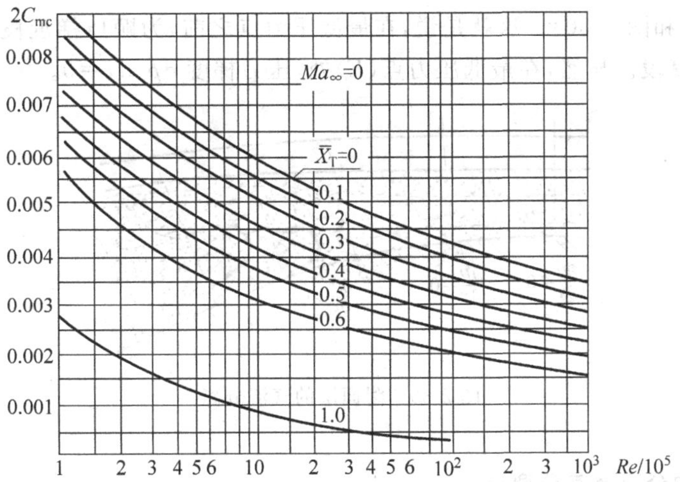

图 2-28　$2C_{mc}$与 Re 的关系曲线

图 2-28 中，C_{mc}为摩阻系数，$C_{mc}=\dfrac{F_{mc}}{\frac{2}{1}\rho V_\infty^2 \cdot s}$。因平板有两面，所以图中 $2C_{mc}$来代表平板的摩阳系数；X_T 为平板上前部层流段长度与平板点长的比值。

从曲线上可以发现：

(1) 在曲线所在的雷诺数范围内，层流的摩阻系数(对应 $X_T=1$ 的曲线)小于混合型的$(0<X_T<1)$和紊流的$(X_T=0)$，紊流的摩阻几乎是层流的 3 ~14 倍，这是因为 $\left(\dfrac{dV}{dy}\right)_{y=0层}<\left(\dfrac{dV}{dy}\right)_{y=0紊}$的缘故。从减小摩阻这一角度看，我们总希望层流附面层长一些。

(2) Re 数越大，摩阻系数越小，在曲线范围内，差别可达 1.5 ~8 倍。Re 数代表空气微团所受惯性力与粘性力之比，Re 数大，表明粘性影响弱，所以摩阻系数相应降低。

2.3.5　附面层的分离

在上述平板问题上，主流的流速为常数，dp/dx(沿平板主流流动方向上的压强梯度)等于零。如果主流流过曲面，主流沿流动方向有压强梯度，压强梯度对附面层的流动将会产生很大的影响。下面我们就来讨论这个问题。

1. 顺压梯度与逆压梯度

空气流过一物体曲面(如机翼上表面)时，如图 2-29 所示，从前缘起，主流流管逐渐变细，流速逐渐加快，压力逐渐减小，存在顺压梯度($dp/dx<0$)；至某一点，流管最细，流速最快，压力最小($dp/dx=0$)；此后，流管变粗，流速减慢，压力又逐渐增大，存在逆压梯度($dp/dx>0$)。由于附面层内沿物面法线方向各点的压力不变，且等于主流压力，所以，机翼表面从前缘至后缘的压力变化规律与主流的相同。机翼表面压力最低的一点(E)叫**最低压**

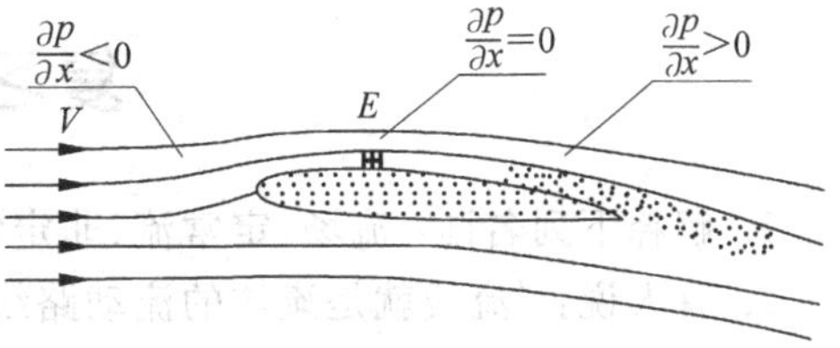

图 2-29　机翼表面主流压力的变化

力点(见图 2-29 和图 2-30)。这就是说,在最低压力点之前,为**顺压梯度段**;在最低压力点之后,为**逆压梯度段**。显然,在最低压力点(E)处,压力梯度 $\mathrm{d}p/\mathrm{d}x=0$。

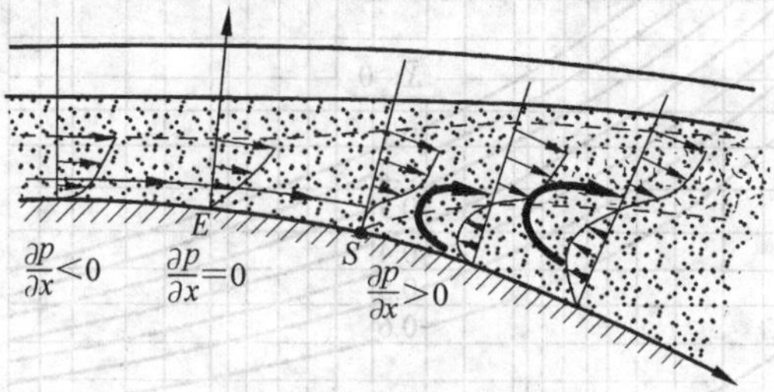

图 2-30　附面层的气流分离

2. 附面层的分离及其分离点

附面层内的空气在沿机翼表面流动的过程中,其速度一方面受摩擦的影响会不断减小,另一方面还会受到沿途压力变化的影响。在顺压梯度段,附面层底层的空气在顺压的作用下虽然会加速,但由于摩擦的影响,速度增加不多。在逆压梯度段,附面层底层的空气会受到摩擦和逆压的双重作用,速度则会很快减小,直至流到某一点时(见图 2-30 中的 S 点),非常贴近机翼表面的一层空气流速减小为零,即 S 点的速度梯度 $\left(\frac{\partial V}{\partial y}\right)_{y=0}=0$。过 S 点再往后,附面层底层的空气在逆压的作用下开始倒流。倒流而上的空气与顺流而下的空气相遇,使附面层空气拱起而脱离翼面,并被主流卷走,产生大量旋涡而形成涡流区。这样,附面层气流不能紧贴翼面流动,因而发生了附面层分离(也叫气流分离),如图 2-30 所示。附面层气流开始离开翼面的 S 点称为**分离点**。

逆压梯度和空气的粘性是产生分离的根本原因。逆压梯度增大可使附面层厚度增加,转捩点前移。由于紊流附面层各层流速差别小,层内流体平均动量大,在逆压梯度段向前推进的能力强,因此,在同样的逆压梯度下,紊流附面层不易发生气流分离。所以说,紊流附面层的分离点比层流附面层的分离点靠后一些。

本章小结

本章介绍了流体运动学和动力学的相关基础知识,包括使用数学工具研究流体力学的方法、流线、迹线等基本概念,并介绍和推导了一维定常流动的连续方程、动量方程、能量方程以及附面层的相关知识。所有这些基础知识,都将为进一步学习飞机的空气动力特性奠定必要的知识基础。

复习与思考

1. 解释下列名词:流场、定常流、非定常流、流线、迹线、流管、流面、流线谱。

2. 有人说:“流线就是流体的流动路线”,又有人说:“定常流动中两条流线不会相交,非定常流动中两条流线会相交”,对吗?为什么?

3. 连续性定理的内容是什么？有人说："连续方程只适用于不可压缩流体"，此种说法对否？

4. 静压、动压、总压的概念各是什么？相互间有什么关系？什么是伯努利定理？写出伯努利方程并说明其物理意义及使用条件。

5. 真速和表速有什么区别和联系？

6. 附面层的概念、形成原因及其性质是什么？

7. 附面层内沿物面法线方向气流的速度、压强的变化有何特点？

8. 层流附面层与紊流附面层有什么区别？紊流附面层的底层有什么特点？

9. 层流附面层内的顺压梯度和逆压梯度是如何形成的？它们分别是如何影响主流和附面层气流的？

10. 画图说明附面层气流分离的(内、外)原因是什么？

11. 涡流区内的压强有何特点？转捩点和分离点的位置各主要随什么移动？

12. 什么是雷诺数？举例说明其有何意义？

13. 图 2-31 为一翼剖面的流谱，设 $A_1 = 0.001\text{m}^2$，$A_2 = 0.000\,5\text{m}^2$，$A_3 = 0.001\,2\text{m}^2$，$V_1 = 100\text{m/s}$，$p_1 = 101\,325\text{Pa}$，$\rho = 1.225\text{kg/m}^3$，求 V_2，p_2；V_3，p_3。

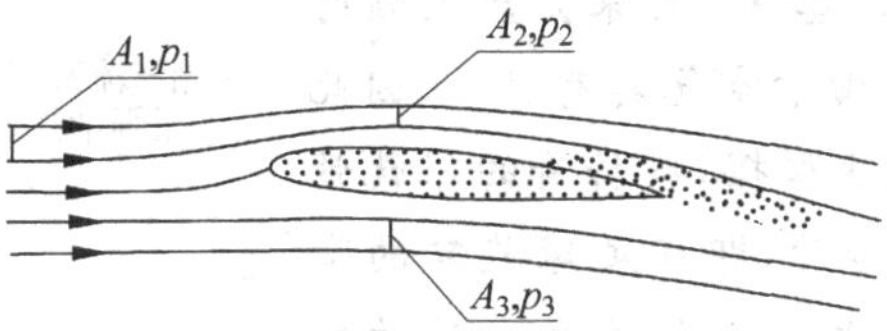

图 2-31 翼剖面流谱

14. 某飞机分别以 360km/h 的速度在海平面和以 468km/h 的速度在 5 000m 高度上作水平飞行，总压是否相等？各是多少？

15. 低速气流在同一流管中，流管收缩后将引起________。

A. 总压增大　　B. 静压增大　　C. 动压增大　　D. 总压减小

16. 在飞行高度高于标准海平面或气温较高时，飞机的真速比表速________。

17. 反映飞机所受空气动力的空速是________。

A. 当量空速　　B. 校正空速(修正表速)

C. 指示空速　　D. 真空速

18. 有人说："转捩点就是分离点，紊流附面层就是涡流区"，对吗？为什么？

拓展阅读

"香蕉球"的物理原理

喜欢足球的朋友都知道，足球场上有时会出现这种精彩的场面：攻方在对方禁区附近获得了直接任意球准备罚球时，守方球员五六个人排成一字"人墙"，企图挡住球攻入球门的路线，而攻方的主罚球员却不慌不忙，慢慢走上前去，把球放正位置，然后起脚一记猛射，只见球绕过"人墙"，眼看要偏离球门飞出界外，却又转过弯来直扑球门，待守门员醒悟过来想要起步扑球，却为时已晚，球早已应声入门了。

这就是足球运动中颇为神奇的“香蕉球”。由于球的运动路线是弧形的，像香蕉的形状，因此以“香蕉球”得名。球星普拉蒂尼就是一位善踢“香蕉球”的高手，他主罚任意球时，往往使出“香蕉球”的绝招，常使对方守门员望球兴叹、防不胜防。足坛帅哥大卫·贝克汉姆也是射“香蕉球”的好手。“香蕉球”能神奇般地在运动中改变方向，令守门员手足无措，使球迷叹为观止。

香蕉球又称“弧线球”，“弧旋球”，可以用物理学上的空气动力学知识来解释“香蕉球”的形成机理。

根据空气动力学的“伯努利方程”，当流体水平流动时，流速高的地方压强小，反之流速低的地方压强高。例如在下嘴唇上贴一个纸条，然后向前吹气，纸条就会向上抬起来，这是因为上方因空气流动使压强降低，而纸条下方压强不变，纸条上、下方的压强差使纸条抬起。

“香蕉球”发球时球员用脚踢球的某个侧面，给了球一个侧向力使其旋转，这样球在运动时垂直于运动方向的两个面上的空气的相对速度就不一样了。

以左脚球员为例，主罚直接任意球时，用左脚内侧向侧前方向踢球，足球向球门方向运动(以球门方向为前)，同时由于脚内侧的摩擦，足球会产生顺时针方向的旋转(见图 2-32)，由于空气具有粘性，因此当球转动时，空气与球面发生摩擦，旋转着的球就带动周围的空气层一起同向转动，即在足球旋转的带动下，足球周围也将产生和足球旋转方向一致的气流。另外，当足球向前运动时，根据运动的转换原理，相当于空气气流相对于足球向后运动。这样，在足球的左侧，旋转产生的气流和相对气流的方向相反，空气流动速度减慢；而在足球的右侧，旋转产生的气流和相对气流的方向相同，使该侧气流流速变快。根据空气动力学的“伯努利方程”，流场中速度大的一侧的压强比速度小的一侧的压强要小，所以球左方的气流压强大于球右方的气流压强。由于球所受空气压力的合力左右不等，总合力向右，所以球在运动过程中就产生了向右的运动，即球的轨迹形成了弧线。

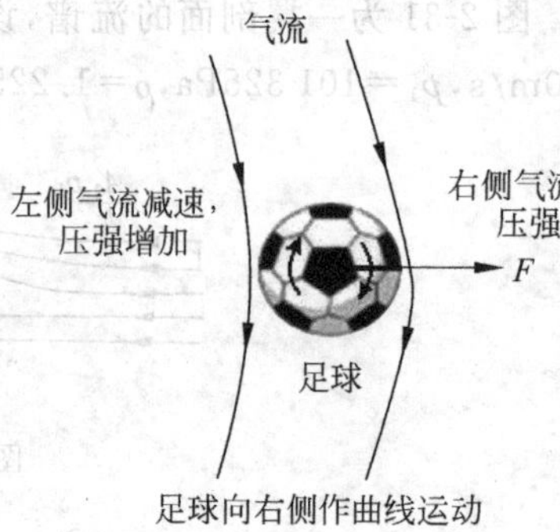

图 2-32 “香蕉球”的物理原理

因此“香蕉球”的关键是球员触球的一刹那的脚法，即不但要使球向前运动，而且同时要使球急速旋转起来，不同的用力方向，球的转向就不同，这需要运动员的刻苦训练，方能练就一套娴熟的脚头功夫，只有经过千锤百炼，才能达到炉火纯青的地步。

这种旋转的圆柱体或球体在流体中运动时，在旋转体上会产生一个垂直于运动方向的侧向力的现象是由德国科学家马格努斯在研究旋转的球形炮弹的运动轨迹时首先发现的，故称为“马格努斯效应”。乒乓球比赛中的“弧圈球”、网球运动中的“S球”也都是巧妙运用“马格努斯效应”原理的例子。

第3章

飞机和大气的一般介绍

本章关键词

机翼(aerofoil)

尾翼(empennage)

动力装置(power plant)

机身(fuselage)

起落装置(landing gear)

国际标准大气(international standard atmosphere)

飞机是目前世界上最主要的飞行器,它被各国广泛地作为民用各类客、货交通运输工具和军用武器装备及运载工具。作为一种空气中的飞行器,它的外形结构复杂,飞行时正是依靠其特殊的气动外形和足够大的相对速度来产生升力。所以,我们首先应该对飞机的结构要有足够的了解和掌握。

大气是飞机飞行时所处的环境,飞行高度不同,大气的密度、压强和温度都会随之变化,这些都对飞机的飞行带来较大影响。要了解和掌握飞机的空气动力特性还必须了解飞机飞行所处的环境即大气的性质。

3.1 飞机的主要组成部分及其功用

飞机是目前世界上最主要、最典型的飞行器,它被各国广泛地作为民用各类客、货运输工具和军用武器装备及运载工具。自从世界上首架飞机于1903年12月17日诞生以来,飞机的气动布局形式及其设备随着科学技术的飞速发展在不断改进,飞机的类型和功用也在不断增加,但作为主流的、常规气动布局的飞机依然是由机翼、机身、尾翼、起落装置和动力装置五大部分组成的,参看图3-1和图3-2。

1. 机翼

机翼的主要功用是产生升力,以支托飞机在空中飞行。机翼对飞机还起着稳定和操纵作用。在机翼上通常安装有副翼和襟翼,有的机翼上还安装有扰流板、减速板等调整升、阻力的装置。

通常情况下,飞行员向左转动驾驶盘,左机翼副翼上偏,右机翼副翼下偏,产生附加的向左滚转力矩,使飞机向左滚转;向右转驾驶盘,则产生附加的向右滚转力矩,使飞机向右滚转。

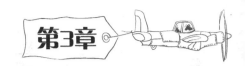

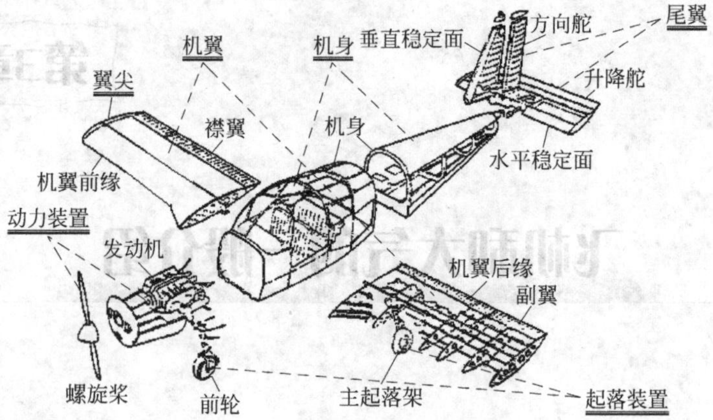

图 3-1　飞机的主要组成部分

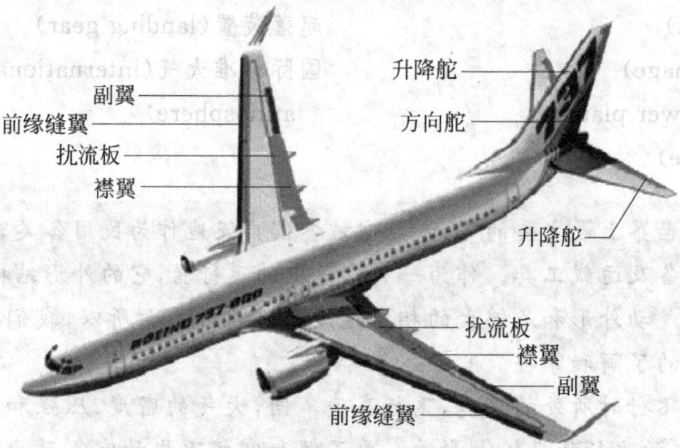

图 3-2　现代大型喷气客机的气动布局

放下襟翼，可使飞机在较低的速度下仍能产生足够的升力。扰流板、减速板的主要功用则是减小升力、辅助副翼操纵和增大飞机的阻力。

有的飞机将襟翼、副翼合为一体，称襟副翼。一齐向下偏，起襟翼作用；反向偏转则起副翼作用。

机翼有各种形状，数目也不同。历史上曾流行过双层机翼的飞机，也叫双翼机。那是由于当时飞机的飞行速度很小，为了产生足够的升力支托飞机飞行，只好增加机翼面积，而机翼平面面积过于庞大，对结构和材料都提出更高要求，因此常采用双翼机，甚至还出现过多翼机来增大机翼总面积，但现代飞机由于飞行速度都较大，一般不需要过于庞大的机翼面积，因此一般都采用单翼。

机翼悬挂或支撑在机身上。按它在机身上安装高度的不同，分为上单翼、中单翼、下单翼和伞式单翼；按机翼平面相对水平面倾斜情况的不同，分为水平翼、上反翼、下反翼和"鸥"式翼，参看图 3-3。

通常飞机的油箱大多都安装在机翼内部。

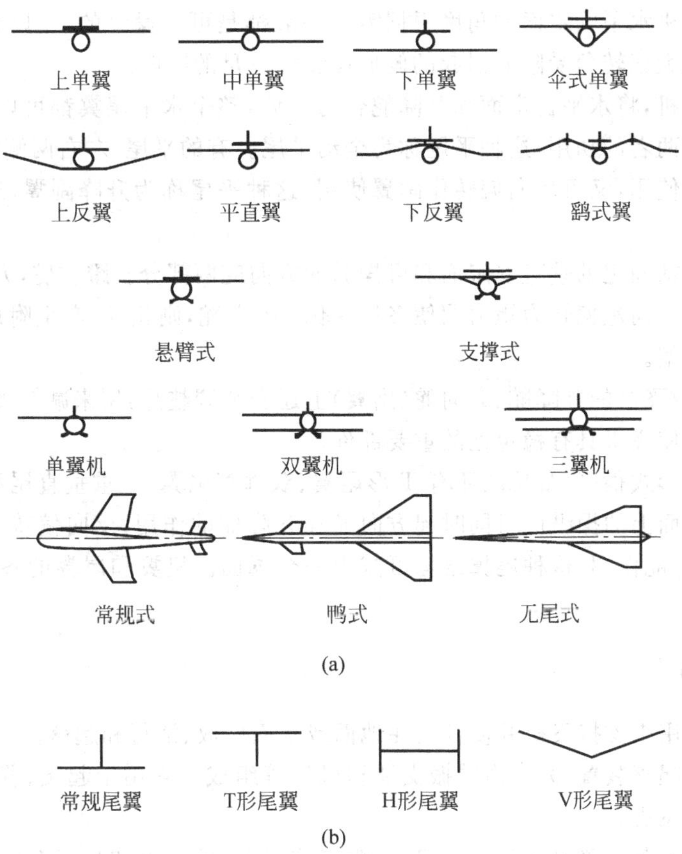

图 3-3　机翼、尾翼的各类形式

(a) 飞机机翼的一般安装位置、形式；(b) 飞机尾翼的各类形式

2. 机身

机身的主要功用是装载机组乘员、旅客、货物和各种装备，还可将飞机其他部件如尾翼、机翼及发动机等连接成一整体。轻、小型飞机一般飞行高度都不高，机身内部(机舱)通常是不密封的。现代大型飞机的机身大多采用气密座舱，在高空能自动调整座舱压力，以满足高空飞行时机上人员正常生存环境需要。

3. 尾翼

尾翼包括水平尾翼和垂直尾翼。尾翼的常规布局形式是水平尾翼安装在垂直尾翼下部并且互相垂直，水平尾翼通常由固定的水平安定面和可操纵的升降舵组成。升降舵主要用来提供飞机的俯仰操纵，前推驾驶盘，升降舵下偏，水平尾翼产生附加的下俯力矩力图使飞机下俯；后拉驾驶盘则相反，水平尾翼产生附加的上仰力矩力图使飞机上仰，如图 3-4 所示。

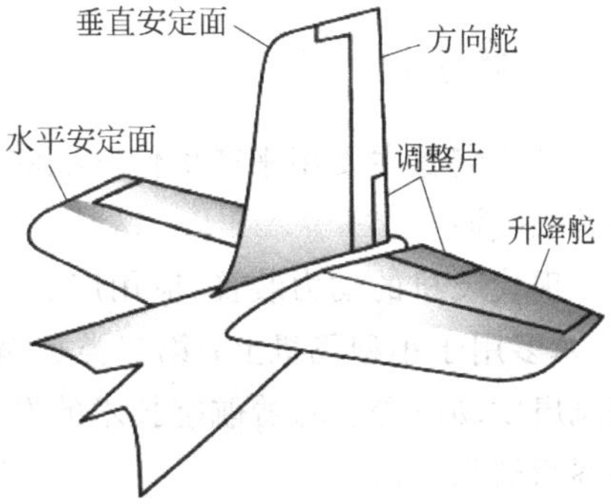

图 3-4　飞机的尾翼

现代大型飞机水平安定面的角度根据需要一般都是可以操纵的，用以弥补在某些情况下由于升降舵最大偏转角受限而引起的俯仰操纵性不足的问题。

有的高速飞机，将水平稳定面和升降舵合为一体，整个水平尾翼都可以转动，兼有水平稳定面和升降舵两者的功用，这种平尾称为全动平尾。有的平尾，左右两侧的升降舵既可同向偏转作升降舵使用，又可反向偏转作副翼使用，这种平尾称为升降副翼，通常用在无尾飞机上。

垂直尾翼包括固定的垂直安定面和可操纵的方向舵两部分。蹬左舵，方向舵左偏，垂直尾翼上产生附加的向左偏转力矩力图使飞机左偏；蹬右舵，则相反，产生附加的向右偏转力矩力图使飞机右偏。

另外，大多数飞机的升降舵、方向舵(副翼)上还安装调整片，用来减轻飞行员的操纵盘、舵力。尾翼还是使飞机具有稳定性的重要部件。

尾翼的布局形式很多，常见的还有T形尾翼、双垂直尾翼、三重垂直尾和V形尾翼。V形尾翼的两个翼面上的操纵面可同时起方向舵和升降舵的作用，反向偏转，起方向舵作用；同向偏转，起升降舵作用，这种尾翼结构可减少一个翼面。机翼和尾翼的各种形式如图3-3所示。

4. 起落装置

起落装置是用来支持飞机并使其能在地面或水面停放、滑行和起落。

陆上飞机的起落装置，大多由减振支柱和机轮等组成。它用于起飞、着陆滑跑、地面滑行和停放时支撑飞机。

陆上飞机的起落装置也称为起落架，一般有前三点、后三点和自行车轮式三种形式，见图3-5。

由于前三点式起落架在地面滑跑时具有较好的方向稳定性，现代大型飞机的起落架一般为前三点式，前轮偏转一般为可操纵式，由方向舵脚蹬控制。用于飞机在地面上滑行转弯。

飞机主轮上装有各自独立的刹车装置，由方向舵脚蹬控制其刹车压力，飞机在地面滑行时，飞行员使用前脚掌下压脚蹬前部时，相应侧主轮上的刹车压力增加，该侧主轮与地面的摩擦力增加，飞机向该侧转弯。

为减小飞机在空中飞行的阻力，大、中型飞机一般都采用可收放式起落架。固定式起落架由于结构简单、维护方便，常用于小型飞机的设计上。

水上飞机的起落装置一般采用浮筒式或船身式的设计。

5. 动力装置

动力装置主要用来产生使飞机前进的拉力或推力，它还可以为飞机上的有关设备提供电源或气源。

现代飞机的动力装置，应用广泛的有两大类型：一类是活塞式发动机和空气螺旋桨推进器，多用于小型飞机上；第二类是涡轮喷气发动机，并由此衍生出涡轮螺旋桨发动机和涡轮风扇发动机等。随着航空技术的发展，火箭发动机、冲压发动机、原子能航空发动机等也将逐渐被采用。

动力装置除发动机外，还包括一系列保证发动机正常工作的系统，如燃油供应系统等。

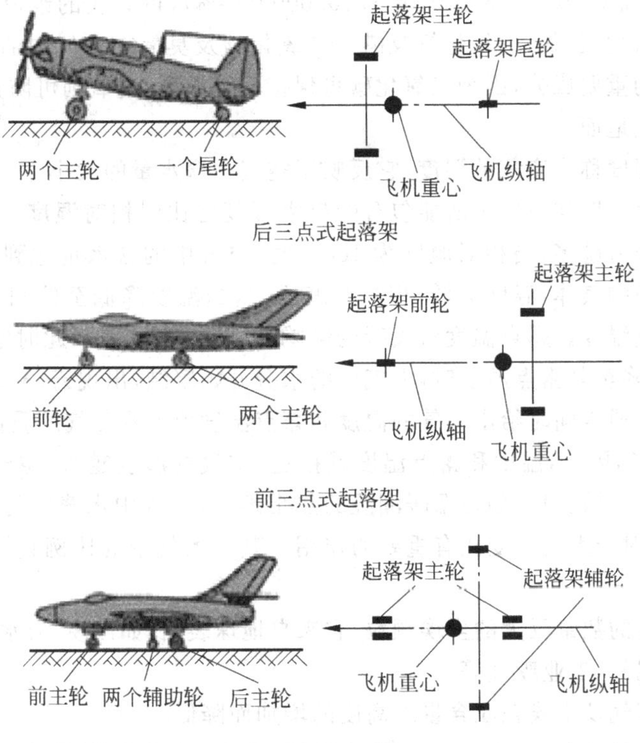

图 3-5　起落架的各种形式

单发飞机的动力装置通常安装在机头前部(牵引式)或机身尾部(推进式)；多发飞机则挂吊在机翼下部或安装在机翼上，也有的将动力装置安装在机身尾部。

飞机除了机翼、机身、尾翼、起落装置、动力装置上述 5 个主要部分之外，根据飞机操纵和执行任务的需要，还装有各种仪表、通信导航设备、安全救生设备和其他设备等。

3.2　大气环境和标准大气

3.2.1　大气的组成和分层

包围整个地球的空气叫做大气层，简称**大气**，飞机是在大气中运动的飞行器，飞机空气动力的产生、发动机及其机载设备的工作条件以及机上人员的生活都与大气有密切关系，所以我们有必要对大气的结构和性质有较深入的了解。

1. 大气的组成

在 120km 以下的高度，大气由三种主要成分组成：多种气体混合而成的纯干空气、水蒸气、尘埃颗粒。

纯干空气中氮分子占 78.00%、氧分子占 20.25%，其次组成的元素为氩(0.934%)、二氧化碳(0.031 4%)、氖(0.001 818%)、氦(0.000 524%)、甲烷(0.000 2%)、氢(0.000 05%)、

氪(0.000 114%)、氙(0.000 0087%)、臭氧(0.000 007%),再其次的组成元素为氯、氧化亚氮、二氧化硫、二氧化氮、氨、一氧化氮及碘。二氧化碳及臭氧在大气中的含量虽然很少,但它们却是大气中的重要成分,因为二氧化碳可保持环境温度,臭氧则可防止太阳的某种有害人类的短波辐射至地面。

空气的潮湿程度称为**空气的湿度**,它反映了空气中含水量的大小。

空气中的实际湿度与空气中所能包含的最大湿度之比叫**相对湿度**。空气的温度越高,它所能包含的水分就越多,当相对湿度为100%时,空气中的含水量达到最大,成为饱和状态。对于一定体积的气体,温度降低,相对湿度增大,当温度降低至使相对湿度达到100%时的温度称为露点温度。露点温度对飞行的影响非常重要,它表示此时空气中的水分达到临界状态,当气温降至其露点温度时,大气中的水分开始凝结,出现云、雾、降水等天气现象,所以航空气象预报通常同时给出大气的温度和露点温度值。水蒸气的质量只是同等体积纯干空气质量的62%,因此,温度和露点温度越接近,空气的湿度越大,空气密度就越小。水蒸气含量随季节和地域变化,如在温暖潮湿的热带地区,大气中水蒸气的含量就比寒冷、干燥的极地高很多,对于大气的变化有重要的作用。其在大气中的比例直接决定云的形成及其规模。

大气中悬浮着的数量巨大的尘埃颗粒,它来自地球表面,如沙漠、海水中的盐粒、植物的花粉、烟尘、汽车尾气、工业废气等。

大气中的水蒸气及尘埃颗粒含量随高度的增加而降低。

大气组成元素的分布,在120km以上的高空,随原子量的不同而异。在120km以下的高度,大气由氮分子及氧分子的混合气体组成;在120～1 000km范围,氧原子占主要位置;1 000～2 500km范围为氮层,2 500km以上的太空中为氢气,而且一直延伸至星际太空中。

通常把1 000km之内,即电离层之内作为大气层的高度。

大气的底层贴近地面,而顶界则是模糊的。因为在大气层之外,还有极其稀薄的星际气体(在宇宙空间,类似空气的"弥漫物质"叫做星际气体,它的范围极广而密度极小)。大气的密度随着高度增加而减小,最后就和星际气体连接起来,它们之间并不存在一个截然的分界。

飞机的大气飞行环境通常是对流层和平流层。大气层对飞行有很大影响,恶劣的天气条件会危及飞行安全,大气属性(温度、压力、湿度、风向、风速等)对飞机飞行性能和飞行航迹等也会产生不同程度的影响。

2. 大气的分层

根据不同的气象条件和温度特征,从海平面算起,可把大气分为对流层、平流层、中间层、热层和散逸层5层,见图3-6。

1) 对流层

紧贴地球表面的一层为对流层。其厚度随纬度、季节等情况而变化。就纬度而言,在赤道上空为17～18km,中纬度地区为10～12km,而两极地区只有7～8km。例如,在我国广州附近,对流层顶平均高约16km,而在东北地区则降为10km左右。就季节而言,对流层顶夏季高于冬季。甚至在同一地区同一天,对流层顶高也会随早、午、晚温差而变化。

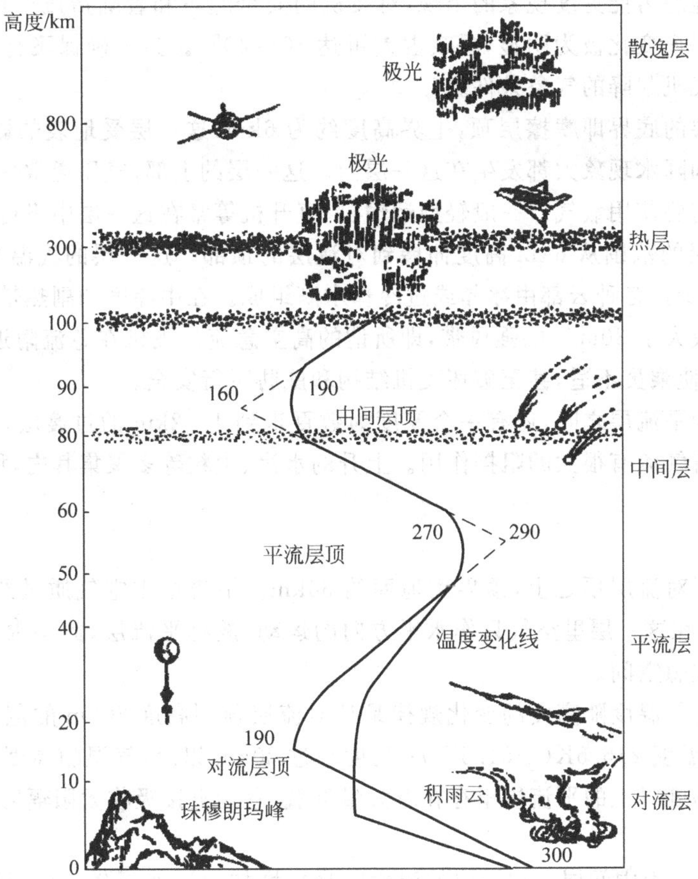

图 3-6 大气结构示意图

对流层虽然不厚,但由于它处于最低层,受到上层空气的重压,空气密度最大,所包含的空气质量约占整个大气质量的 3/4。

对流层的特点是:它的温度随高度的升高而降低;含有大量的水蒸气及其他微粒,有云、雾、雨、雪等天气现象;由于地形、地貌的不同,气温、气压的变化促使空气在垂直方向和水平方向形成强烈的对流。

对流层中大气的上述特点,对飞机飞行影响很大。例如,高空飞行,气温低,易引起飞机结冰;空气的水平方向对流,会使飞机正常的飞行方向和飞行距离发生变化;空气的上下对流,会使飞机产生颠簸;云、雾、雨、雪等也会给飞行带来困难,严重时甚至会威胁飞行安全。

对流层又可细分为对流下层、中层和顶层。

对流层下层又称摩擦层。它的范围自地面到 1～2km 高度。但在各地的实际高度又与地表性质、季节等因素有关。一般说来,其高度在粗糙地表上高于平整地表上,夏季高于冬季(北半球),昼间高于夜间。在下层中,气流受地面摩擦作用很大,因而风速通常随高度降低而减小。在复杂的地形和恶劣天气条件下,常存在剧烈的气流扰动,威胁着飞行安全。突发的下冲气流和强烈的低空风切变甚至会引起飞机失事。另外,大量的水汽和尘埃往往会导致浓雾和其他恶劣能见度现象的出现，对飞机的安全起飞和着陆造成严重威胁。对流层下层中气温的昼夜变化极为明显，昼夜温差可达10～40℃。为了确保飞行安全，每个机场都规定有各类飞机起降的气象条件。

对流层中层的底界即摩擦层顶，上界高度约为6km，这一层受地表的影响远小于摩擦层。大气中云和降水现象大都发生在这一层内。这一层的上部，气压通常只有地面的一半，在那里飞行时需要使用氧气。一般轻型运输机、直升机等常在这一层中飞行。

对流层上层的范围从6km高度伸展到对流层的顶部。这一层的气温常年都在0℃以下，水汽含量很少。各种云都由冰晶或过冷却水滴组成。在中纬度和副热带地区，这一层中常有风速等于或大于30m/s的强风带，即所谓的高空急流。飞机在急流附近飞行时往往会遇到强烈颠簸，使乘员不适，甚至破坏飞机结构和威胁飞行安全。

在对流层和平流层之间，还有一个厚度为数百米到1～2km的过渡层，称为对流层顶。对流层顶对垂直气流有很大的阻挡作用。上升的水汽、尘粒等多聚集其内，那里的能见度往往较差。

2）平流层

平流层位于对流层顶之上，顶界离地面约50km。平流层中空气质量约占整个大气质量的1/4。因为在这一层里空气只作水平方向的运动，故称平流层，此层内已无雷雨现象，是飞机飞行的理想空间。

平流层中空气温度随高度的变化规律是从对流层顶到高度20km的范围内，温度不随高度变化，平均温度216.5K(−51.5℃)；高度超过20km以后，气温随高度升高有所上升。这是因为在该高度以上的平流层里存在着大量臭氧，它能直接吸收太阳辐射。

3）中间层

从50～85km为中间层。这一层的温度随高度增加而迅速下降，这与臭氧浓度随高度增加而急剧降低有关。

4）热层

热层位于中间层顶到800km高处，空气十分稀薄，在高度120km以上，空气密度已减小到声波难以传播的程度。这层大气的温度随高度升高而迅速增加，到800km，温度可达1 500K。这是由于直接吸收了太阳短波辐射的缘故。热层和中间层顶部空气因太阳辐射而离解成电子和正离子，形成几个电子密集的电离层，分别叫D层、E层、F层。

5）散逸层

散逸层在热层上面，这里空气极其稀薄，大部分处于电离状态。由于空气极稀薄，气体质点之间的距离很大，相互碰撞机会较少，一旦碰撞，便会逸入太空，而使这层大气具有逸散性。因而它的上界是模糊的。

另外，宇宙气体也有机会进入大气层，所以散逸层成为地球大气与星际空间的过渡地带。

3.2.2 国际标准大气

现代飞机一般都在对流层或平流层内飞行。在这两层大气中，大气的物理性质经常随着季节、昼夜、地理位置、时间、高度等变化。这些变化会直接影响飞机空气动力及其性能的变化。因此，同一架飞机在不同地点作飞行试验，所得出的飞行性能就会不同；即使同一架飞机，在同一地点、同一高度试飞，随着季节或时间不同，所得出的性能也会不同。为了便于计算、比较飞机的飞行性能试验数据并将其标准化，就有必要以相对不变的大气状态作为基础，为此规定了国际标准大气。因此，所有飞行器制造商提供的飞机性能数据、图表都是相对于标准大气来比较和计算的，所有飞机仪表都校准为标准大气条件。实际运行条件如不符合标准大气，必须对仪表的使用和飞机的性能做出某种修正，否则可能会造成严重后果。

国际标准大气，简称 **ISA**，就是人为规定一个不变的大气环境，包括大气温度、密度、气压等随高度变化的关系和规律，得出统一的数据，作为飞机飞行计算和试验的统一标准。国际标准大气由国际民航组织(ICAN)制订，它是以北半球中纬度地区(北纬 35°～60°)大气物理特性的平均值为依据，加以适当修订而建立的。

1. 国际标准大气的基本规定

标准大气假设重力加速度为恒定值，基本规定如下所述。

(1) 海平面：$H=0$。这一海平面称为 ISA 标准海平面；海平面气温为 288.15K 或 15℃或 59℉；海平面气压为 760mmHg 或 1013.2mbar 或 1013.2hPa 或 29.29inHg；海平面声速为 340.29m/s 或 661kt。

(2) 对流层：$0 \leqslant H \leqslant 1\,100\text{m}$(36 089ft)。

对流层的气温随高度直线下降，每升高 1 000m，气温下降 6.5℃；或每升高 1 000ft，气温下降 2℃。

对流层任一高度上的气温可表示为：$T_H=288.15-0.006\,5H$。

(3) 平流层：$11\,000 < H \leqslant 32\,000\text{m}$。

平流层气温随高度变化的特点如下所述。

$11\,000\text{m} < H \leqslant 20\,000\text{m}$ 时，$T_H=216.65\text{K}=-56.5℃$。在此高度层内，温度不随高度变化，为恒定值。

$20\,000\text{m} < H \leqslant 32\,000\text{m}$ 时，$T_H=216.65+0.001(H-20\,000)$。在此高度层内，高度每增加 1 000m，温度升高 1℃。

2. 标准大气表

把上面规定的温度、压力、密度(或其相对量)随高度变化的规律计算出来列成表格，称为标准大气表，见表 3-1，使用时直接查表就可以了。

表 3-1　标准大气表

高度/ft	温度/℃	压力			压力比	密度比	声速/kt	高度/m
		hPa	PSI	inHg	$\delta=p/p_0$	$\sigma=\rho/\rho_0$		
40 000	−56.5	188	2.72	5.54	0.185 1	0.246 2	573	12 192
39 000	−56.5	197	2.85	5.81	0.194 2	0.258 3	573	11 887
38 000	−56.5	206	2.99	6.10	0.203 8	0.271 0	573	11 582
37 000	−56.5	217	3.14	6.40	0.213 8	0.284 4	573	11 278
36 000	−56.3	227	3.30	6.71	0.224 3	0.298 1	573	10 973
35 000	−54.3	238	3.46	7.04	0.235 3	0.309 9	576	10 668
34 000	−52.4	250	3.63	7.38	0.246 7	0.322 0	579	10 363
33 000	−50.4	262	3.80	7.74	0.258 6	0.334 5	581	10 058

续表

高度/ft	温度/℃	压力			压力比	密度比	声速/kt	高度/m
		hPa	PSI	inHg	$\delta=p/p_0$	$\sigma=\rho/\rho_0$		
32 000	−48.4	274	3.98	8.11	0.270 9	0.347 3	584	9 754
31 000	−46.4	287	4.17	8.49	0.283 7	0.360 5	586	9 449
30 000	−44.4	301	4.36	8.89	0.297 0	0.374 1	589	9 144
29 000	−42.5	315	4.57	9.30	0.310 7	0.388 1	591	8 839
28 000	−40.5	329	4.78	9.73	0.325 0	0.402 5	594	8 534
27 000	−38.5	344	4.99	10.17	0.339 8	0.417 3	597	8 230
26 000	−36.5	360	5.22	10.63	0.355 2	0.432 5	599	7 925
25 000	−34.5	376	5.45	11.10	0.371 1	0.448 1	602	7 620
24 000	−32.5	393	5.70	11.60	0.387 6	0.464 2	604	7 315
23 000	−30.6	410	5.95	12.11	0.404 6	0.480 6	607	7 010
22 000	−28.6	428	6.21	12.64	0.422 3	0.497 6	609	6 706
21 000	−26.6	446	6.47	13.18	0.440 6	0.515 0	611	6 401
20 000	−24.6	466	6.75	13.75	0.459 5	0.532 8	614	6 096
19 000	−22.6	485	7.04	14.34	0.479 1	0.551 1	616	5 791
18 000	−20.7	506	7.34	14.94	0.499 4	0.569 9	619	5 486
17 000	−18.7	527	7.65	15.57	0.520 3	0.589 2	621	5 182
16 000	−16.7	549	7.97	16.22	0.542 0	0.609 0	624	4 877
15 000	−14.7	572	8.29	16.89	0.564 3	0.629 2	626	4 572
14 000	−12.7	595	8.63	17.58	0.587 5	0.650 0	628	4 267
13 000	−10.8	619	8.99	18.29	0.611 3	0.671 3	631	3 962
12 000	−8.8	644	9.35	19.03	0.636 0	0.693 2	633	3 658
11 000	−6.8	670	9.72	19.79	0.661 4	0.715 6	636	3 353
10 000	−4.8	697	10.10	20.58	0.687 7	0.738 5	638	3 048
9 000	−2.8	724	10.51	21.39	0.714 8	0.762 0	640	2 743
8 000	−0.8	753	10.92	22.22	0.742 8	0.786 0	643	2 438
7 000	1.1	782	11.34	23.09	0.771 6	0.810 6	645	2 134
6 000	3.1	812	11.78	23.98	0.801 4	0.835 9	647	1 829
5 000	5.1	843	12.23	24.90	0.832 0	0.861 7	650	1 524
4 000	7.1	875	12.69	25.84	0.863 7	0.888 1	652	1 219
3 000	9.1	908	13.17	26.82	0.896 2	0.915 1	654	914
2 000	11	942	13.67	27.82	0.929 8	0.942 8	656	610
1 000	13	977	14.17	28.86	0.964 4	0.971 1	659	305
0	15	1 013	14.70	29.92	1.000 0	1.000 0	661	0
−1 000	17	1 050	15.23	31.02	1.036 6	1.029 5	664	−305

3. 国际标准大气的转换

飞机飞行手册中列出的性能数据常常是根据国际标准大气制定的，而实际的大气往往很少有和国际标准大气完全吻合的。因此，在使用飞行性能图时，常常需要进行实际大气与国际标准大气的相互转换。

实际大气与国际标准大气相互转换实际上主要是确定其温度偏差，即 ISA 偏差。ISA 偏差是确定地点的实际温度与该处 ISA 标准温度的差值，常用于实际飞行中确定飞机性能的基本已知条件。

例 1 已知某机场温度为 25℃，机场压力高度为 2 000ft，求机场高度处 IAS 的偏差。

解：

$$T_{标准}=15℃-(2℃/1\,000\text{ft})\times 2\,000\text{ft}=11℃$$

$$\text{ISA 偏差}=T_{实际}-T_{标准}=25℃-11℃=14℃$$

表示为：ISA＋14℃。

例 2 飞机巡航时的压力高度为 2 000m。该高度气温为－5℃。求该高度处 ISA 偏差。

解： 高度 2 000m 处 ISA 标准气温应为

$$T_{标准}=15℃-(6.5℃/1\,000\text{m})\times 2\,000\text{m}=2℃$$

$$\text{ISA}_{偏差}=T_{实际}-T_{标准}=-5℃-2℃=-7℃$$

表示为：ISA－7℃。

4. 标准几何高度、标准气压高度和标准密度高度

自海平面起测出的自然高度称为**标准几何高度**，通常以 m 或 ft 为单位。

如果飞机所在处的大气压强值和标准大气某几何高度的大气压强值相等，则该几何高度就是飞机的**标准气压高度**。例如，飞机所在处的气压为 560.1mmHg，这数值恰和标准大气几何高度 2 500m 处的气压值相等，飞机所在处的标准气压高度便为 2 500m。

飞行中，若将气压刻度调整旋钮的刻度值调到 29.92inHg(760mmHg 或 1013mbar)，从气压式高度表读出的高度，便是飞机的标准气压高度。

如果飞机所在处的空气密度值和标准大气某几何高度的空气密度值相等，则该几何高度便是飞机的标准密度高度。例如，飞机所在处的空气密度为 1.006kg/m^3，这数值恰与标准大气几何高度 2 000m 处的空气密度相等，这 2 000m 便是飞机所在处的标准密度高度。

因为作用在飞机上的空气动力是空气密度的函数，飞机的飞行性能依赖于密度高度，常常需要将其他高度转换成密度高度。

气体的密度、温度、压强符合气体状态方程 $P=\rho RT$，知道了标准气压高度(压强)和温度，便可由气体状态方程求出相应的空气密度，即标准密度高度。通常把它们之间的这种关系制成图线，应用时，根据气压式高度表读出的标准气压高度和温度计读出的飞机所在处的外界温度，就能直接查出标准密度高度，如图 3-7 所示。

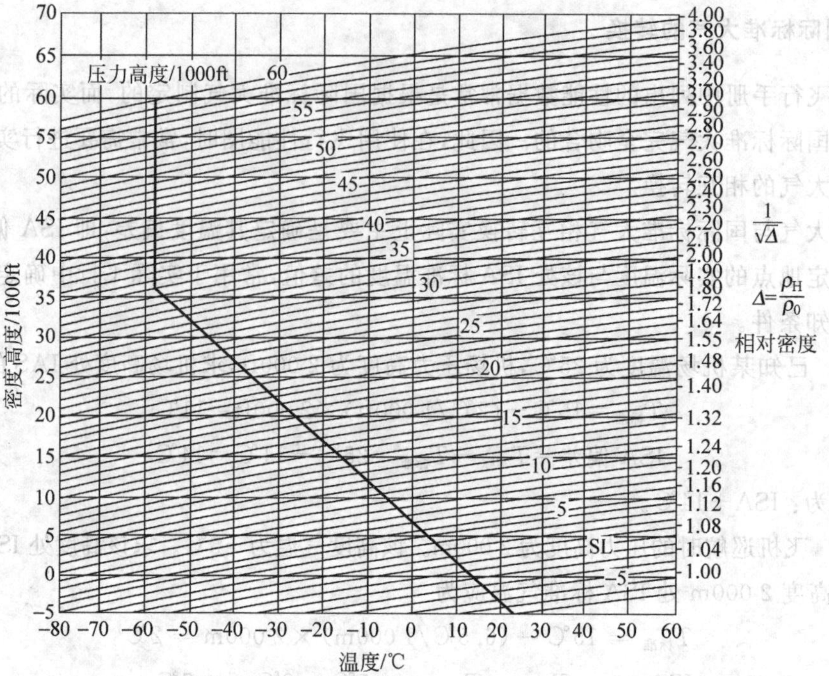

图 3-7　密度高度与气压高度和温度的关系

本章小结

飞机的气动外形结构和大气的相关性质是学习空气动力学的基础，因此应对飞机的外形结构和飞机所飞行的环境有足够的了解和掌握。飞机由机翼、机身、尾翼、起落装置和动力装置组成；对大气的基本属性、大气的组成和分层、标准大气以及大气的密度和温度随高度的变化规律有较深刻的理解。

复习与思考

1. 飞机的主要组成部分有哪些？各部分的主要功用是什么？
2. 飞机机翼上有哪些主要部件？各部件的主要功用是什么？
3. 飞机尾翼由哪些部分组成？各部分的功用是什么？
4. 大气由哪些主要成分组成？
5. 大气是如何分层的？其中对流层和平流层各有什么主要特点？对飞行有什么影响？
6. 国际标准大气(ISA)是如何定义的？(对流层和平流层)基本规定的主要内容有哪些？
7. 飞机的标准几何高度、标准气压高度、标准密度高度有何区别？
8. 填空、选择练习：

(1) 按照 ISA 的规定，对流层内，飞机上升 1 000ft，温度________。

(2) 在 3 000m 的高度上的实际气温为 10℃,则该高度层上的气温比标准大气规定的温度________。

(3) 当已知 3 000m 的高度上的实际气温比标准大气规定的温度高 10℃(ISA+10℃),则 3 000m 高度层上的实际气温为________。

(4) 某机场气压高度为 1 000m,气温为 30℃,那么可推测在 5 000m 高度层上的实际气温为________。

(5) 已知某机场场温 20℃,机场压力高度 2 000ft,机场高度处 ISA 的偏差为________。

(6) 在气温比标准大气温度低的天气飞行,飞机的真实高度与气压高度表指示的高度相比,飞机的真实高度________。

A. 偏高　　B. 偏低　　C. 相等　　D. 差不多

拓展阅读

飞机的分类

对于民用飞机来说,在飞机审定获取合格证时,根据飞机的用途、操纵上的使用限制,将其分为不同的类别。根据中国民用航空规章(CCAR)划分,用于航空器设计批准或适航审定类别的飞机有以下几种。

正常类飞机:座位数量(不包括驾驶员)为 9 座或 9 座以下,最大审定起飞重量为 12 500lb,用于非特技飞行(特技飞行的问题详见飞行力学的有关内容)的飞机。非特技飞行是指正常飞行中遇到的任何机动、失速(不包括尾冲失速);坡度不大于 60°的“懒 8 字”飞行、急上升转弯和大坡度盘旋。

实用类飞机:座位数量(不包括驾驶员)为 9 座或 9 座以下,最大审定起飞重量为 12 500lb,用于作有限飞行的飞机。按实用类审定合格的飞机可作正常类飞机允许的任何飞行动作和有限的特技飞行动作。有限的特技飞行包括:尾旋(如果对特定型号的飞机已批准作尾旋);正常飞行中遇到的任何机动、失速(不包括尾冲失速);坡度大于 60°的“懒 8 字”飞行、急上升转弯和大坡度盘旋。

大部分小型飞机同时按照正常类和实用类审定取证,飞机具体属于哪一类别,取决于它们的装载与配平情况。按实用类装载时,飞机允许的重心范围更小,飞机可以比按正常类装载承受更大的应力。

特技类飞机:座位数量(不包括驾驶员)为 9 座或 9 座以下,最大审定起飞重量为 12 500lb,除了所要求的飞机实验结果表明是必要的限制以外在使用中不加限制的飞机。特技类飞机可用于特技飞行及训练,因此对其强度要求比正常类和实用类都大。

通勤类飞机:用于运载旅客、座位数量(不包括驾驶员)为 19 座或 19 座以下,最大审定起飞重量为 19 000lb,用正常类飞机条款所描述的、非特技飞行的、螺旋桨驱动的、多发动机飞机。

运输类飞机:航线大型客、货飞机,用于定期客运或货运航班飞行。

其他的类别还包括限制类(允许有限地用于民用的军用飞机)、限用类(从事特殊任务,如农用或护林飞机)、实验类(非专业制造的竞赛飞机、为验证某种设计理念研制的飞机)、暂用类(新设计出来,未完全达到适航要求但仍可用于某种目的飞行的飞机)等。不同类型的飞机有其不同的强度要求,从而限制了其飞行范围和机动飞行能力。

对于飞行员的合格证审定而言,飞机被分为类别、级别和型别。常见的类别包括定翼机和旋翼机。定翼机进一步的级别划分为单发陆地、多发陆地、单发水上、多发水上。型别是指飞机的具体型号,按型别划分的方法应用于飞行员的执照类别中。

第4章

飞机的低速空气动力特性

本章关键词

翼型(airfoil)
升力特性(lift efficiency)
升阻比(drag lift ratio)
翼尖涡(wing tip vortex)
阻力特性(drag efficiency)
飞机极曲线(airplane polar curve)

飞机的升力、阻力、侧力统称飞机的空气动力。飞机的空气动力特性是分析计算飞行性能的重要依据,也是分析飞机平衡、稳定性和操纵原理的重要基础。由于飞机是由机翼、机身、尾翼等多种部件组成的,气流流动情况比较复杂。而整架飞机的空气动力性能主要是由机翼的空气动力决定的,一般情况下,研究飞机空气动力又是以研究翼型空气动力为基础,进而研究机翼和全机的空气动力。

本节将从讨论翼型升力、阻力的产生原因以及升力、阻力和压力中心位置的变化规律入手,进而延伸到全机的空气动力特性。

目前低速翼型的剖面形状大都是双凸形,本书讨论时主要针对这类翼型。

当一无限展长平直机翼垂直于气流时,机翼各剖面上的流动情况都相同,所以可在这个机翼上任取一单位展长的机翼来研究,称为二维翼或称**翼型**。这个单位展长机翼的空气动力就是该机翼翼型的空气动力。翼型流场内各点的流动参数是两个空间坐标 x,y 的函数,属于二维流。而实际飞机的展长是有限的,实际流过飞机的气流为三维流,因此研究翼型的二维流是一种简化。为了分析方便,我们先用翼型代表机翼,根据翼型的流线谱来定性地分析机翼空气动力产生和变化的一般规律。

空气动力特性指的是空气动力的产生、分布及其随飞机迎角、马赫数等的变化规律。在空气动力学中通常按低速和高速两大部分来研究。飞机在大气中飞行时,不同的飞行速度范围,空气动力特性显著不同,本章主要分析飞机低速飞行时升力、阻力、侧力的产生和变化规律。高速飞行时空气动力特性及飞机空气动力的产生和变化特点将在第5、6章介绍。

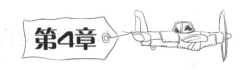

4.1 机翼的几何形状

飞机的空气动力主要是由机翼产生的，机翼的空气动力取决于绕机翼的流动状态，而流态又取决于机翼的几何形状及机翼相对于气流的位置，为此，先介绍机翼的几何形状和有关参数。

机翼的几何形状包括机翼的剖面形状和平面形状。

4.1.1 翼型及其几何参数

通常将平行于飞机对称面的机翼剖面(见图 4-1)称为翼型，它是组成翼面的基本元素。

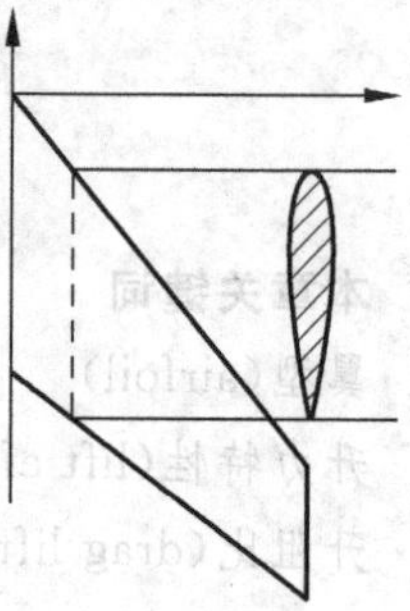

图 4-1 翼型剖面

1. 常用的几种飞机翼型

人们通过观察鸟类飞行的现象，制造出早期飞机的弓形翼型，就像飞鸟翅膀的剖面(见图 4-2)。经过实践发现这种翼型阻力较大，结构也较复杂，以后又陆续研制出平凸型、双凸型、对称形等翼型。

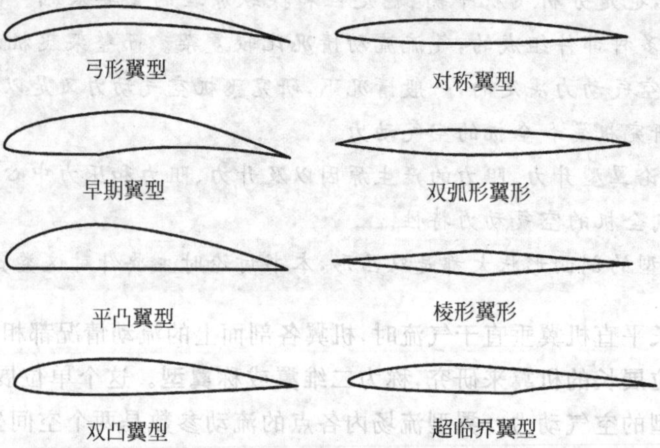

图 4-2 常用的翼型

机翼上表面向外弯曲的程度较大，下表面较平的翼型称为平凸翼型；上表面向外弯曲的程度比下表面向外弯曲的程度大的翼型称为双凸翼型；上、下表面向外弯曲的程度都相同的翼型称为对称翼型。现代低速飞机机翼大多采用平凸型或双凸型翼型，部分现代高速飞机机翼和各种飞机尾翼一般采用对称翼型。超声速战斗机机翼一般都为对称翼型。小型飞机机翼为平凸翼型，大、中型飞机机翼一般为双凸翼型。

20 世纪 60 年代起陆续出现了高亚声速翼型，如尖峰翼型、超临界翼型等。超声速飞机要求翼型“薄”且具有尖锐的前缘，如双弧形翼型、菱形翼型等。由于要兼顾各个速度范围的气动特性，目前低超声速飞机一般仍采用小钝头的对称翼型。而大多数超声速飞机仍采用小钝头的高亚声速翼型。常用的翼型如图 4-2 所示。

2. 翼型的几何参数

各种翼剖面的形状特点,对气动特性有重要的影响,一般用以下主要几何参数数据来表示。

1) 翼弦

翼型上下表面内切圆圆心的光滑连线称为**中弧线**(见图4-3)。中弧线的前端点,称为**机翼前缘**;中弧线的后端点,称为**机翼后缘**。机翼前、后缘的连线叫**翼弦**,其长度叫**弦长**(b)或**几何弦长**。

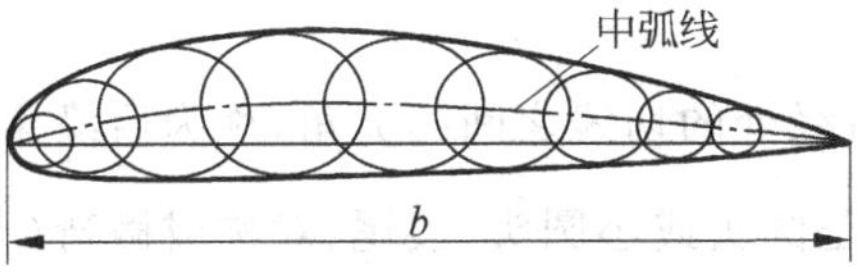

图4-3　翼型的中弧线和翼弦

2) 相对弯度($\bar{f}$)

翼型中弧线与翼弦之间的距离叫弧高(f)。**最大弧高**(图4-4中的f_{max})与弦长的比值,叫**相对弯度**。即

$$\bar{f}=(f_{max}/b)\times 100\%$$

相对弯度的大小表示翼型上、下翼面向外凸出的不对称程度。现代飞机的相对弯度为0~2%。

3) 最大弯度相对位置($\overline{X}_f$)

翼型最大弧高所在位置到前缘的距离(图4-4中的X_f)称为最大弯度位置。通常以其与弦长的比值来表示最大弯度相对位置($\overline{X}_f$),即

$$\overline{X}_f=\frac{X_f}{b}\times 100\%$$

4) 相对厚度($\bar{c}$)

上、下翼面在垂直于翼弦方向的距离叫翼型厚度(c)。翼型最大厚度(图4-4中的c_{max})与弦长的比值,叫翼型的相对厚度或厚弦比。即

$$\bar{c}=(c_{max}/b)\times 100\%$$

现代飞机翼型的相对厚度为3%~16%。

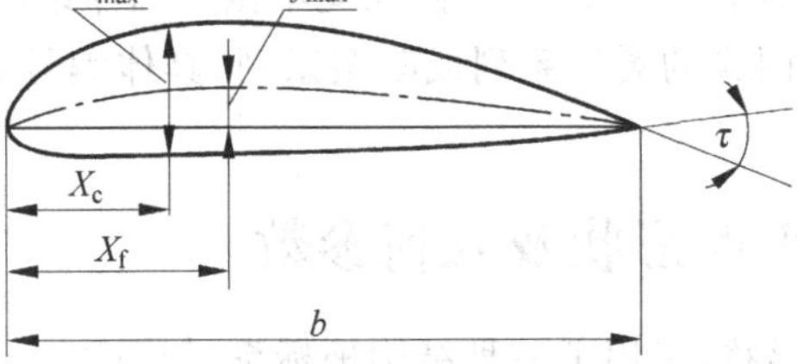

图4-4　翼型的几何参数

5) 最大厚度相对位置($\overline{X}_c$)

翼型最大厚度所在位置到前缘的距离(图4-4中的X_c)称为最大厚度位置。通常以其与翼弦的比值来表示最大厚度相对位置($\overline{X}_c$),即

$$\overline{X}_c=(X_c/b)\times 100\%$$

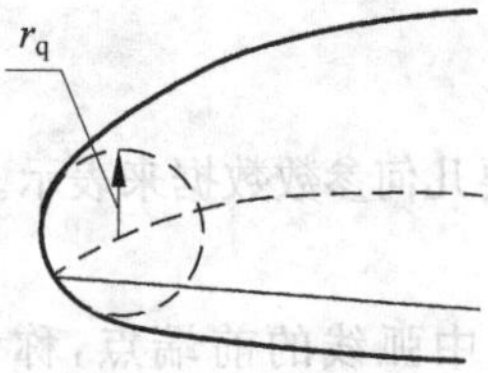

图 4-5 翼型前缘半径

现代飞机翼型的最大厚度位置为 30%～50%。

6）前缘半径（r_q）

翼型前缘的曲率圆的半径称为前缘半径（见图 4-5），以 r_q 表示，前缘半径与翼弦弦长之比称为相对前缘半径，即$\bar{r}_q = r_q/b$。

相对前缘半径与相对厚度平方之比称做前缘钝度（$\bar{n}$），表示机翼前缘外形的尖锐程度。

$$\bar{n} = \bar{r}_q / \bar{c}^2$$

7）后缘角（τ）

翼型上下表面围线在后缘处的切线之间的夹角，称为后缘角（见图 4-4）。

现代飞机的翼型，通常是圆头或小圆头、尖尾、对称或微弯（$\bar{f}=0\sim2\%$）、较薄或中等厚度（$\bar{c}=3\%\sim15\%$）的翼型，最大弯度相对位置和最大厚度相对位置为 30%～50%。例如，某飞机外翼的翼型，$\bar{f}=1.33\%$，$\bar{X}_f=50\%$，$\bar{c}=5\%$。

*3. 翼族系列编号介绍

飞机是在第一次世界大战以后迅速发展起来的，与之相关的理论研究也随之开展起来，美国国家航空咨询委员会（NACA）[现改名为美国国家航空航天局（NASA）]在 20 世纪 30 年代后期，对翼型的性能做了系统的研究，提出了四位数字翼族和五位数字翼族。四位数字翼族的表达式为 NACA□□□□，如 NACA2415 翼型，第一个数字"2"表示相对弯度（$\bar{f}$）为 2%，第二个数字"4"表示最大弯度相对位置（$\bar{X}_f$）为 40%，第三个和第四个数字一起表示相对厚度（$\bar{c}$）为 15%。再如 NACA0008 翼型，是无弯度相对厚度为 8%的翼型。

五位数字翼族的表达式为 NACA□□□□□，第一个数字表示弯度，但不表示具体的几何参数，而是通过设计升力系数来表达，此数乘以 2/3 则等于设计升力系数的 10 倍；第二个和第三个两位数为最大弯度相对位置百分数的 2 倍；第四个和第五个数字组成的两位数仍然表示相对厚度（$\bar{c}$）。如 NACA23012 翼型，它的设计升力系数是$\frac{2}{20/3}=0.30$；最大弯度相对位置为 30%×1/2=15%；相对厚度为 12%。

除此以外，为了尽量延长层流附面层的长度，从而减小摩擦阻力，还出现了层流翼型族系列，如 NACA65-210，NACA747-A3115 等，在此不做详细介绍。

世界上还有很多其他国家的翼型系列或改型系列，具体编号方法和几何特性可参阅翼型手册。

4.1.2 机翼的平面形状及几何参数

为了描述机翼的几何形状，采用了一种结构坐标系，如图 4-6 所示。

原点取在机翼根部翼型的前缘上。Ox 轴沿根部翼型的弦线或平行于机身轴线，指向后；Oy 轴在飞机对称面内，垂直 Ox，指向上；Oz 轴垂直于对称面，指向左（符合右手法则）。机翼的平面形状是指机翼在 xOz 平面内的投影形状。

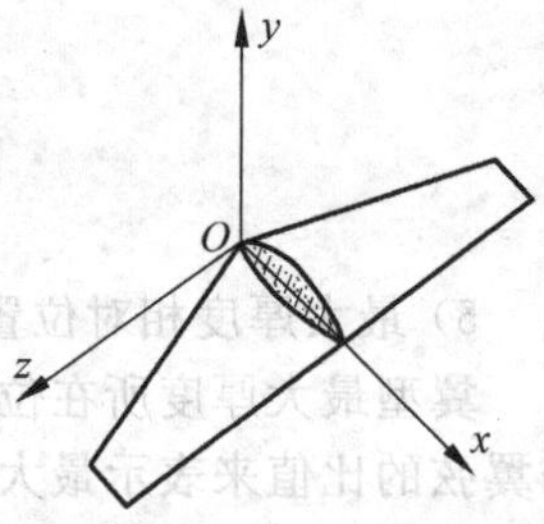

图 4-6 机翼结构坐标

1. 常用的几种机翼平面形状

早期的飞机，机翼的平面形状大多做成矩形。矩形机翼制造简单，但阻力较大。为了适应提高飞行速度的要求，后来又制造出了梯形翼和椭圆翼。随着飞行速度接近或超过声速，相继出现了后掠翼、三角翼等机翼。从 20 世纪 50 年代起，又陆续出现了由上述基本平面形状发展或组合而成的复合机翼，如双三角翼、S 形前缘翼、边条翼、变后掠翼、前掠翼等。

几种常见的机翼平面形状如图 4-7 所示。

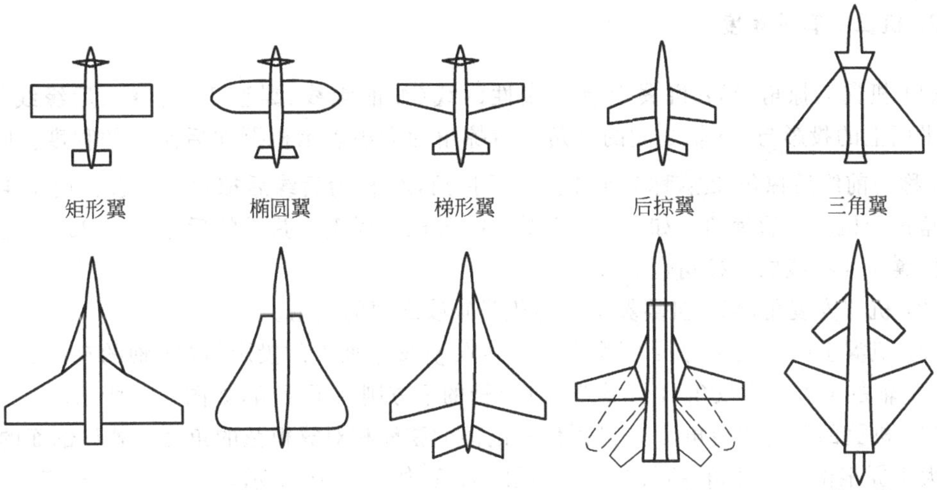

图 4-7 各种平面形状的机翼

2. 机翼平面几何参数

机翼的平面形状特点，可以用以下几何参数数据表示，如图 4-8 所示。

(1) 机翼面积(S)：在襟翼、缝翼(襟翼、缝翼等增升装置在 4.8 节中讲述)全收时，机翼在 xOz 平面上的投影面积称为机翼面积。如不加说明，机翼面积包括机身所占的那部分面积。

如：某初教机，$S=17\text{m}^2$；波音 737-300 飞机机翼的面积为 980ft^2(约 72.46m^2)；波音 757 飞机机翼的面积为 $1\,951\text{ft}^2$(181.25m^2)。

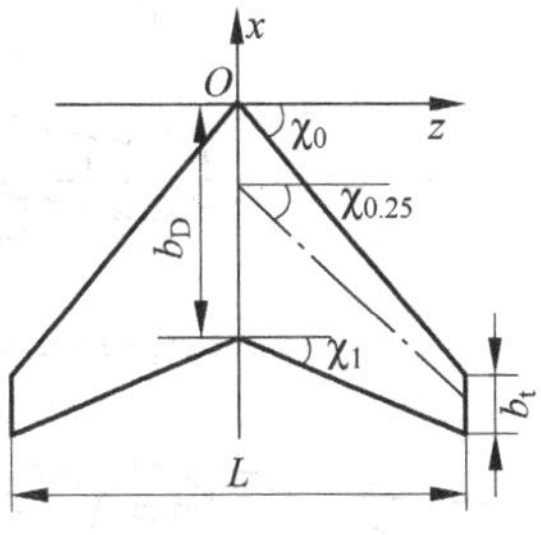

图 4-8 表示机翼平面的几何参数

(2) 展长(L)：或称为翼展，指机翼左、右翼端(翼尖)之间的距离。如：塞斯纳 172R 飞机机翼的展长为 11m，波音 737-300 飞机机翼的展长为 94.728ft(约 28.873m)，波音 757 飞机机翼的展长为 124.5ft(约 37.948m)。

(3) 展弦比(λ)：机翼展长与平均弦长(b_{AVR})之比，它表示机翼平面形状长短与宽窄的比例大小。

$$\lambda=\frac{L}{b_{\text{AVR}}}=\frac{L^2}{S} \tag{4.1}$$

低速飞机一般都采用大展弦比机翼，高速飞机一般则采用小展弦比机翼。低速飞机、滑翔机的展弦比为12～19，亚声速飞机的展弦比为6～12，超声速飞机的则为2～4。如：波音737-300飞机机翼的展弦比为8.826，波音757飞机机翼的展弦比为7.95。

(4) 梢根比(η)：也叫尖根比，指机翼翼尖弦长(b_t)与翼根弦长(b_r)之比，即$\eta=b_t/b_r$。可见，矩形翼$\eta=1$，三角翼$\eta=0$。现代飞机梢根比一般为0～0.5。

如波音757-300飞机机翼的梢根比为0.31，波音757飞机机翼的梢根比为0.237。

以前常用“根梢比”的概念，这正好与梢根比相反。

3. 机翼的有关角度

(1) 机翼后掠角(χ)：机翼上有代表性的线(如前缘线、翼型1/4弦线、后缘线等)在xOz平面上的投影与Oz轴之间的夹角。后掠角的大小表示机翼向后倾斜的程度。图4-8中，χ_0称为前缘后掠角，$\chi_{0.25}$称为1/4弦线后掠角，χ_1称为后缘后掠角。一般常用1/4弦线后掠角作为机翼的后掠角。如：波音757-300飞机机翼1/4弦线的后掠角为25°，波音757飞机机翼1/4弦线的后掠角也为25°。

(2) 机翼安装角(ϕ)：机翼翼根弦与机身轴线之间的夹角。

(3) 机翼上(下)反角(ψ)：翼型1/4弦线在yOz平面上的投影与Oz轴的夹角。1/4弦线在Oz轴的上方为上反角，1/4弦线在Oz轴的下方则为下反角，如图4-9所示。

(4) 机翼的几何扭转角(θ)：机翼任一剖面的弦线相对翼根弦的角度。若该剖面的局部迎角大于翼根剖面的迎角，扭转角为正，反之为负，如图4-10所示。

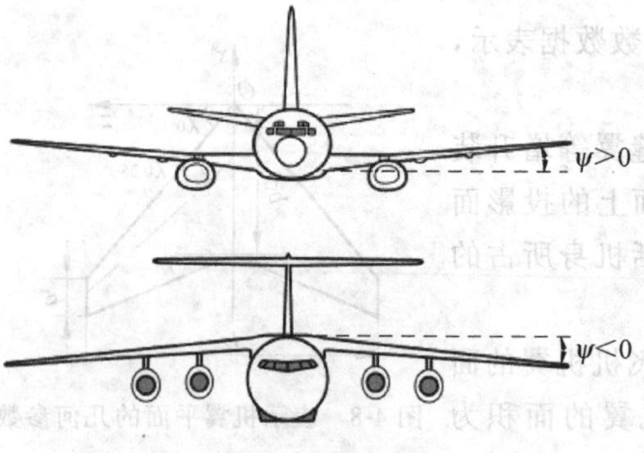

图4-9 机翼的上(下)反角($\pm\psi$)

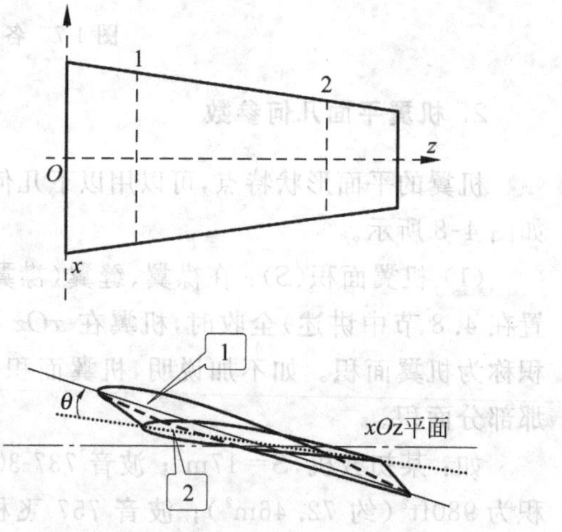

图4-10 机翼的几何扭转角

4.2 升力的产生和变化

升力(Y)是支托飞机在空中飞行的空气动力。飞行员操纵飞机改变飞行状态，常常是通过改变升力的大小和方向来实现的。因此，学习升力的产生和变化具有重要意义。

4.2.1 升力的产生

1. 迎角的概念

在低速气流中，翼型的流线谱主要取决于翼型和机翼在气流中的关系位置。机翼在气流中的关系位置常用迎角表示。**迎角**(用 α 表示)是指翼弦与相对气流方向之间的夹角，如图 4-11 所示。相对气流方向指向机翼下表面时，迎角为正；相对气流方向指向机翼上表面时，迎角为负；相对气流方向与翼弦平行时，迎角为零，如图 4-12 所示。

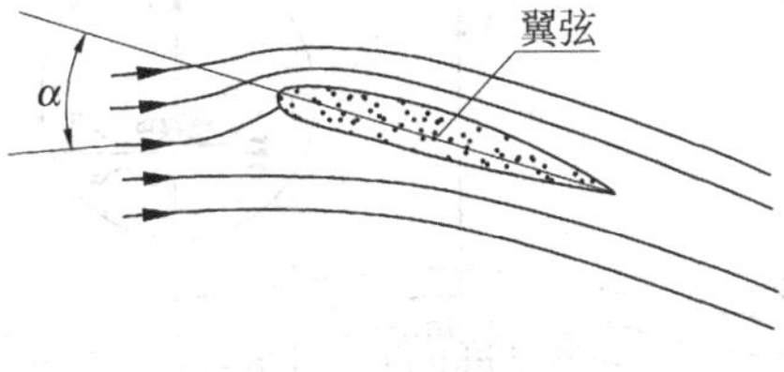

图 4-11 机翼迎角

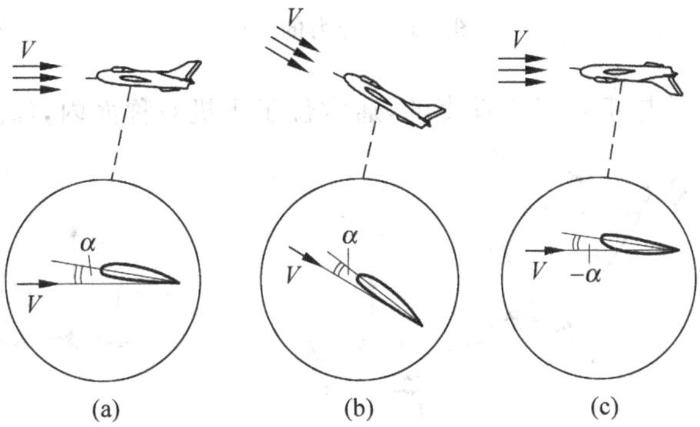

图 4-12 正迎角和负迎角

对同一机型的飞机来说，翼型在通常情况下是不变的。所以，低速飞行中，翼型流线谱只取决于迎角大小。图 4-13 所示是同一翼型在不同迎角下的流线谱。从该图中可以看出，大迎角时，机翼上表面前半部流管更细，下表面前半部流管更粗，后缘涡流区扩大。

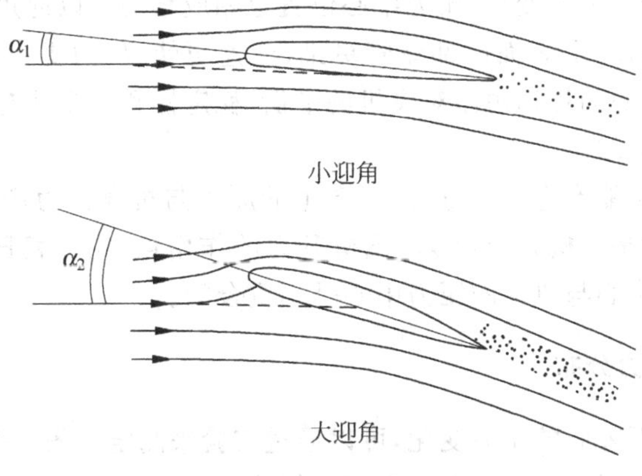

图 4-13 不同迎角的翼型流线谱

2. 升力的产生

下面以空气流过正迎角的双凸翼型为例，定性地说明机翼升力的产生原理。

如图 4-14 所示，空气流到机翼前缘，分成上下两股，分别沿机翼上下表面流过。由于受机翼迎角和翼型的影响，机翼上表面的流线弯曲大，流管变细，流速加快，压力减小；下表面的流管变粗，流速减慢，压力增大。于是，机翼上、下表面出现压力差。上、下表面垂直于相对气流方向压力差的总和就是机翼的升力(Y)。

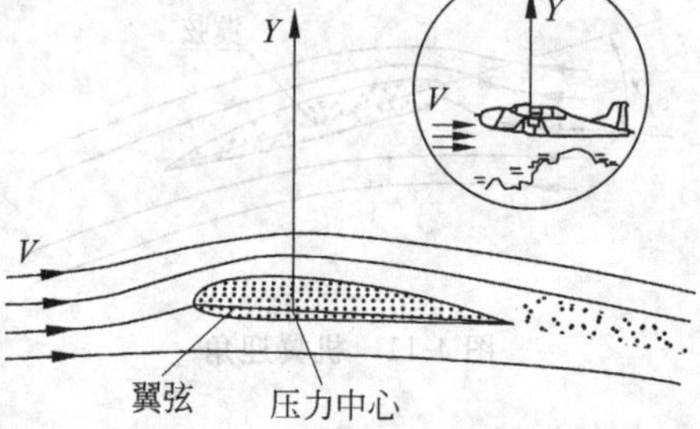

图 4-14　升力的产生

升力的方向始终是与相对气流垂直的，通常位于飞机对称面内，如图 4-15 所示。

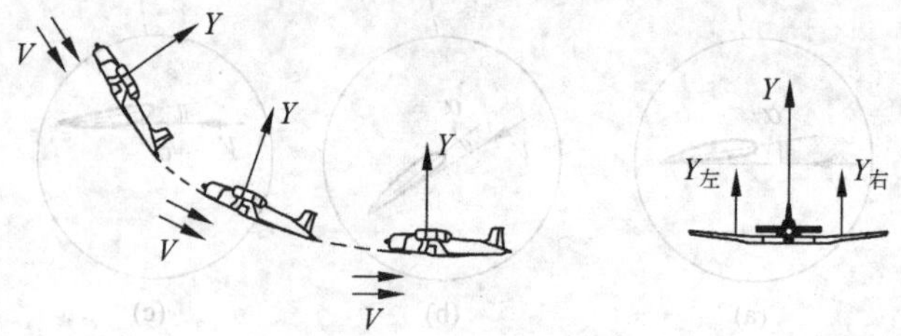

图 4-15　升力的方向

机翼升力的作用点(升力作用线与翼弦的交点)叫**机翼压力中心**。

压力中心在翼弦上的位置常用压力中心距前缘距离 $X_{P型}$ 占弦长的百分数表示，即

$$\overline{X}_{P型}=(X_{P型}/b)\times 100\%$$

迎角改变，压力分布随之变化，压力中心位置也相应移动。以迎角(在一定范围内)增大为例，随迎角的增加，机翼上表面前部流管更细、流速更快、压力更小，因而压力中心前移；反之，则后移。压力中心的移动规律对飞机的平衡、稳定性和操纵性有很大的影响。这些将在飞行力学中作详细介绍。

机身和水平尾翼也能产生一部分升力，产生的原因与机翼升力产生的原因相同。飞机各部分升力的总和，就是飞机升力(Y)。飞机升力的作用点，叫**飞机压力中心**。很显然，一般情况下飞机的压力中心与机翼的压力中心是不重合的。

3. 翼型表面的压力分布

空气流过机翼上下表面的压力变化，可以通过实验来测定。图 4-16 是测量机翼上下表面压力分布装置的示意图。在机翼上下表面沿气流方向各钻一些小孔作为测量点，用软管

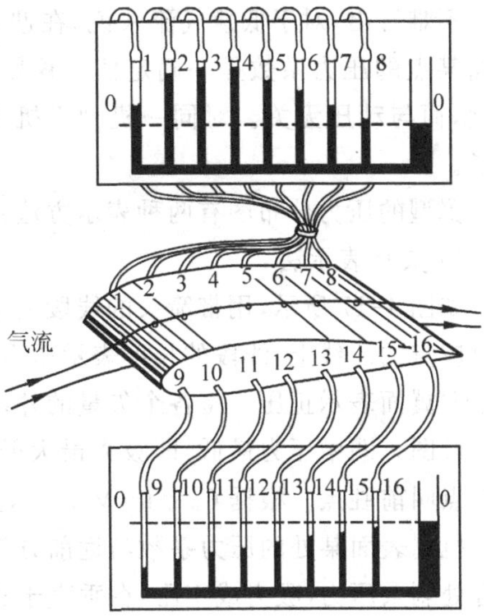

图 4-16　测定翼型表面各点压力的实验装置

分别连到多管气压计上。在流速为零时，翼型各测量点的压力都相同，气压计上管口液面感受的都是相同的大气压力。每排的液柱高度均相同；一旦有气流流经翼型时，翼型各测量点的压力就不相同了，根据此时气压计各液柱的高度变化，可以算出翼面上这些点处的气流静压与大气压力之差 Δp。

Δp 称为剩余压力，其大小为

$$\Delta p = p - p_\infty = -\rho g \Delta h \tag{4.2}$$

式中：p 为翼面某点的气流静压；p_∞ 为机翼远前方空气静压(大气压)；ρ 为所用液体的密度；g 为重力加速度；Δh 为液柱与 0—0 线的高度差。

液柱低于 0—0 线时，Δh 为负值，说明机翼表面所测点的压力大于大气压力，即 Δp 为正值，称为正压，简称压力；液柱高于 0—0 线时，Δh 为正值，说明翼面所测点的压力比大气压力小，即 Δp 为负值，称为吸力或负压。

从实验可以看出，空气流过具有一定正迎角的机翼时，与上表面各测量点(图 4-16 中的 1～8 点)相连的气压计液柱均被吸至 0—0 线以上，说明机翼上表面各点压力普遍小于大气压力；与下表面各点(图 4-16 中的 9～15 点)相连的气压计液柱均被压至 0—0 线以下，说明机翼下表面各点压力普遍大于大气压力。由此可以进一步说明，机翼升力是由机翼上、下表面压力差产生的。

为了便于分析机翼各个部位对升力贡献的大小，可根据上述实验测出的结果画出翼型压力分布图。在绘制翼型压力分布图时，不是直接画出翼面各点压力数值，而是画出各点的压力系数。所谓**压力系数**(C_p)，指的是剩余压力与远前方气流动压的比值。即

$$C_p = \frac{\Delta p}{\frac{1}{2}\rho_\infty V_\infty^2} \tag{4.3}$$

其中，V_∞ 为机翼远前方的气流速度。

根据伯努利方程 $p+\frac{1}{2}\rho_\infty V^2 = p_\infty + \frac{1}{2}\rho_\infty V_\infty^2$，得

$$\Delta p = p - p_\infty = \frac{1}{2}\rho_\infty (V_\infty^2 - V^2)$$

代入式(4.3)，得

$$C_p = 1 - \frac{V^2}{V_\infty^2} \tag{4.4}$$

式中，V 为机翼表面某一点的局部流速。根据连续方程 $VA = V_\infty A_\infty$，得

$$\frac{V}{V_\infty} = \frac{A_\infty}{A}$$

代入式(4.4)中，得

$$C_p = 1 - \frac{A_\infty^2}{A^2} \tag{4.5}$$

不难看出，对于低速气流来说，在迎角、翼型一定时，流谱一定，A_∞^2/A^2 是一确定值，即翼面某点的压力系数是一确定值。这就说明，翼型表面各点的压力系数仅取决于迎角和翼型，而与动压无关。对同一机型飞机来说，翼型是不变的，这时压力系数就只取决于迎角了。

翼型的压力分布图有两种表示方法：一种是矢量表示法，另一种是坐标表示法。

1）矢量表示法

如图 4-17 所示，用带箭头的线段表示压力系数，将各测量点所测得的压力系数画在翼型对应点的法线上，线段的长度表示压力系数的大小，箭头从翼面指向外表示吸力，箭头向里指向翼面表示正压。将各个矢量的外端用平滑的曲线连接起来，便是用矢量法表示的压力分布图。图中压力最低，即吸力最大的点是**最低压力点**；在前缘附近，流速为零，压力最高的点叫**前驻点**。根据 $C_p=1-V^2/V_\infty^2$，显然，前驻点的压力系数等于 1。

机翼表面某处的压力系数与远前方气流动压的乘积就是该点的剩余压力 Δp。机翼表面各处剩余压力（吸力或正压）在垂直于相对气流方向分力的合力就是机翼的升力。

2）坐标表示法

如图 4-18 所示，以弦长相对量 x/b 作横坐标，将翼型各测量点投影在横坐标（翼弦）上，然后将各测量点上的压力系数值作为纵坐标画出，正压画在横坐标下方，吸力画在横坐标上方，再用平滑曲线依次连接图上各点，就是坐标法表示的压力分布图。

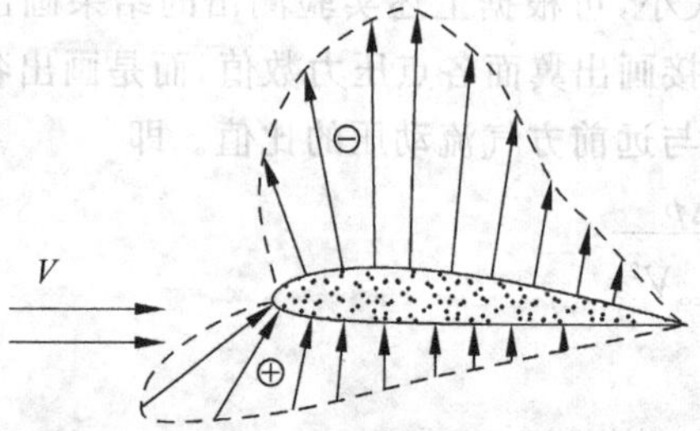

图 4-17　用矢量法表示翼型的压力分布

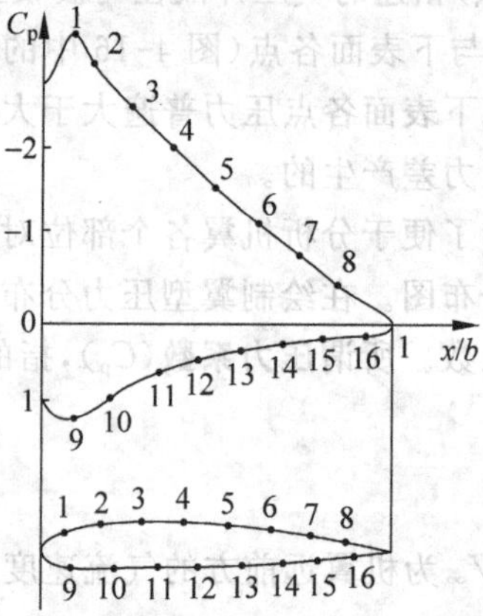

图 4-18　用坐标法表示的翼型压力系数

有了机翼压力分布图，机翼各部位所产生的升力在机翼总升力中所占的比例便一目了然。图 4-17 和图 4-18 表明：

(1) 机翼的升力大部分是靠上表面的压力减小（吸力）获得的。由上表面吸力所形成的升力一般占总升力的 60%～80%，而由下表面正压力所形成的升力只占总升力的 20%～40%。

气流以小迎角流过双凸翼时，下表面产生的也是吸力，则下翼面不仅不产生升力，而且起减小升力的作用，此时机翼的升力全靠上翼面的吸力获得。

(2) 通过进一步观察机翼压力分布图我们发现，机翼上表面前半部产生的吸力大，后半部产生的吸力小。所以，机翼上表面前半部对升力产生的贡献最大。

4.2.2 升力公式及影响升力的因素

1. 升力公式

升力的大小可用升力公式计算，升力公式是分析实际飞行问题和进行飞行性能计算最重要、最基本的公式。

1) 升力公式的推导

在单位展长机翼上沿弦向取微段 dx(见图 4-19)。设当微段上表面弧长为 $dS_上$、下表面弧长为 $dS_下$ 时，它们的切线与翼弦(x 轴)的夹角分别记为 $\delta_上$ 和 $\delta_下$，则作用在该微段上垂直于翼弦的分力为 $\Delta p_下\ dS_下\ \cos\delta_下 - \Delta p_上\ dS_上\ \cos\delta_上$，而平行于翼弦方向的分力较小，可忽略不计。

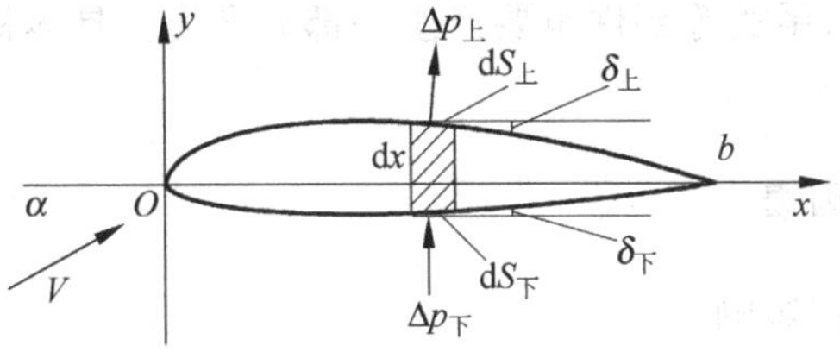

图 4-19 单位长度机翼

当迎角为 α 时，作用在该微段上的升力为

$$dY_1 = (\Delta p_下\ dS_下\ \cos\delta_下 - \Delta p_上\ dS_上\ \cos\delta_上)\cos\alpha$$

而 $dS_上\ \cos\delta_上 \approx dS_下\ \cos\delta_下 \approx dx$

$$\begin{cases} \Delta p_上 = C_{p_上}\ \dfrac{1}{2}\rho_\infty V_\infty^2 \\ \Delta p_下 = C_{p_下}\ \dfrac{1}{2}\rho_\infty V_\infty^2 \end{cases} \tag{4.6}$$

所以，单位展长机翼的升力为

$$\begin{aligned} Y_1 &= \frac{1}{2}\rho_\infty V_\infty^2 \int_0^b (C_{p_下} - C_{p_上})\cos\alpha dx \\ &= \frac{1}{2}\rho_\infty V_\infty^2 b\int_0^1 (C_{p_下} - C_{p_上})\cos\alpha d\bar{x} \end{aligned}$$

式中，$\bar{x} = x/b$，令

$$C_{y1} = \int_0^1 (C_{p_下} - C_{p_上})\cos\alpha d\,\bar{x} \tag{4.7}$$

则

$$Y_1 = C_{y1}\ \frac{1}{2}\rho_\infty V_\infty^2 b \cdot 1$$

C_{y1} 称为翼型(二维翼)的升力系数，$b \cdot 1$ 为单位展长机翼面积。于是，飞机升力可仿照此形式写为

$$Y = C_y\ \frac{1}{2}\rho_\infty V_\infty^2 S \tag{4.8}$$

该式称为升力公式，式中 C_y 称为升力系数(如研究的对象仅是翼型，则称翼型升力系数)，S 为机翼面积。

从升力公式可以看出，升力的大小与升力系数、相对气流动压、机翼面积成正比。而升力系数的大小又取决于迎角和翼型等。所以，低速飞行时，影响升力的因素有迎角、翼型、机翼面积和相对气流动压等。

2）升力系数的物理意义

由式(4.7)可以看出，翼型升力系数的大小取决于翼型和迎角。因此**翼型升力系数**（$C_{y型}$）是表示翼型和迎角对翼型升力影响大小的（无因次）数值。

空气流过实际机翼时，气流参数沿展向是变化的，即压力系数（C_p）沿展向是变化的。实际机翼称为三维翼，所以，升力系数 C_y 是机翼沿展向各剖面升力系数的平均值。因此，C_y 综合表达了机翼迎角、机翼形状（主要是翼型）等因素对升力的影响。对同一机型飞机来说，机翼形状（翼型）不变时，C_y 的大小就只随迎角变化。

实际上，飞行中机身、尾翼等部件也要产生一部分升力。具体机型的飞机升力系数是通过实验确定的。

2. 影响升力大小的因素

1）迎角对升力系数的影响

图 4-20 给出后缘分离型翼型在不同迎角下的流线谱和翼型表面压力分布情况（矢量法）。

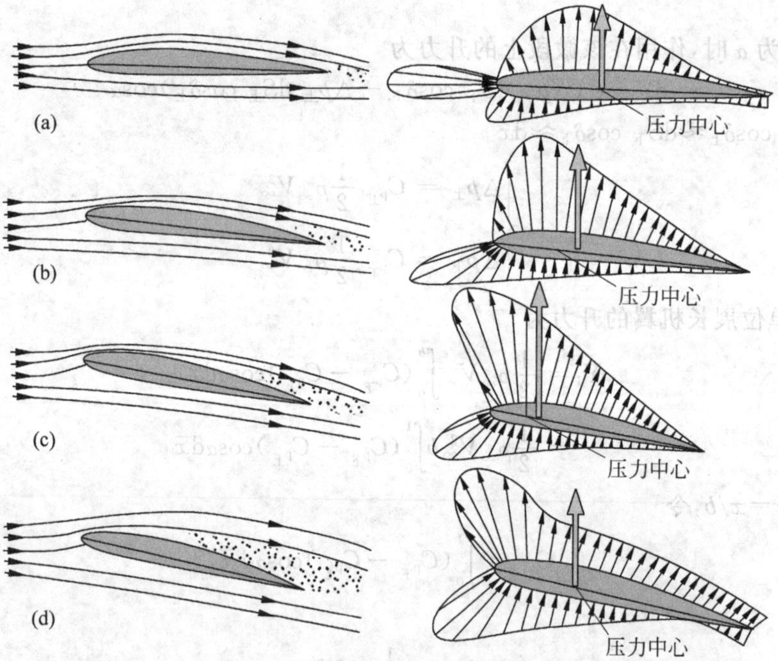

图 4-20　后缘分离型翼型在不同迎角下的流线谱和压强分布（矢量法）

从图 4-20 中可以看出：

(1) 在中、小迎角范围，涡流区只占上翼面后部很小一段，对翼面压强分布影响很小。迎角增大，如由图 4-20(a)到图 4-20(b)，翼上表面前部流线更加弯曲，流管更为收缩，流速更快、压强更低、吸力更大，吸力峰顶向前缘靠近，与此同时，翼下表面的阻挡作用更强，压强更高，压力更大。翼型升力系数随迎角呈线性增长，压力中心位置会随迎角的增大向前移动。

(2) 在较大迎角下，由图 4-20(b)到图 4-20(c)，随迎角增加，最低压强点的压强进一步降低，逆压梯度增强，分离点前移，涡流区扩大，它对整个翼型的压强分布都有影响。除前缘附近很小一段上翼面的吸力仍增长较快外，上翼面大部分翼段上的吸力和下翼面的正压力的增长很缓慢。翼型升力系数虽仍随迎角增加而增大，但已呈非线性关系，增长趋势渐渐减缓。压力中心位置随迎角增大而缓缓前移。

(3) 迎角增至某一迎角，升力系数达到最大，此时的迎角叫做**临界迎角**(α_{cr})。

(4) 迎角超过临界迎角以后，如图 4-20(d)所示，随迎角增加，上翼面最低压强点后的逆压梯度继续增强，分离点很快前移，涡流区迅速扩大，气流发生严重分离，影响整个流场。翼上表面，流管变粗，流速减慢，吸力峰急剧下降，在涡流区所在的一段翼面，吸力稍有增加，但补偿不了前段吸力的丧失，翼型升力系数会迅速降低(同时阻力还会急剧增加)。压力中心位置还会向后移动，此时飞机将进入失速状态。此类问题将会在飞行力学中作进一步探讨。

图 4-21 是 NACA2412 翼型在 $Re=2.7\times10^6$ 和 $Ma_\infty=0.15$ 下实测的翼面压力系数分布图(以坐标法表示)，它可以帮助大家更准确地理解翼型升力系数随迎角变化的原因和规律。

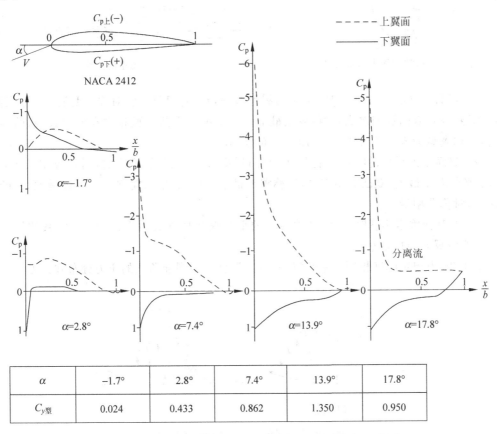

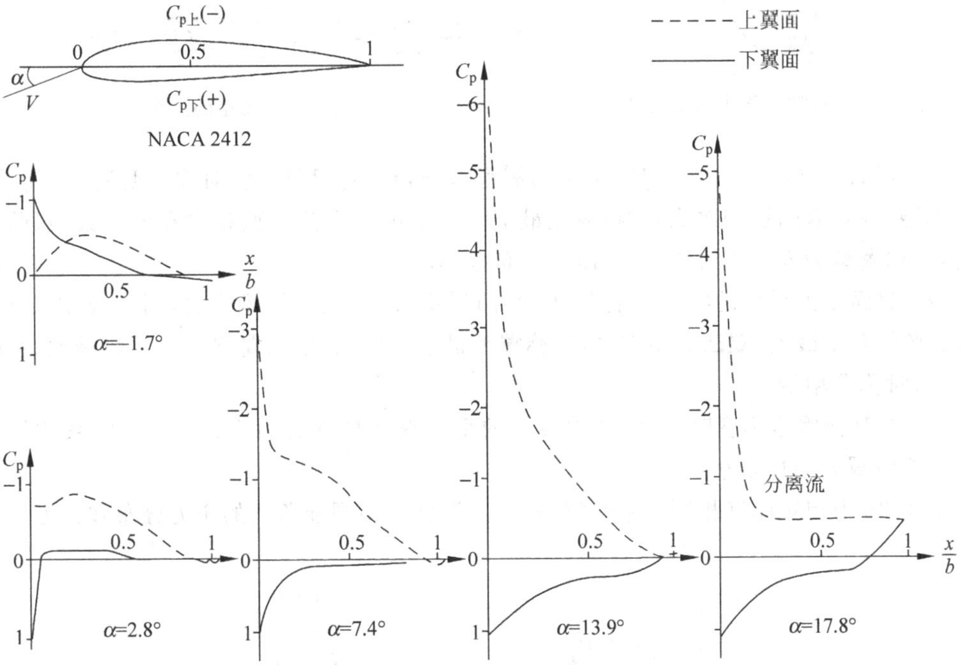

α	−1.7°	2.8°	7.4°	13.9°	17.8°
$C_{y型}$	0.024	0.433	0.862	1.350	0.950

图 4-21　后缘分离型翼型在不同迎角下压力系数分布(坐标法)

从图 4-21 可以看到，压力系数为 1 对应的前驻点位置，随迎角增加不断向下后方移动，从 $x/b=0$ 逐渐后移到下翼面 $x/b=0.08$ 附近。在临界迎角前后，移动更为明显。

因为除了允许做特技飞行的小型飞机以外，一般大中型飞机都不允许进入或接近失速状态，利用上述翼型前缘驻点位置随迎角变化的特点，有些飞机，在前缘设置失速警告叶片(见图 4-22)作为指示飞机迎角接近临界迎角的传感器。正常中小迎角飞行时，前驻点在叶片上方，叶片感受向下的压力差。接近临界迎角时，前驻点移到叶片下方，叶片感受向上的压力差，此时就会接通电路，使报警扬声器发出警示信号，如音响或指示灯等，以提示飞行人员注意。

2) 翼型对升力系数的影响

图 4-23 是在相对厚度、迎角相同的情况下，三种翼型在相同迎角(图 4-23 中为零度迎角)条件下的流线谱，可以看出：

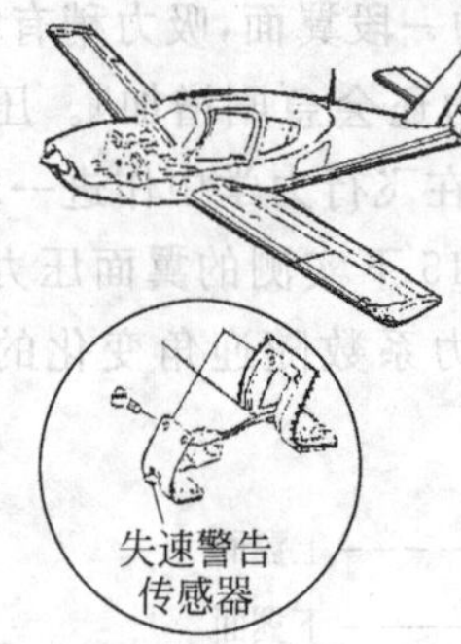

图 4-22　机翼前缘失速警告装置

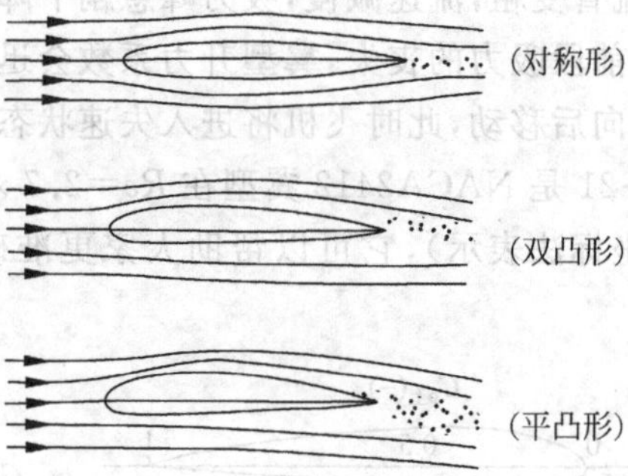

图 4-23　不同翼型的流线谱

(1) 表面流管的特点。上表面：平凸翼型最细，双凸翼型次之，对称翼型最粗；下表面：平凸翼型最粗，双凸翼型次之，对称翼型最细。这是由于平凸翼型相对弯度最大，双凸翼型次之，对称翼型为零。流线谱不同，压力分布也不同。

(2) 表面压力系数的特点。上表面：平凸翼型最小，双凸翼型次之，对称翼型最大；下表面：平凸翼型最大，双凸翼型次之，对称翼型最小。所以，平凸翼型升力系数最大，双凸翼型次之，对称翼型最小。

(3) 在其他因素不变时，升力系数最大的平凸翼型机翼升力也最大；升力系数最小的对称翼型机翼升力也最小。

图 4-24 为相对厚度相同的平凸翼型、双凸翼型在相同迎角下的压力分布和升力。

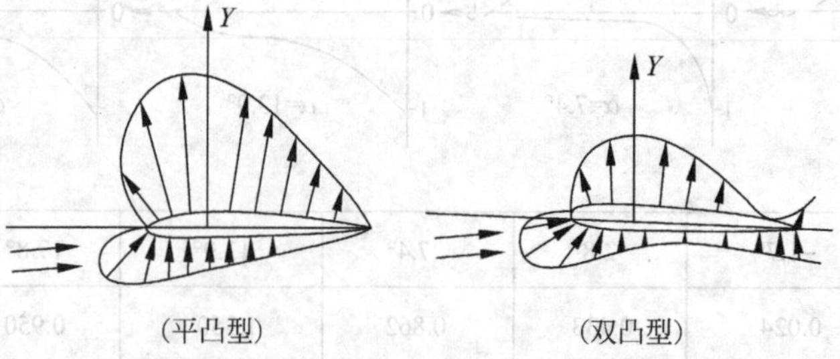

图 4-24　不同翼型的压力分布和升力

根据升力公式，对同一机型飞机来说，翼型和机翼面积在通常情况下是不变的，空气密度的大小取决于飞行高度。所以，飞行员改变升力的主要方法是改变飞行速度和迎角，即飞行速度和迎角是影响升力大小的两个主要因素。

虽然改变迎角比改变飞行速度飞机的反应要快得多，但实际飞行时，为了尽快得到较大的升力，飞行员一般是先增大飞行速度，再拉杆以增大迎角。这是因为先拉杆虽然迎角能很快增加，但迎角增加过多，一旦超过临界迎角，飞机将会失速。

4.2.3 升力系数曲线

1. 升力系数的测定

飞机的升力系数一般是通过风洞实验来测定的。测量时，将飞机或（严格按几何尺寸缩小的）飞机模型安装在风洞（装有应变天平）的角度机构上（见图 2-1 和图 4-25）。实验段的风速、空气密度，飞机或飞机模型的翼面积都可以事先求出。当飞机迎角一定时，有气流流过时，模型内的应变式天平就可以测出某一迎角下飞机升力的大小。把有关数据代入升力公式，就可以求出该迎角下的升力系数值。改变迎角后，飞机的升力也随之改变。按同样步骤可求出其他迎角对应的飞机升力系数值的大小。

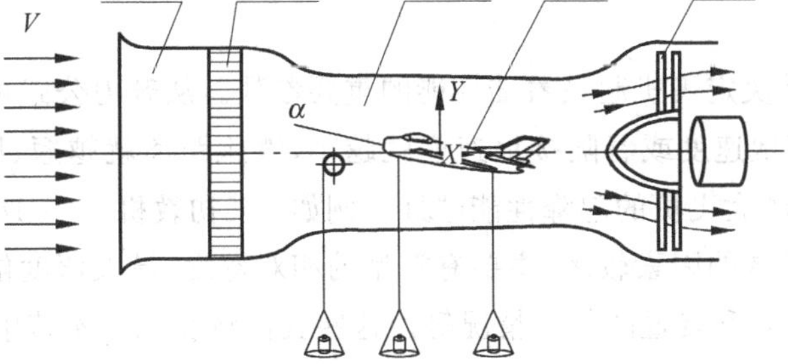

图 4-25 风洞实验示意图

2. 升力系数曲线

根据风洞实验测出的同一机型飞机各迎角下对应的升力系数值，可以画出该机型飞机升力系数随迎角变化的曲线，该曲线称为**飞机升力系数曲线**。

图 4-26 为某初教机的升力系数曲线。升力系数曲线不仅表达了升力系数随迎角变化的规律，而且从曲线上可以查出任意迎角的升力系数值，还可以查出零升迎角、临界迎角和求出升力系数曲线斜率等，是分析飞机基本飞行性能的重要曲线。

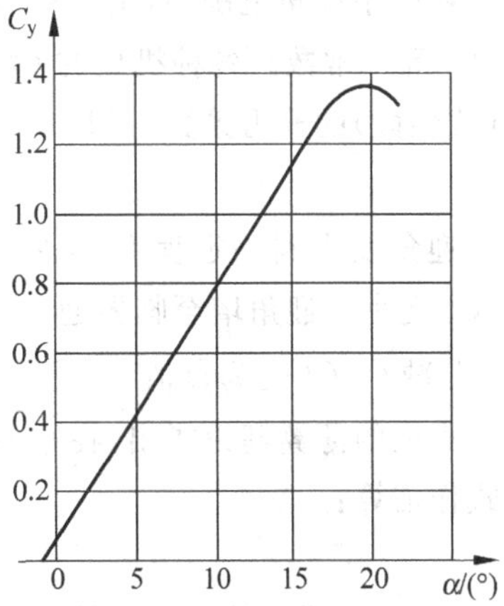

图 4-26 某初教机的升力系数曲线

1) 零升迎角

升力系数为零的迎角，叫**零升迎角**（α_0）。飞机以此迎角飞行，飞机的升力始终为零。零升迎角的大小主要随翼型的相对弯度（$\bar{f}$）而变化，相对弯度增加，零升迎角减小。对于非对称翼型，$\bar{f}>0$，零升迎角为负值。这是因为 $\alpha=0°$时，上下翼表面流线谱不对称，有一定的上下压力差，产生升力，$C_y>0$；当 $C_y=0$ 时，α_0 就必然小于零而为一负值。$\bar{f}$增加，α_0 的负绝对值增大。

$\bar{f}$与 α_0 的关系有近似式：

$$\alpha_0 = -\bar{f} \times 100(^\circ) \tag{4.9}$$

例如：$\bar{f}=2\%$时，$\alpha_0=-2^\circ$。

很显然对称翼型 $\alpha_0=0^\circ$，这是因为 $\alpha=0^\circ$时，上、下翼面的流线谱是对称的，无压力差。

零升迎角的大小还与增升装置是否放下、是否受地面效应(简称地效，详见 4.10 节)影响有关。增升装置放下或有地效影响时，零升迎角减小。例如：收襟翼、无地效影响时，某初教机 $\alpha_0=-1.1^\circ$。

2) 临界迎角和最大升力系数

升力系数曲线最高点对应的迎角为临界迎角(α_{cr})，对应的升力系数为最大升力系数(C_{ymax})。从一般意义上来说，衡量一架飞机基本机动性能的优劣，看其临界迎角和最大升力系数。有些飞机的升力系数曲线出现两个以上的峰值，一般以第一个峰值所对应的数值来定义。

最大升力系数是决定飞机起飞着陆性能的重要参数。从升力公式可以看到，升力一定，C_y 越大，飞机起飞离地速度或着陆接地速度就越小，滑跑距离就越短、所需跑道也就越短。所以，最大升力系数越大飞机的起降性能越好。例如：某初教机 $\alpha_{cr}=18.9^\circ$，$C_{ymax}=1.37$。

影响最大升力系数的因素较多，主要有翼型的相对弯度、最大弯度位置、相对厚度、前缘半径(r_q)以及飞机的增升装置的使用情况等。这些我们将在 4.2.4 节中作进一步介绍。

3) 升力系数曲线斜率

升力系数曲线斜率(C_y^α)是指升力系数增量与迎角增量之比的极限值，即

$$C_y^\alpha = \frac{\partial C_y}{\partial \alpha}$$

升力系数曲线斜率反映迎角改变时升力系数变化的大小程度，是影响飞机操纵性和稳定性能的重要参数。

在中小迎角范围内，由于机翼上表面的气流分离还不显著，升力系数与迎角成线性关系，C_y^α 等于常数。各种机型的 C_y^α 值是由实验确定的，若已知 C_y^α，可利用下式估算中小迎角下(线性段)的升力系数。即

$$C_y = C_y^\alpha(\alpha - \alpha_0) \tag{4.10}$$

迎角增大到一定程度，机翼上表面的气流分离逐渐明显，升力系数随迎角变化随之变缓，C_y^α 变小。迎角增至临界迎角，升力系数增至最大，此时 $C_y^\alpha=0$。超过临界迎角，再增大迎角，C_y 减小，C_y^α 变为负值。

翼型的薄翼理论指出，在小迎角、小弯度、小厚度条件下，翼型的升力系数曲线斜率可用下式作估算：

$$C_{y型}^\alpha = 2\pi/\text{rad} = 0.11/(^\circ) \tag{4.11}$$

实际上，翼型的升力系数曲线斜率与 Re 数及翼型几何形状有关，图 4-27 就是 NACA 四位和五位数翼型族的光滑翼型的升力系数曲线斜率与 Re 的关系曲线。

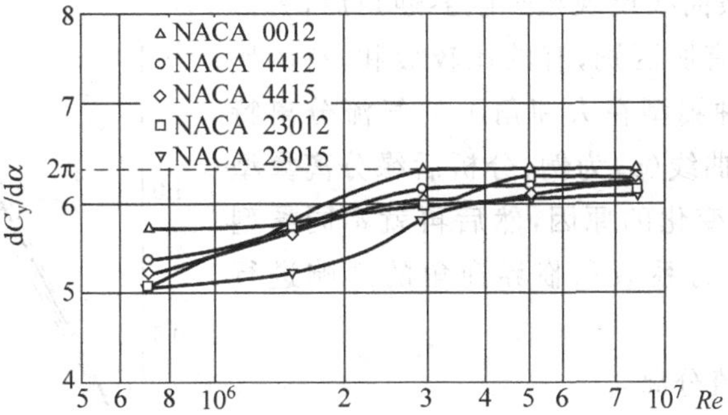

图 4-27　Re 数对 C_y^α 的影响

*4.2.4　翼型的低速气流分离型态和 Re 数以及翼型对最大升力系数的影响

我们在 2.3.5 节介绍了附面层的分离原因，本节在此基础上针对几种有代表性的翼型分析其气流分离及其失速的原理及其特点。

1. 低速气流的分离形态

分析翼型由于气流分离而造成失速的原因，大致可归纳为以下三点：

(1) 上翼面的气流流过前驻点开始快速加速到最大速度点(减压到最低压力点)(顺压梯度段)，然后减速、增压到翼型后缘点处(逆压梯度段)，随着迎角的增加，前驻点向后移动，气流绕前缘附近区的吸力峰增大，造成峰值点后的气流顶着逆压梯度向后流动越来越困难，使气流的减速现象越来越严重。

(2) 翼面沿气流方向的附面层逐渐增厚，逐渐变成紊流，当迎角增大到一定程度后，逆压梯度达到一定数值，气流无力顶着逆压减速而发生分离。这时气流就分成分离区外部的主流和分离区内部的流动两部分了。

(3) 在分离边界(称为自由边界)上，二者的静压必处处相等。分离后的主流就不再减速也不再增压了。分离区内的气流，由于主流在自由边界上通过粘性的作用不断地带走空气，中心部分便不断有气流从后面来填补，而形成中心部分的倒流。

图 4-28 是从实验得出的三条不同翼型的升力系数曲线。这三条曲线的形状和数值并不相同，但可看出，它们具有共同的变化规律。这变化规律是：

(1) 在迎角不大的范围内，如图中 $0°<\alpha<5°$ 范围内，翼型升力系数($C_{y型}$)随迎角增大而直线上升，即 C_y 与 α 的关系是线性的。

(2) 在较大的迎角范围内，$C_{y型}$ 增长的趋势变缓。如图中曲线(a)在 $5°<\alpha<13°$ 范围内就属于这种情况。曲线(b)和(c)的这段曲线的 C_y^α 比曲线(a)都小得多。

(3) 翼型升力系数到达最大值后，随着迎角增加，升力系数不但不增加，却反而下降了。

根据大量实验，在大 Re 数下，翼型分离特点根据其厚度不同可分为：

(1) 后缘分离(湍流分离)；

(2) 前缘分离(前缘短泡分离)；

(3) 薄翼分离(前缘长气泡分离)。

图 4-28 中的三条曲线反映超过临界迎角后，翼型升力系数下降的趋势有所区别，有的比较缓和，有的比较急剧，反映了该三种翼型在大迎角下的气流分离特性的不同。下面先以曲线(a)为例，分析后缘分离翼型的升力系数随着迎角变化的原因，然后再就不同翼型的分离特性对最大升力系数和临界迎角的影响进行探讨。

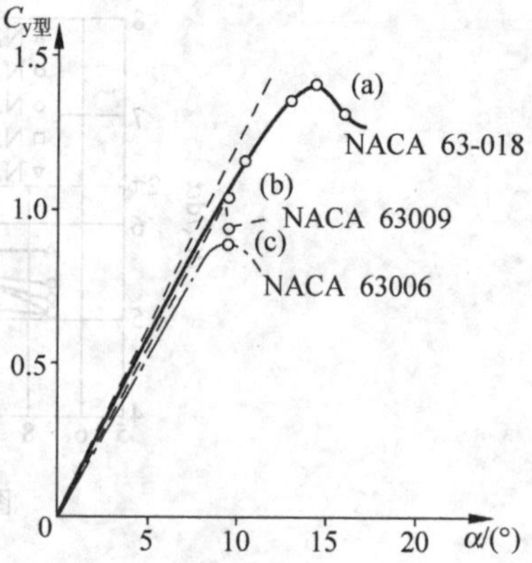

图 4-28　三种翼型的升力系数曲线

1) 后缘分离(紊流分离)

实验结果表明，当翼型厚度大于(12%～15%)b时，翼型头部的负压不是特别大，分离从翼型上翼面后缘附近区域开始，随迎角增加，分离点逐渐向前缘发展，起初升力线斜率偏离直线，当迎角达到一定值，分离点发展到上翼面某一位置时，升力系数达到最大，以后升力系数下降。后缘分离的发展是比较缓慢的，流谱的变化是连续的，失速区的变化缓慢，升力系数曲线在临界迎角附近变化比较平缓，失速特性好。如图 4-28 中曲线(a)。这是因为翼型较厚，翼型头部只有一小段层流附面层，在最低压力点附近很快就转捩为紊流附面层，紊流附面层在贴近翼面处有较大的动能，附面层的气流分离是随迎角增大和逆压梯度增强逐渐由后向前发展。

2) 前缘分离(前缘短泡分离、层流分离)

对于中等厚度的翼型(厚度为(6%～9%)b)，前缘半径较小，气流绕前缘时负压很大，从而产生很大的逆压梯度，当迎角不很大时，前缘附近就可以发生层流附面层分离，那是因为前缘较尖，吸力峰特别高，峰后逆压梯度过强，层流附面层承受不住了。往后流动，直到变成紊流之后，又可重新附着在翼面上，形成分离气泡。这种气泡开始很短，可能只有弦长的2%～3%，它随迎角增大而迅速扩展、拉长。拉长到一定程度，气泡重附不可能了，而成为完全分离。一旦出现气泡，对主流来说，相当于换了翼型，升力线斜率就开始变小，气泡拉得越长，升力线斜率就变得越小，气泡的存在使压力系数的分布发生很大变化，气泡破裂，完全分离时，升力系数达最大值。这种薄翼型的升力系数曲线，偏离直线的迎角相当小，最后达到的最大升力系数值也相当低，可能不到 1.0，不过这种翼型在临界迎角前后升力系数是连续变化的，这一点和厚翼型类似。这种前缘附近出现的气泡分离称为前缘分离。

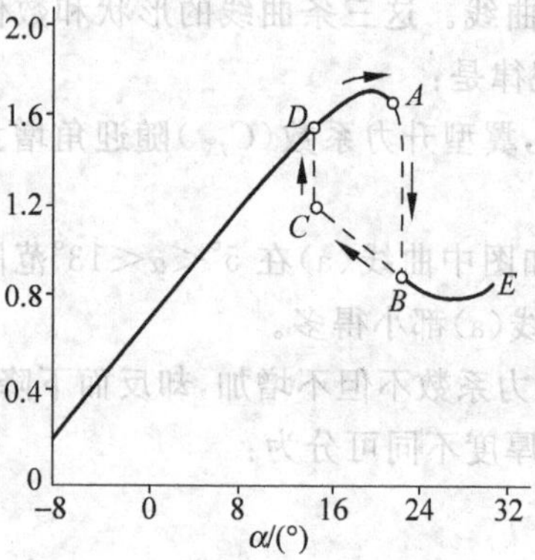

图 4-29　短泡分离的特点

前缘分离还有一种气泡分离，这种分离的气泡只有弦长的 0.5%～1%。因为小，对主流基本上没有什么影响。迎角增大，气泡内的压强下降，同时主流流线在那里的曲率增大，气泡的尺寸反而变小，迎角超过临界迎角以后，短泡突然破裂，变成很长的长泡，这时升力系数达最大值之后陡然下降，如图 4-28 中的曲线(b)。

这种升力系数曲线陡然下降的翼型还有一个不利的方面。如果在临界迎角附近，飞行员把迎角拉过了头，要改回来，只把迎角改小一点，略小于临界迎角是不行的。原来，升力系数曲线在临界迎角附近不是单值的，参看图 4-29。迎角由小变大，沿 $DABE$；而迎角从大于临界迎角的 E 点或 B 点由大变小时，却沿 $EBCD$。这情形很像电磁学里的磁滞圈。所以一旦迎角超过临界迎角，飞行员必须将迎角退到 C 点之后，升力系数才会跃回到正常曲线上去。升力系数曲线的这个滞后圈的跨度相当大，要从 22°退到 14°才行。

这种滞后现象实际上在厚翼型上也存在。

3) 薄翼分离(前缘长气泡分离)

对于薄的翼型(厚度为(4%～6%)b)，由于前缘半径更小，气流绕前缘时负压更大，从而产生很大的逆压梯度，即使在不大迎角下，前缘附近引起流动分离，分离后的边界层转捩成紊流，从外流中获取能量，流动一段较长距离后再附着到翼面上，形成长分离气泡。起初这种气泡不长，只有弦长的 2%～3%，随着迎角增加，附着点不断向下游移动，当到达失速迎角时，气泡延伸到后缘，翼型完全失速，短气泡突然消失，气流不能再附着翼面了，导致气流与上翼面突然完全分离，使升力突然变化，如图 4-30 所示。

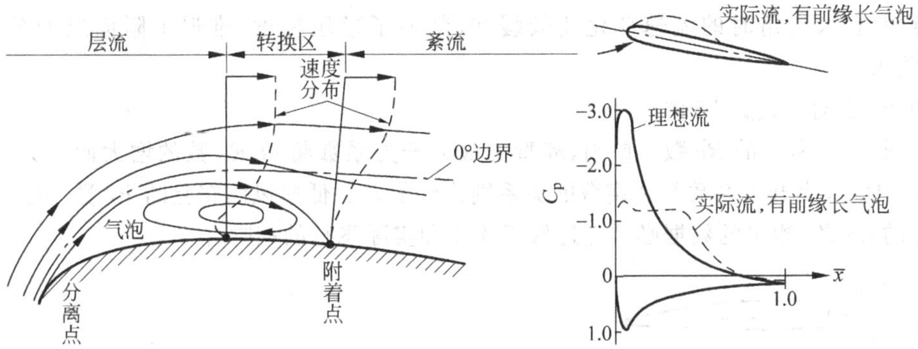

图 4-30　长泡分离和长泡分离的压强系数分布图

另外，除上述三种分离外，还可能存在混合分离形态，气流绕翼型同时在前缘和后缘发生分离。

2. 翼型几何参数和 *Re* 数对翼型最大升力系数($C_{ymax型}$)的影响

1) 相对弯度($\bar{f}$)和最大弯度位置($\bar{X}_f$)对翼型最大升力系数 $C_{ymax型}$ 的影响

图 4-31 为某翼型的相对弯度($\bar{f}$)和最大弯度位置($\bar{X}_f$)对翼型最大升力系数 $C_{ymax型}$ 影响的曲线。曲线表明，$\bar{f}$ 较大的翼型，$C_{ymax型}$ 较大。对于同一 $\bar{f}$，$\bar{X}_f=15\%$时，$C_{ymax型}$ 最大。

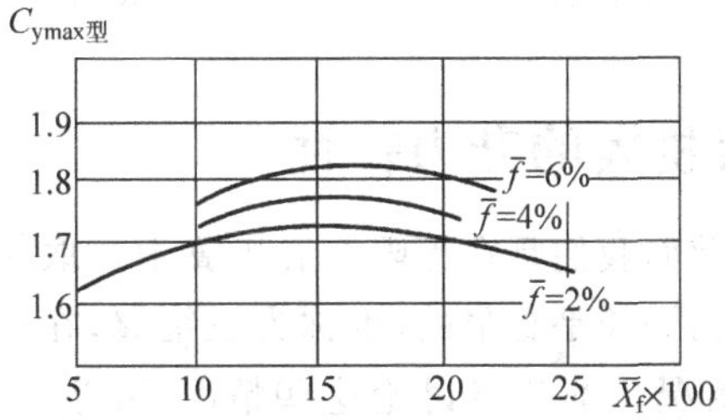

图 4-31　$\bar{f}$ 和 $\bar{X}_f$ 对 $C_{ymax型}$ 的影响

2）相对厚度($\bar{c}$)对 $C_{y\max型}$ 的影响

由图 4-32 可见，该翼型的 $C_{y\max型}$ 在 $\bar{c}=(6\%\sim12\%)$ 的范围内，随 $\bar{c}$ 的增大而增大；而在 $\bar{c}>12\%$ 以后，$C_{y\max型}$ 却随 $\bar{c}$ 的增大而减小，这是因为 $\bar{c}<12\%$ 时，决定 $C_{y\max型}$ 的是前缘分离，$\bar{c}$ 增大将延缓前缘分离，故 $C_{y\max型}$ 增大；$\bar{c}>12\%$，决定 $C_{y\max型}$ 的则是后缘分离，$\bar{c}$ 增大，将促使后缘分离加剧，故 $C_{y\max型}$ 减小。

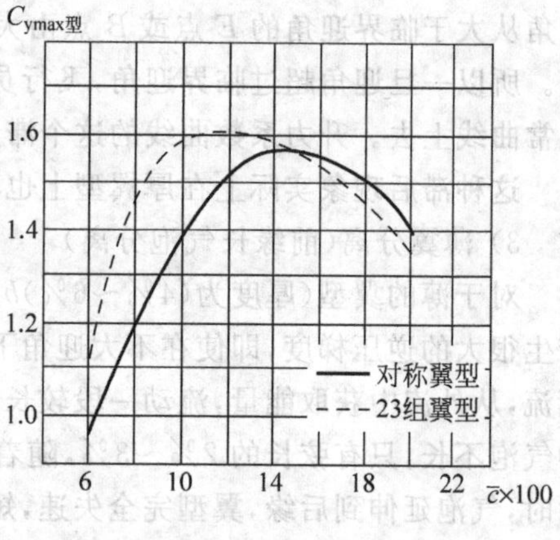

图 4-32 $\bar{c}$ 对 $C_{y\max型}$ 的影响

3）前缘半径 r_q 对 $C_{y\max型}$ 的影响

图 4-33 说明同一翼型的前缘半径(r_q)经人工修改后，r_q 较大的，$C_{y\max型}$ 也较大。这是因为 r_q 较大的翼型，在大迎角时的流速变化比较缓和，削弱了逆压梯度，推迟了附面层的分离，故 $C_{y\max型}$ 增大。

4）Re 数对 $C_{y\max型}$ 的影响

在图 4-34 所给的 Re 数范围内，翼型的最大升力系数将随 Re 数的增大而变大。而当 $Re>10^7$ 时，最大升力系数与雷诺数的关系则比较复杂。低速风洞实验的 Re 数一般小于实际飞行的 Re 数，测出的数据必须经过修正才能和实际飞行的相吻合。

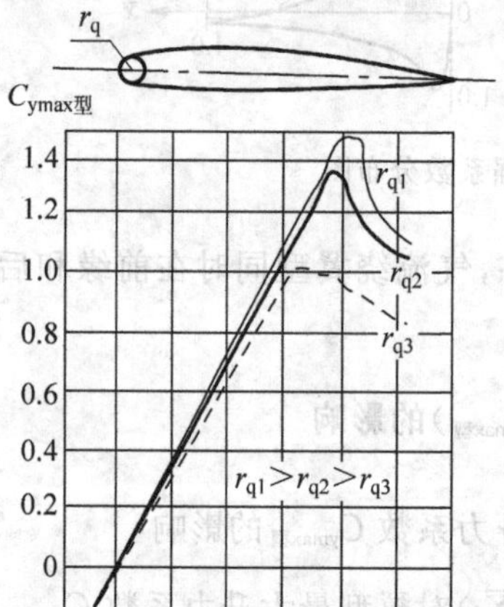

图 4-33 前缘半径对最大升力系数的影响

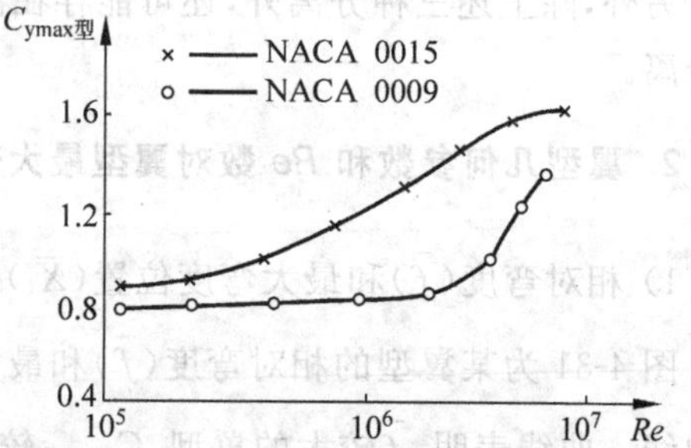

图 4-34 Re 数对翼型最大升力系数的影响

4.2.5 有限翼展机翼的升力特性

为简化对问题的研究，前面我们是在无限翼展机翼中任取一单位展长的翼型来研究它的空气动力的，而实际机翼的展长是有限的，也称为三维翼，在机翼上必将出现一些翼型理论中没有涉及的气流流动情况。本节将讨论这些情况，并进一步完善前面得到的结论和公式。

1. 有限翼展流态的基本特点

有限翼展机翼流场内各点的流动点参数是空间坐标 x、y、z 的函数，如前所述称为**三维流**。

如图 4-35 所示，取一段丝线，一端系上一小棉球，把它放到处于风洞实验段正迎角机翼的翼尖处。当气流流过机翼时，小球将旋转起来，连同丝线一起形成一个旋转锥体。从机翼后面向前看，左翼尖小球作顺时针方向旋转，而右翼尖小球作逆时针方向旋转。这个现象说明翼尖处出现了漩涡(小球旋转速度和半径与迎角大小有关)。机翼左右翼尖后缘出现的旋涡，称为**翼尖涡**，也称为**自由涡**，如图 4-35 所示。

由于翼尖涡的作用，在机翼范围内诱导出一个向下的速度叫**下洗速度**(W)，如图 4-36 所示。流过机翼的空气，沿着相对气流速度(V)和下洗速度的合速度方向流动，并向下倾斜，这种向下倾斜的气流叫**下洗流**(V')。下洗流向下倾斜的角度叫**下洗角**(ε)。

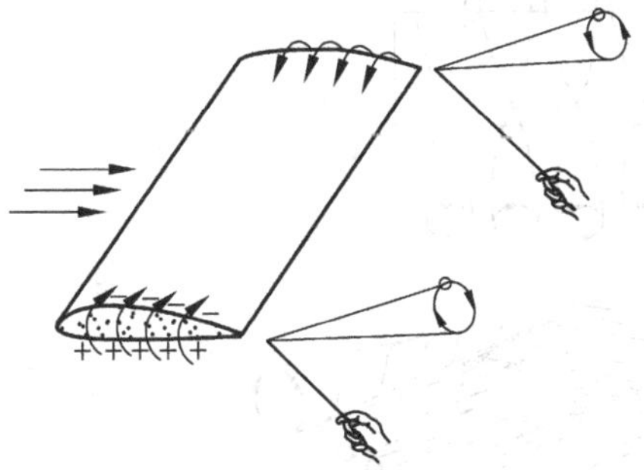

图 4-35 翼尖涡实验

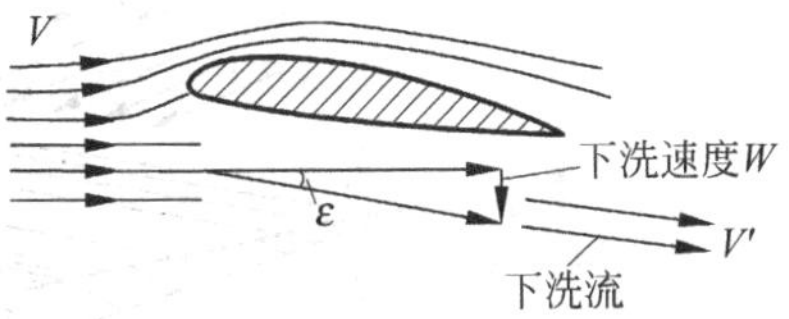

图 4-36 下洗速度、下洗流和下洗角

进一步分析即可得出形成翼尖涡的原因，当机翼处于正迎角，产生正升力时，下翼面的压力比上翼面高，在上、下翼面压力差作用下，下表面的气流就绕过翼尖流向上表面，这样就使下翼面的流线由机翼对称面向翼尖偏斜，而使上翼面的流线由翼尖偏向对称面，由于上下翼气流在后缘处具有不同的流向，加上空气的粘性作用及旋涡的相互作用，旋涡面在翼后不远处卷成两个大涡索，遂形成旋涡，并在机翼后面形成一个涡流面，并很快卷成两束翼尖涡向后延伸出去。见图 4-37。

反之，当机翼处于负迎角，产生负升力时，上翼面的压力比下翼面高，在上下翼面压力差作用下，上表面的气流就绕过翼尖流向下表面，这样就使上翼面的流线由机翼对称面向翼尖偏斜，而使下翼面的流线由翼尖偏向对称面，翼尖两侧小球则会向正升力时的反向旋转。

翼尖涡的出现是三维翼流动的基本特点。这种情况在翼型的流动中是没有的，它是分析有限翼展机翼气动特性的基本依据。

飞行中，因翼尖涡内的空气压力低，如果空气中含有足够的水蒸气，就会膨胀冷却而凝结成水珠，这时便可看到由翼尖向后拖起的两道雾状的涡流索。作飞行表演的飞机还常常在翼尖上安装发烟罐，这时天空就会出现两条漂亮的彩带在当空飞舞。

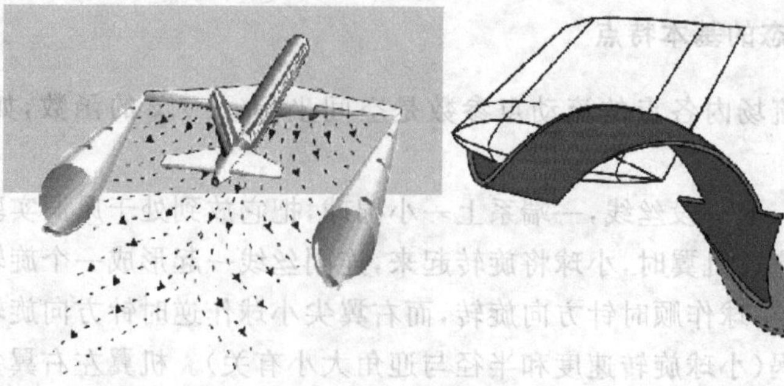

(a)

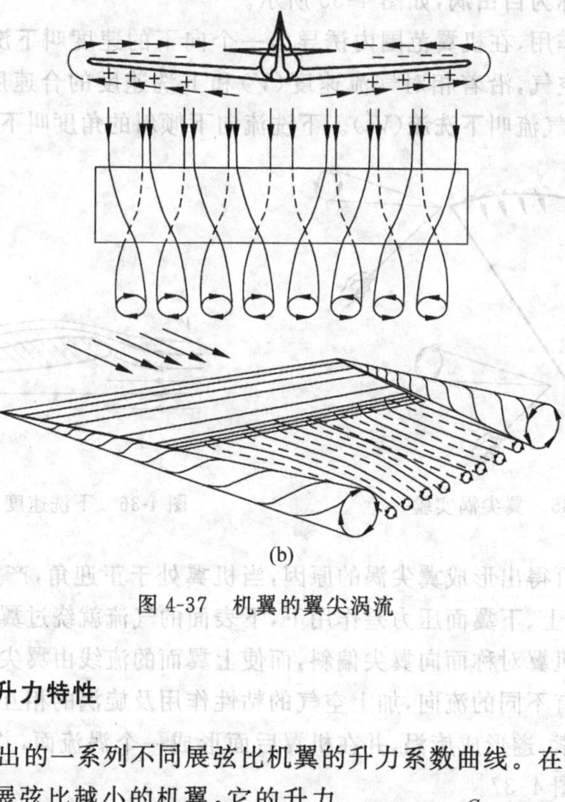

(b)

图 4-37　机翼的翼尖涡流

2. 中小迎角下的升力特性

图 4-38 是实验测出的一系列不同展弦比机翼的升力系数曲线。在线性段可以看到：

(1) 同一迎角下，展弦比越小的机翼，它的升力系数值也越小。这是因为展弦比越小，下洗越强，所以有效迎角(下洗流与翼弦的夹角)和升力系数值也就越小。

(2) 有限翼展机翼的升力系数曲线斜率随展弦比减小而降低。有限翼展机翼的下洗角并非恒定，它随迎角(升力系数)增加而成正比增大，机翼迎角每增加一度，有效迎角增加不到一度。展弦比越小，下洗影响越强。有效迎角增加越少，因此升力系数曲线斜率就越低。

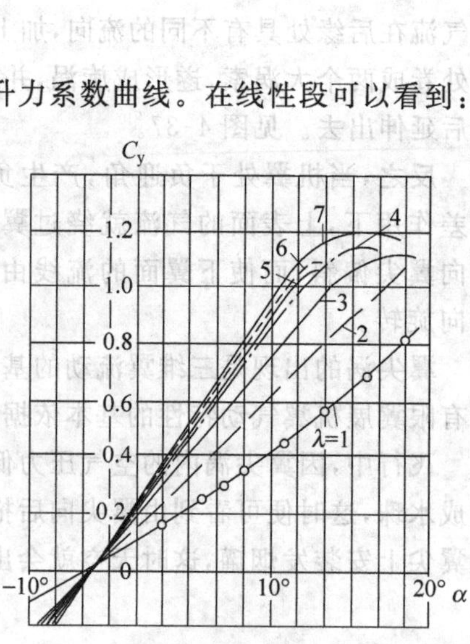

图 4-38　不同展弦比的升力系数曲线

上述结果也可从下面的论证得出。

实验表明，椭圆形机翼各个剖面的下洗角和有效迎角基本是相同的。仿照翼型的公式 $C_{y\text{型}}=C_{y\text{型}}^{\alpha}(\alpha-\alpha_0)$ 可写出椭圆形机翼的升力系数表达式，将迎角换成有效迎角 α_t，即

$$C_{y\text{椭}}^{\alpha}=C_{y\text{型}}^{\alpha}(\alpha_t-\alpha_0)=C_{y\text{型}}^{\alpha}(\alpha-\varepsilon-\alpha_0) \tag{4.12}$$

将 $\varepsilon_{\text{椭}}=C_{y\text{椭}}/\pi\lambda$ 代入上式，且 $C_{y\text{型}}^{\alpha}$ 理论值等于 2π，得

$$C_{y\text{椭}}=2\pi(\alpha-\alpha_0-C_{y\text{椭}}/\pi\lambda)$$

解出 $C_{y\text{椭}}=2\pi\lambda(\alpha-\alpha_0)/(\lambda+2)$。

于是：

$$C_{y\text{椭}}^{\alpha}=2\pi\lambda/(\lambda+2)(1/\text{rad}) \tag{4.13}$$

任意平面形状机翼的升力系数曲线斜率可以通过对 $C_{y\text{椭}}^{\alpha}$ 的修正而得。从该式可以看到：λ 越小，$C_{y\text{椭}}^{\alpha}$ 值越小；当 $\lambda\to\infty$，则 $C_{y\text{椭}}^{\alpha}\to2\pi$。

3. 有限翼展机翼的失速特性

在 4.2.2 和 4.2.4 节中已讨论了翼型的失速特性，其中得出的许多结论同样适用于有限翼展机翼，但有限翼展机翼的失速与翼型的失速还是有不同之处，那就是有限翼展机翼多了自由涡引起的下洗流（见图 4-35 和图 4-36）。机翼的平面形状不同，下洗速度沿翼展的分布不同，这时即使没有扭转，各剖面的有效迎角（α_t）也不相同，因为 $\alpha_t=\alpha-\varepsilon$。当飞行迎角增加时，机翼上有些剖面可能已经达到了它相对应的临界迎角，而另一些剖面还没有达到，机翼上便出现局部的严重气流分离。这种分离随迎角的增加而伸延扩展，致使飞机失速。哪些部分先分离，主要取决于机翼的平面形状。

1) 不同平面形状的失速选择性

从图 4-39 可见，椭圆形机翼，下洗角和有效迎角沿翼展均匀分布，在机翼后缘同时出现分离，随迎角增加，分离区逐渐向前推移发展；矩形机翼，翼根的下洗角小，有效迎角大，先在机翼对称面附近分离，随着迎角增加，分离区逐渐向前缘和翼梢发展；至于梯形机翼，翼梢下洗角小，有效迎角大，先在翼梢附近分离，随着迎角增加，分离区逐渐向前缘和翼根部分发展。

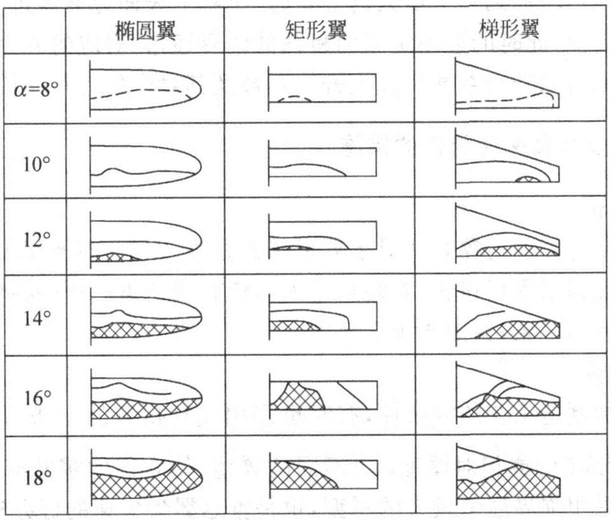

图 4-39　不同平面形状机翼在不同迎角下的气流分离区分布图

上面讨论的三种不同平面形状机翼的失速特性中，梯形翼的翼尖失速对飞行最不利。因为梯形翼失速初期对飞机状态影响不大，不能起到明显的预警作用。目前仍然有很多飞机采用梯形翼，那是因为梯形机翼结构简单、阻力小。至于翼尖先失速问题的弥补措施、后掠翼的失速问题，将会在后面的内容中介绍。

2）抖动迎角和抖动升力系数

在机翼上开始出现局部严重气流分离、并产生大量旋涡时，机翼会出现抖动现象。因为旋涡是从分离点处周期地产生出来的，当前一个旋涡被吹离机翼，而后一个旋涡尚未形成的短暂时间内，流态得到短暂改善，升力稍有恢复，当后一个旋涡形成时，升力又稍有减小。这样，旋涡断续地周期性产生，升力就时大时小地周期性变化，迫使机翼发生抖动。机翼上的大量旋涡流经尾翼，还会引起整个飞机抖动。

抖动的明显程度，一方面与气流分离的范围和严重程度有关，另一方面要看飞机的自振频率与气流的振动频率是否相近。若相近，强迫振动的振幅大，则抖动明显；若相差甚远，强迫振动的振幅微小，抖动就感觉不出来。

因为机翼失速总是从某个局部开始（椭圆形机翼不易制造，飞机很少使用），然后逐渐蔓延到全翼，所以当局部剖面的气流已严重分离，分离区涡流导致飞机发生抖动时，其余大部分剖面尚未失速，机翼的升力系数还能随迎角增加而增大，不过机翼的升力系数曲线斜率（C_y^α）显著下降了。我们将局部剖面出现严重气流分离、C_y^α 显著下降时的迎角定义为**抖动迎角**（α_B），对应的升力系数定义为**抖动升力系数**（C_{yB}），见图 4-40。

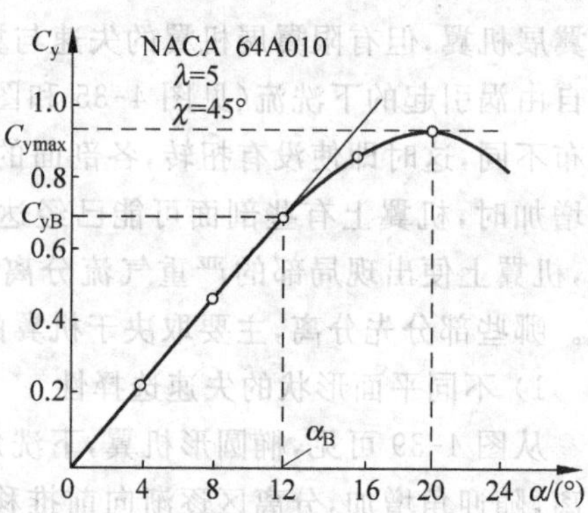

图 4-40 抖动迎角和抖动升力系数

这种抖动现象的出现，表示飞机失速发展过程开始，对飞行员是一种很好的警告，可以防止飞机进入失速。对于抖动并不明显的飞机，如前所述，大多都设置了人工失速警告装置。

当迎角从抖动迎角增加到另一更大的迎角时，机翼上表面分离区进一步扩大，整个机翼的升力系数达到最大值，此时的迎角定义为**机翼的临界迎角**，对应的升力系数为**机翼的最大的升力系数**。机翼的抖动升力系数和最大升力系数及其对应的迎角一般由实验测定。

4. 改善有限翼展机翼失速特性的措施

1）采用几何扭转

由于几何扭转使各翼型的翼弦相对于翼根弦的角度不同。梯形翼翼梢采用负扭转（安装角减小），矩形翼翼梢采用正扭转（安装角增大），使有效迎角沿翼展各剖面基本一致，从而避免出现局部先失速的现象，见图 4-10。

2）采用气动扭转

几何扭转会增加制造工艺的复杂性，有时也采用气动扭转的方法。因为气动扭转的翼梢，翼根选用相对弯度（$\bar{f}$）或相对厚度（$\bar{c}$）不同的翼型，使它们的零升迎角或临界迎角有差别。如在翼梢附近采用临界迎角较大的翼型，也是推迟翼尖失速的好办法。

具有气动扭转和几何扭转的机翼，气流分离首先从翼根开始，副翼所在的翼尖部分气流分离要比翼根部分晚得多，这可以保证飞机在接近临界迎角之前不会发生剧烈的倾斜，即使飞机出现倾斜，由于副翼还有足够的效能，飞行员偏转副翼能迅速消除飞机倾斜。此外，翼根部分一出现气流分离，飞机就会抖动，使抖动迎角小于临界迎角，例如某飞机襟翼收起时，抖动迎角为15°，临界迎角为19°。这样，飞机接近失速时，即会预先出现失速性警告抖动，这有利于提醒飞行员及时采取措施以预防飞机失速。对于大型飞机来说，机上还会有更加完善的设备以保证飞机远离失速范围，确保飞行安全。

3）选用良好的翼梢

图4-41给出的几种翼梢，在大迎角时能形成稳定的锥形旋涡，可延缓翼尖失速。如国产运-12飞机就采用了剪切翼梢，获得很好的效果，详见4.9.2节的介绍。

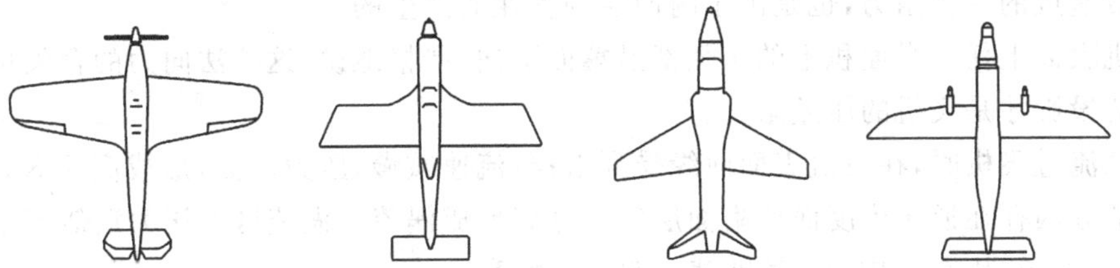

图4-41 可延缓翼尖失速的几种翼梢

4）用音频控制失速

这种控制方式的基本原理是：在分离区附近开一条展向缝，内部是空心的，将音频激励装置放在机翼内。结果表明，由于机翼的分离区靠近音频激励缝，声响达到某一频率后，失速便得到有效的控制。音频激励控制的实质也是向附面层内输送能量。

4.3 飞机阻力的产生和变化

飞机阻力(X)是阻碍飞机前进的空气动力，其方向与运动方向相反、与相对气流方向一致。阻力的方向与升力的方向垂直。阻力对飞机增速是不利的，但对飞机减速是有利的。因此，本节介绍飞机阻力的产生和变化，对分析和改变飞行速度的变化，具有重要意义。

4.3.1 飞机阻力的产生

飞机低速飞行时的阻力，按其产生原因的不同，可以分为摩擦阻力、压差阻力、干扰阻力和诱导阻力。我们在2.3.4节中介绍了平板附面层的摩擦阻力，在2.3.5节又介绍了附面层的分离原因，下面结合前述内容先分析飞机的摩擦阻力和压差阻力的产生原因和影响因素，然后再介绍飞机的诱导阻力。

1. 摩擦阻力

气流与飞机表面发生摩擦形成的阻力叫飞机的**摩擦阻力**。它是因附面层的存在而产生的，它的大小与附面层的性质和飞机表面光洁度有关。

我们知道，空气流过飞机时，在附面层底层，具有较大的法向速度梯度。附面层紧贴飞机表面的那层空气受到阻滞和吸附，使流速逐渐减小为零。这种阻滞和吸附就是飞机表面对空气的作用,而它的反作用力,也就是空气作用给飞机(表面)的摩擦阻力。

飞机表面任一微面积上所受的摩擦力的方向都和表面相切,表面各处摩擦力在相对气流方向上投影的总和,就是整个飞机的摩擦阻力。因为紊流附面层的层流底层的速度梯度比层流附面层大得多,所以,紊流附面层产生的摩擦阻力大。翼型表面越粗糙,气流在沿翼型表面流动时,越容易转变为紊流,使转捩点前移。紊流段增长,摩擦阻力增大。因此,保护好飞机表面不受损伤,对防止摩擦阻力增大具有重要意义。

2. 压差阻力

飞行中由于飞机前后压力差的存在而形成的阻力叫飞机的**压差阻力**。压差阻力是空气粘性间接造成的一种阻力,也是由于附面层的存在而产生的。

飞机表面上任一微面积上的压强都沿翼面法向,严格地说,这些法向力的合矢量在来流方向上的投影才是飞机的压差阻力。

空气流过飞机时,在飞机表面前缘受到阻挡,流速减慢,压力增大,形成高压区;在飞机表面后部分因存在逆压梯度而使附面层气流分离形成涡流。涡流区的压力近似等于分离区主流的压力,在涡流区内,空气迅速旋转,发生摩擦,一部分机械能不可逆转地转变成热能而散失,使其压力降低(见图 4-42),甚至形成负压区(压力低于未扰动的大气压力)。这种由于空气粘性作用导致机翼前后压力不等而形成的阻力,即是飞机的粘性压差阻力,简称压差阻力。

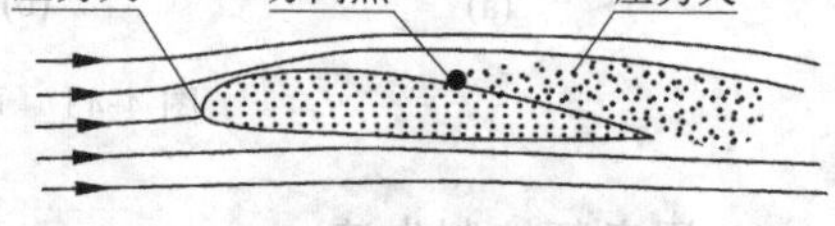

图 4-42　机翼上表面的涡流区

在有粘性的流体里,即使附面层不分离,例如翼型后段的附面层逐渐加厚,把主流向外推移,主流的流线变挤,压强降低,也会产生压差阻力。

压差阻力的大小主要取决于气流分离点的位置。分离点越靠前,分离处主流和涡流区的压强越低,压差阻力也越大。

对于二维翼(翼型)来说,摩擦阻力和压差阻力之和是二维翼(翼型)低速条件下的总阻力,因为翼型的摩擦阻力和压差阻力的产生都与附面层的存在有关,也叫**翼型阻力**,简称**型阻**。

飞行中,除机翼外,机身、尾翼、发动机短舱等其他部分也会产生摩擦阻力和压差阻力。各部分总和就是飞机的摩擦阻力和压差阻力。

*1) 最小型阻系数和零升阻力系数

翼型阻力系数随迎角变化的过程中,有个最小值,称**翼型最小阻力系数**(C_{xmin})。如 NACA2412 机翼型在 $\alpha=-1°(C_{y型}=0.1)$ 时翼型阻力系数最小,约为 0.008。飞机一般都在中小迎角范围内飞行,这时的翼型阻力系数比最小型阻系数大的不多,所以它是表征飞机正常飞行阻力大小的一个重要参数。

对称翼型的最小型阻发生在 $C_{y型}=0$ 的时候,这时 $C_{xmin}=C_{x0}$。C_{x0} 称为**零升阻力系数**,即升力系数为零时对应的阻力系数。

对于 $\bar{f}>0$ 的翼型,它的 C_{xmin} 出现在所谓理想迎角状态。在这个迎角上,前驻点在机翼的前缘,气流平滑地流过前缘,压强变化比较缓和。这时 C_{xmin} 不再等于 C_{x0},但对大多数翼型来说,两者相差不大,可近似认为相等。

层流翼型的阻力系数在设计升力系数附近可达到最小值，而且 C_{xmin} 特别小。如 NACA631—212 翼型的 C_{xmin} 只有 0.004 5，和同一相对厚度的 NACA23012 相比，减少了 28.6%。不过层流翼型的翼面必须十分光洁，对保养飞机的要求十分高，脱离设计点之后，层流翼型的型阻系数和普通翼型的不相上下。

影响 C_{xmin} 的因素有以下几个方面。

(1) Re 数。见图 4-43，C_{xmin} 随 Re 数增大而下降。其原因跟平板的摩擦阻力系数(C_{mc})随 Re 数变化的原因类似。

(2) 最低压力点位置。从图 4-44 上可以看到，C_{xmin} 随最低压力点位置后移而变小。这主要是因为 C_{xmin} 由 C_{xmc} 组成，最低压力点就是逆压梯度的起点，它的后移，转捩点将相应靠后，层流附面层增长，C_{xmin} 也随即减少。

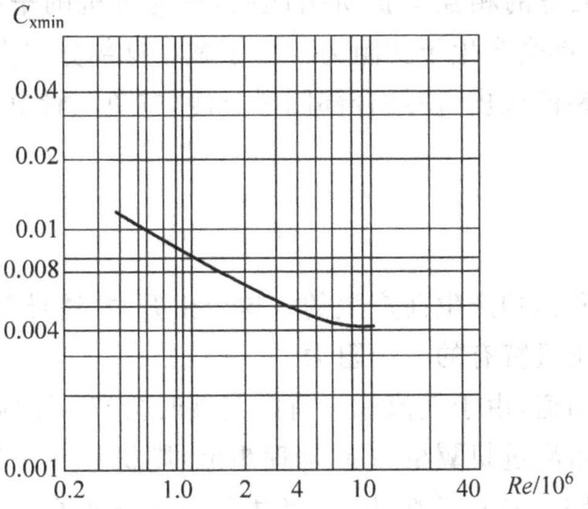

图 4-43 Re 数对 C_{xmin} 的影响

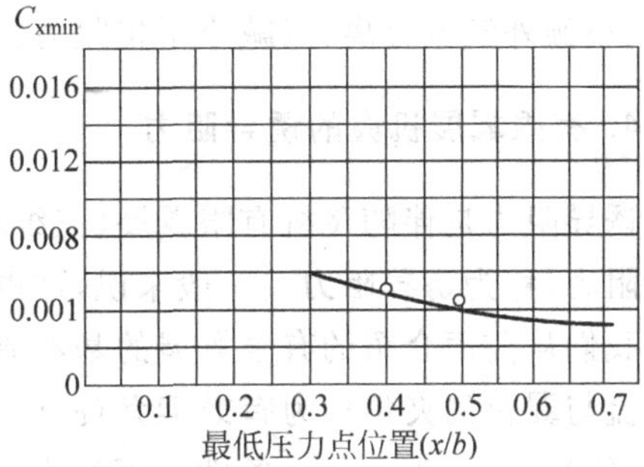

图 4-44 最低压力点位置对 C_{xmin} 的影响

(3) 相对厚度 $\bar{c}$ 和粗糙程度。由图 4-45 可以看出：$\bar{c}$ 从 6%增加到 24%，C_{xmin} 都增加；粗糙翼型的 C_{xmin} 比光滑翼型的大得多，这显然是因为粗糙面的平板摩擦阻力系数较光滑面大的缘故。

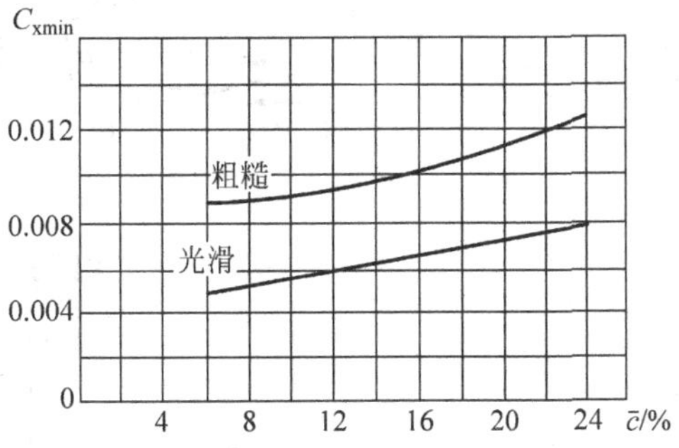

图 4-45 $\bar{c}$ 对 C_{xmin} 的影响

2) 层流控制技术

目前，在层流控制技术研究方面有了重大突破，研制出一种叫做混合式层流控制技术的方案。它改变了原先要在所有应避免产生紊流附面层的翼面都抽气的设想，而只在机翼上表面前缘附近的部分翼段上抽气，翼面的其他部分则靠其合理的外形设计所产生的有利压力梯度来保持自然层流。从理论上讲，这种附面层控制技术可使机翼的摩擦阻力系数减小40%，将使整机阻力减小8%，有效提高了飞机的续航性能。

3. 干扰阻力

机翼或尾翼与机身结合部、机翼下部悬挂副油箱或发动机等其他外挂物时，会导致飞机压差阻力额外增大。例如，机翼与机身的结合部分，其中段机翼表面和机身表面都向外凸出，流管收缩，流速迅速加快，压力很快降低；在后部，机翼表面和机身表面都向里弯曲，流管扩张，流速迅速减慢，压力很快升高。于是，逆压梯度增大，分离点前移，涡流区扩大(见图4-46)，使翼身组合体所产生的压差阻力比单个机翼和单个机身产生的压差阻力之和还要大。显然，这部分额外阻力是由于机翼和机身的相互干扰所引起的，称为飞机的**干扰阻力**。除此而外，飞机其他各部分相结合的部位都会产生干扰阻力。为了减小这部分阻力，在机翼与机身、机身与尾翼等的结合部，都装有整流包皮，使结合部圆滑过渡，避免流管急剧扩张、减小额外气流分离，以减小干扰阻力。

4. 有限翼展机翼的诱导阻力

诱导阻力是伴随飞机有限翼展(三维翼)升力的产生而产生的。这个由升力"诱导"而产生的阻力，称为**诱导阻力**。一般来说，这也是飞机特有的一种阻力。

我们从前面介绍的有限翼展的基本流态知道，由于气流流过有限翼展时会产生下洗流，下洗流与翼弦的夹角称为**有效迎角**(α_t)。假如流过机翼的气流是理想流，则机翼在下洗流速度(V')和有效迎角(α_t)条件下不产生摩擦阻力和压差阻力，只产生与下洗流垂直的升力(Y')。叫实际升力。但是，Y'相对于机翼远前方来流速度(V_∞)来说，向后倾斜了一个角度(ε)，见图4-47。向后倾斜的实际升力(Y')起两个作用：同相对气流方向垂直的分力($Y'\cos\varepsilon$)起升力作用，叫**有效升力**(Y)；同相对气流方向平行的分力($Y'\sin\varepsilon$)起阻力作用，这就是诱导阻力(X_i)。

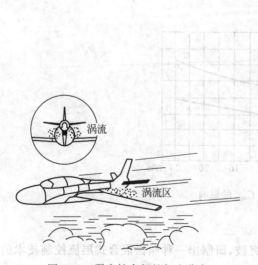

图4-46 翼身结合部的气流分离

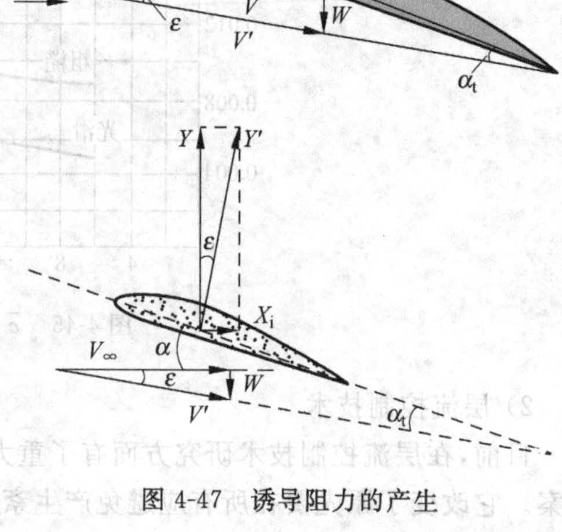

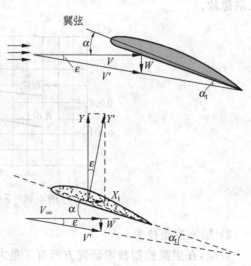

图4-47 诱导阻力的产生

可见,诱导阻力是伴随着三维翼(有限翼展机翼)升力的产生而产生的。没有升力,就没有翼尖涡,也就没有诱导阻力。

如前所述,低速飞行时,流过飞机的实际气流并不是理想流,因而有摩擦阻力、压差阻力和干扰阻力(三者合称**废阻力**)存在。飞机的总阻力是摩擦阻力、压差阻力、干扰阻力和诱导阻力之和。

4.3.2 阻力公式及影响阻力的因素

飞机阻力的大小,可用阻力公式计算:

$$X = C_x \frac{1}{2}\rho V^2 S \tag{4.14}$$

式中,C_x 称为阻力系数。

由公式可以看出,阻力的大小与阻力系数、相对气流动压、机翼面积成正比例。阻力系数(C_x)综合表达了迎角、飞机形状(含机翼形状、机身形状、尾翼形状、外挂物形状及组合情况)和飞机表面光滑程度等因素对阻力的影响。

可见,低速飞行时,影响阻力大小的因素有迎角、飞机形状、表面光滑程度、相对气流动压和机翼面积等。下面侧重分析迎角、机翼和机身形状对阻力的影响。

1. 迎角对压差阻力和诱导阻力的影响

飞行时常用的迎角变化范围不大,改变迎角时,附面层性质及其附着面积变化也不大,摩擦阻力基本不随迎角变化。因此我们只讨论迎角对压差阻力和诱导阻力的影响。

在中、小迎角下,改变迎角,压差阻力变化不大;而在大迎角下,迎角增大,机翼后缘涡流区明显扩大,使压差阻力明显增大;超过临界迎角后,增大迎角,机翼表面发生严重的气流分离,分离点迅速前移,涡流区迅速扩大,机翼后缘压力减小很多,导致压差阻力急剧增大。

在临界迎角范围内,迎角增大,随着升力增大,翼尖涡增强,气流下洗角增大,导致实际升力更加向后倾斜,从而使诱导阻力迅速增加(见图 4-48)。

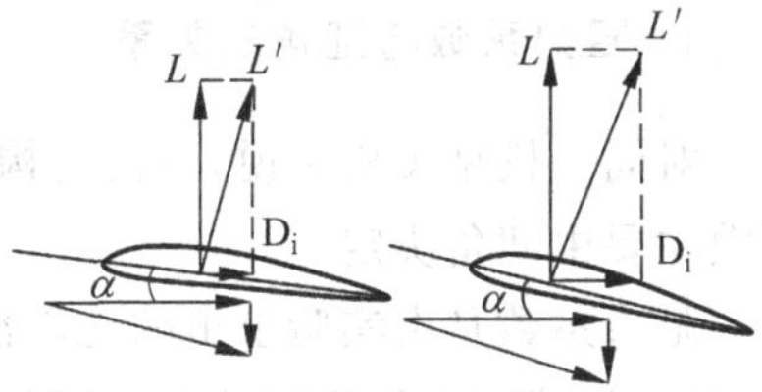

图 4-48 不同迎角下的诱导阻力

2. 翼型和机身形状对压差阻力的影响

翼型不同,压差阻力不同。相对弯度较大的翼型,上表面弯曲明显,最低压力点的压力较小,同一迎角下分离点靠前,涡流区较大,压差阻力较大。例如,迎角、相对厚度都相同的平凸翼型和双凸翼型相比较,平凸翼型压差阻力大。

机身形状不同,压差阻力也不同。尖头、尖尾即梭形机身,压差阻力最小;而钝头机身由于气流受机身头部的阻挡,流速减慢,压力增大,压差阻力增大。如果机身是切尾旋成体(即机身尾端是一个突然中止的断面),当空气沿机身流到尾部时,会在端面上突然发生分离,形成底部低压区,从而使压差阻力增大,增大的这部分压差阻力称为底部阻力。

3. 展弦比对诱导阻力的影响

展弦比的大小对飞机的诱导阻力有较大的影响。例如，机翼面积相同但展弦比小的机翼，在产生相同升力时，由于翼尖部分的升力占的比例大，翼尖涡强，对机翼中部的影响也较显著，平均下洗速度大(见图 4-49)，因此，诱导阻力就大。

4. 机翼的平面形状对诱导阻力的影响

飞机的诱导阻力还与机翼的平面形状有关，在其他条件相同时，理论计算和实验都表明，椭圆翼的诱导阻力最小，矩形翼的最大，见图 4-50。

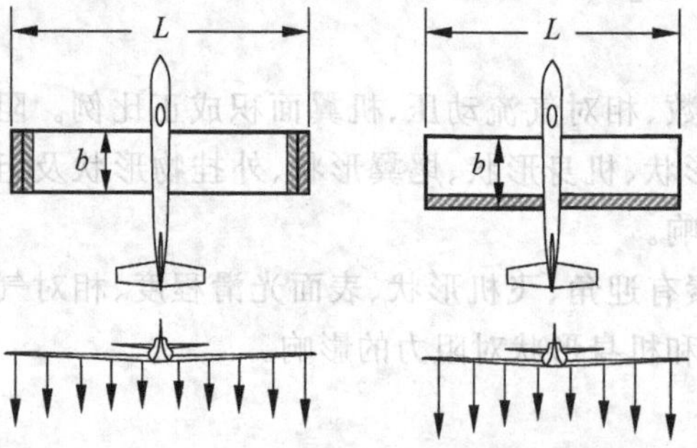

图 4-49　不同展弦比下的下洗速度

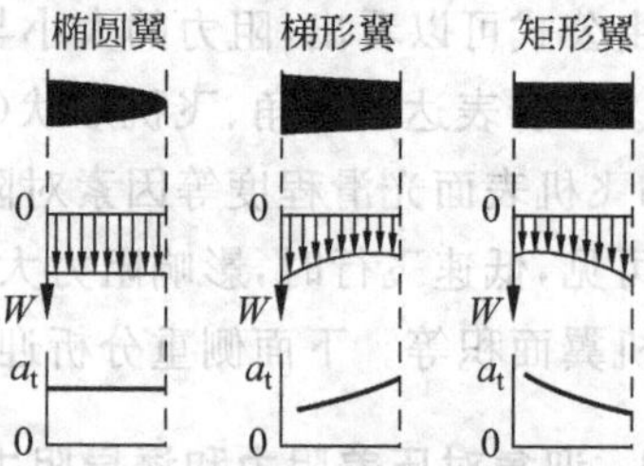

图 4-50　下洗速度沿翼展的分布

4.3.3　阻力系数曲线

1. 阻力系数与迎角的关系

对同一机型飞机来说，飞机的构型一般是不变的，所以，飞机在低速飞行时，飞机的阻力系数主要由迎角决定。

阻力系数是由实验求出的无因次数值，其测定方法与升力系数的测定方法相似。测量时，将飞机或飞机模型安装在风洞的天平上(见图 4-25)，当迎角一定时，可以测出飞机或飞机模型的阻力，将实验段的风速、空气密度和飞机或飞机模型的机翼面积代入阻力公式中，就可以求出飞机在该迎角下的阻力系数。调整迎角，可测出其他迎角下的阻力，进而求出对应迎角的阻力系数。

因为飞机的摩擦阻力、压差阻力与干扰阻力之和称为废阻力，于是飞机的阻力系数可写为

$$C_x = C_{xp} + C_{xi} \tag{4.15}$$

式中：C_{xp}称为**废阻力系数**，C_{xi}称为**诱导阻力系数**。

在中小迎角下，飞机的阻力系数也常写成如下形式。即

$$C_x = C_{x0} + C_{xi} \tag{4.16}$$

式中：C_{x0}是升力为零时的阻力系数，称为零升阻力系数。

因为摩擦阻力基本不随迎角变化，在中小迎角下，压差阻力随迎角变化不大，所以，在中小迎角下，飞机的废阻力系数(C_{xp})与零升阻力系数(C_{x0})基本相等。

C_{x0}的大小主要取决于翼型相对厚度、相对弯度、最低压力点位置和表面粗糙度等。相对厚度增大或相对弯度增大，C_{x0}增大；最低压力点位置后移，C_{x0}减小；表面越粗糙，C_{x0}越大。

对于椭圆翼来说，诱导阻力系数的大小为

$$C_{xi}=\frac{C_y^2}{\pi\lambda} \tag{4.17}$$

该式表明，C_{xi}与升力系数的平方成正比例，与机翼展弦比成反比例。

其他平面形状的机翼的诱导阻力系数，可在椭圆翼基础上进行修正，一般表示为

$$C_{xi}=\frac{C_y^2(1+\delta)}{\pi\lambda}=AC_y^2 \tag{4.18}$$

式中：δ为非椭圆翼诱导阻力系数的修正系数，其大小与机翼平面形状有关；$A=\frac{1+\delta}{\pi\lambda}$，称为**诱导阻力因子**。

由于$(1+\delta)>1$，因此，在同样升力系数和展弦比下，椭圆翼的诱导阻力系数最小。非椭圆翼修正系数δ可参见表 4-1。

表 4-1　非椭圆翼修正系数

机翼平面形状	椭圆形	梯形	矩形	菱形
δ	0	0	0.052	0.14
$\frac{1}{1+\delta}$	1	1	0.950	0.867

附注：$\eta=1\sim3$；$\lambda=5\sim8$。

2. 阻力系数曲线

根据风洞实验测出的同一机型飞机各迎角下的阻力系数，可以画出该机型飞机阻力系数随迎角变化的曲线，称为阻力系数曲线。图 4-51 为某初教机的阻力系数曲线。

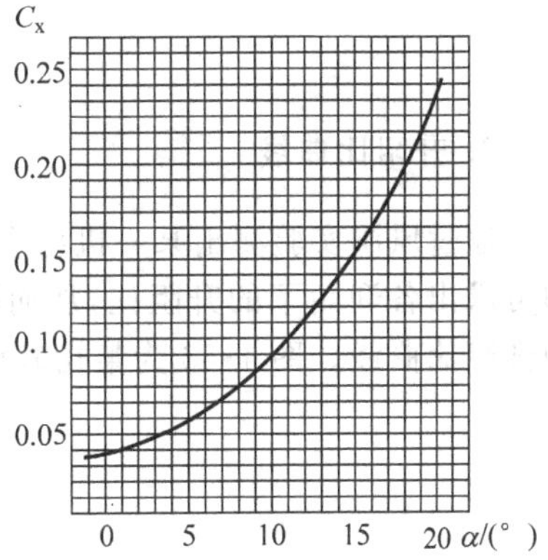

图 4-51　某初教机阻力系数曲线

从阻力系数曲线上不仅可以查出各迎角的阻力系数，还可以看出阻力系数随迎角变化的规律。阻力系数随迎角变化的规律是：迎角增大，阻力系数不断增大。但是，在小迎角下，阻力系数较小，且随迎角增大得较慢；而在大迎角下，阻力系数随迎角增大得较快；超过临界迎角以后，阻力系数随迎角增加急剧增大。这是因为，中小迎角下摩擦阻力起主导作用，而摩擦阻力系数基本不随迎角变化，在小迎角下，压差阻力系数也随迎角变化不大，所以，诱导阻力系数随升力系数的平方成正比例增加缓慢，此时摩擦阻力起主导作用；而在大迎角下，诱导阻力系数随升力系数的平方成正比例增加得较快，即诱导阻力起主导作用；而超过临界迎角后，压差阻力系数急剧增加，此时压差阻力起主导作用，所以使阻力系数急剧增加。

4.4 升阻比和飞机极曲线

升阻比和飞机极曲线是表征飞机空气动力性能优劣的重要参数和曲线。

4.4.1 升阻比

1. 升阻比的概念

飞机的升力和阻力是互相联系着的。因此,确定飞机空气动力性能的好坏,不能单独只看升力的大小或阻力的大小,必须综合看它们的比值。

升阻比(K)就是同一迎角下飞机的升力与阻力的比值。升阻比越大,说明同一迎角下的升力比阻力大的倍数越多,或相同升力时的阻力越小。所以,升阻比是衡量飞机空气动力性能好坏的重要参数。

升阻比可表示为

$$K=\frac{Y}{X}=\frac{C_y\frac{1}{2}\rho V^2S}{C_x\frac{1}{2}\rho V^2S}=\frac{C_y}{C_x} \tag{4.19}$$

该式说明,升阻比实际是同一迎角下的升力系数与阻力系数的比值。

同一机型的飞机,翼型一般是不变的,在低速飞行时,飞机的升力系数和阻力系数主要随迎角变化,所以,升阻比也主要随迎角变化。

飞机升力和阻力的合力叫**总空气动力**(R),如图 4-52 所示。升阻比的大小与总空气动力相对于升力向后倾斜的角度有关,该角叫**性质角**(θ)。性质角小,说明相同的升力,阻力小,升阻比大;反之,性质角大,说明相同的升力,阻力大,升阻比小。

很显然,升阻比与性质角的关系有

$$K=\frac{Y}{X}=\frac{1}{\tan\theta} \tag{4.20}$$

2. 升阻比曲线

通过风洞实验测出某一机型飞机各迎角下的升力系数、阻力系数大小,运用式(4.19),即可求出各迎角下的升阻比,从而可画出升阻比(K)随迎角(α)变化的关系曲线,该曲线称为**升阻比曲线**。图 4-53 为某初教机的升阻比曲线。

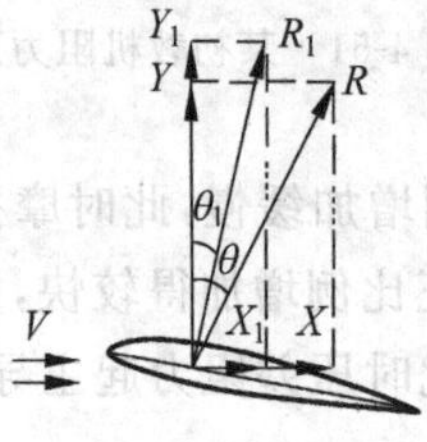

图 4-52 升阻比与总空气动力

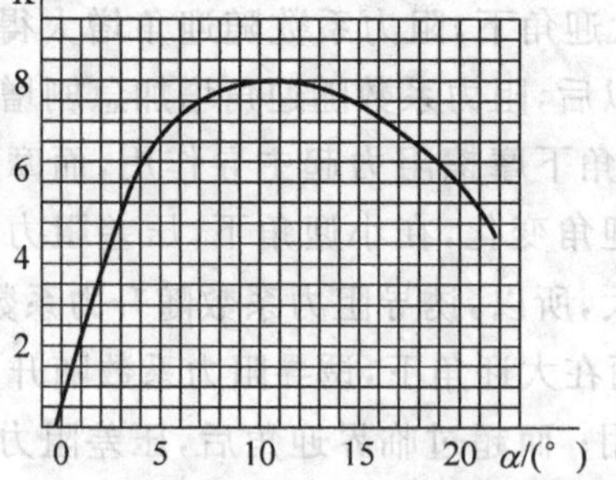

图 4-53 某初教机的升阻比曲线

从升阻比曲线上可以看出，从零升迎角开始，迎角增大，升阻比增大；迎角增至某一迎角，升阻比达到最大；超过这一迎角，迎角再增大，升阻比反而减小。升阻比最大的迎角叫**有利迎角**。升阻比随迎角之所以有这种变化规律，是由于在中、小迎角下，升力系数斜率是一个常数，而阻力系数随迎角增加得慢，增加的比例小于升力系数增加的比例；大迎角下，阻力系数增加得快，增加的比例大于升力系数增加的比例；超过临界迎角，升力系数减小，阻力系数急剧增加。

由式(4.16)和式(4.18)得

$$C_x = C_{x0} + AC_y^2$$

于是

$$\frac{1}{K} = \frac{C_x}{C_y} = \frac{C_{x0}}{C_y} + AC_y$$

当 $K = K_{max}$ 时，对上式两边的 C_y 求导，并令其为零。即

$$\frac{d\left(\frac{1}{K}\right)}{dC_y} = -\frac{C_{x0}}{C_y^2} + A = 0$$

得

$$C_{x0} = AC_y^2 = C_{xi} \tag{4.21}$$

可见，有利迎角时的诱导阻力系数等于零升阻力系数。此时的阻力系数 $C_x = 2C_{x0}$。

4.4.2　飞机极曲线

1. 飞机极曲线的概念

用横坐标表示阻力系数，纵坐标表示升力系数，迎角为参变量，把升力系数和阻力系数随迎角变化的规律用同一条曲线表示出来，这条曲线叫做**飞机极曲线**。曲线上每一点对应一个迎角。图 4-54 为某初教机的飞机极曲线。

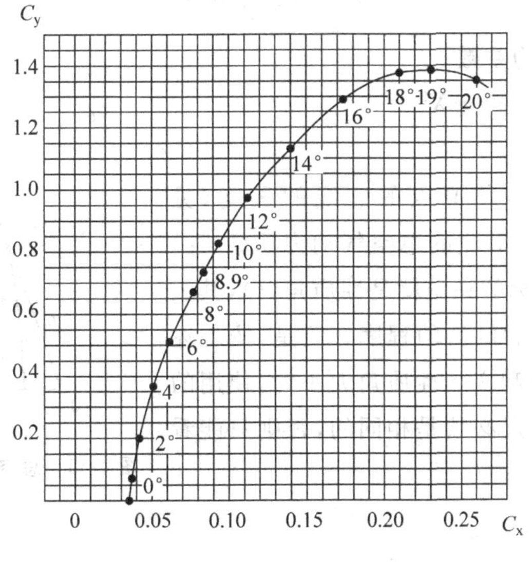

图 4-54　某初教机的飞机极曲线

飞机极线综合表达了飞机空气动力性能(升力系数、阻力系数及升阻比)随迎角变化的规律。

2. 飞机极线的用途

(1) 从飞机极曲线上可查出该型飞机的零升迎角、临界迎角、有利迎角及各迎角对应的升力系数、阻力系数。

曲线与横坐标交点的迎角为零升迎角,对应的升力系数等于零,横坐标为零升阻力系数;曲线最高点的迎角为临界迎角,对应的升力系数最大,横坐标为临界迎角时的阻力系数;从原点向曲线作切线,切点的迎角为有利迎角,对应的纵横坐标分别为有利迎角时的升力系数和阻力系数,其比值为有利迎角时的升阻比。有利迎角时的升阻比最大。

(2) 从曲线上可看出升力系数、阻力系数、升阻比随迎角的变化规律。

从零升迎角开始至临界迎角,迎角增大,升力系数增大,阻力系数也增大。但是,在有利迎角以内,曲线向右弯曲小,说明升力系数增加的比例大于阻力系数增加的比例,升阻比增大;超过有利迎角,曲线向右弯曲大,说明升力系数增加的比例小于阻力系数增加的比例,升阻比减小。超过临界迎角,曲线向右斜下方弯曲,说明升力系数减小,阻力系数急剧增加,升阻比迅速减小。

(3) 飞机极曲线同升力系数曲线联合使用,可查出各迎角的升力系数、阻力系数。

在升力系数曲线上查出某一迎角的升力系数,依据该升力系数在飞机极曲线上查出该迎角对应的阻力系数,两者的比值就是该迎角的升阻比。

(4) 根据各个迎角的升力、阻力系数,可求出各个迎角的总空气动力系数,确定各个迎角总空气动力的方向。

总空气动力(R)可用下式计算。即

$$R = C_R \frac{1}{2}\rho V^2 S \tag{4.22}$$

式中,C_R 称为**总空气动力系数**。

因为 $R^2 = Y^2 + X^2$

所以 $C_R^2 = C_y^2 + C_x^2$

显然,极曲线上某点与原点的连线的长度(见图 4-55)就是该点迎角所对应的总空气动力系数 C_R。总空气动力系数与纵坐标的夹角就是性质角(θ),其大小反映了总空气动力向后倾斜的程度。但是,按上述方法求总空气动力系数和实际性质角大小时,使用的极曲线纵横坐标的比例尺必须是相同的,否则只能看出其变化趋势。

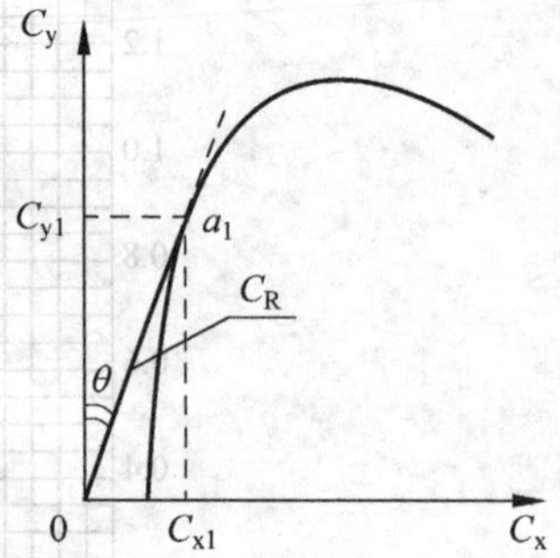

图 4-55 总空气动力系数曲线示意图

4.5　侧力的产生和变化

侧力是在飞机出现侧滑的情况下产生的一种空气动力。

4.5.1　侧力的产生

1. 侧滑和侧滑角的概念

飞机对称面同相对气流方向不一致的飞行状态，叫做**侧滑**，参看图 4-56。相对气流从飞机对称面的左侧前方吹来，叫做左侧滑；相对气流从飞机对称面的右侧前方吹来，叫做右侧滑。相对气流方向同飞机对称面之间的夹角，叫做**侧滑角**(β)。一般规定：右侧滑角为正，左侧滑角为负。

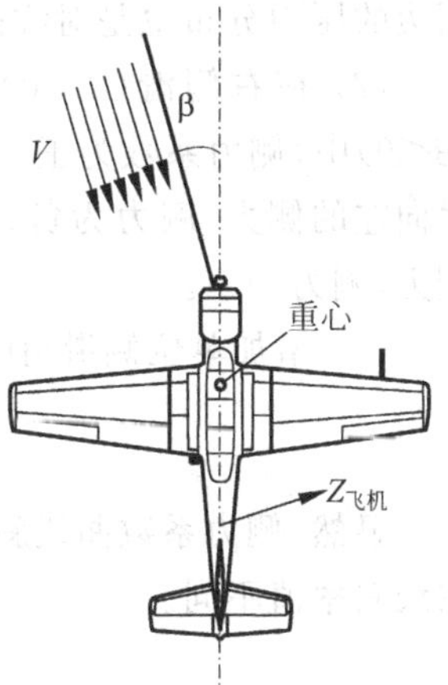

图 4-56　侧滑角和飞机侧力

2. 侧力的产生

现以左侧滑为例说明侧力的产生。空气从飞机左侧前方吹来(见图 4-56)，在机身和垂尾左侧，气流受到阻挡，流速减慢，压力增大；在机身和垂尾右侧，流管变细，流速加快，压力减小。于是，在机身和垂尾左右两边出现了压力差。垂直于相对气流方向压力差的总和就是飞机的**侧力**(Z)。

侧力的方向与飞机升力的方向和阻力的方向垂直。在左侧滑中，侧力指向对称面的右侧；在右侧滑中，侧力指向对称面的左侧。向右的侧力为正，向左的侧力为负，与坐标的正负向相同。

4.5.2　侧力公式及影响侧力的因素

飞机侧力的大小可用侧力公式计算。侧力公式为

$$Z = C_Z \frac{1}{2}\rho V^2 S \tag{4.23}$$

式中，C_Z 称为**侧力系数**，它同升力系数、阻力系数一样，也是由实验求出的无因次数值。式(4.23)说明，飞机侧力分别与侧力系数、相对气流动压和面积成正比例。侧力主要由机身和垂尾产生，机身产生的侧力与机身剖面面积成正比例，垂尾产生的侧力与垂尾面积成正比例。为了使侧力公式同升力、阻力公式在形式上一致，并便于使用，在侧力公式中，侧力与机翼面积成正比，换算后的差别在侧力系数 C_Z 中体现。

侧力系数的大小，取决于侧滑角的大小及机身、垂尾形状等，因此，它综合表达了侧滑角、机身和垂尾形状等因素对侧力的影响。同一机型飞机，机身和垂尾形状一般不变，所以，低速飞行时，侧力系数主要取决于侧滑角。

4.5.3 侧力系数曲线

根据风洞实验测出的同一机型各侧滑角下的侧力系数，可以画出该机型飞机侧力系数随侧滑角变化的曲线，该曲线称为侧力系数曲线。图 4-57 为某初教机侧力系数曲线。

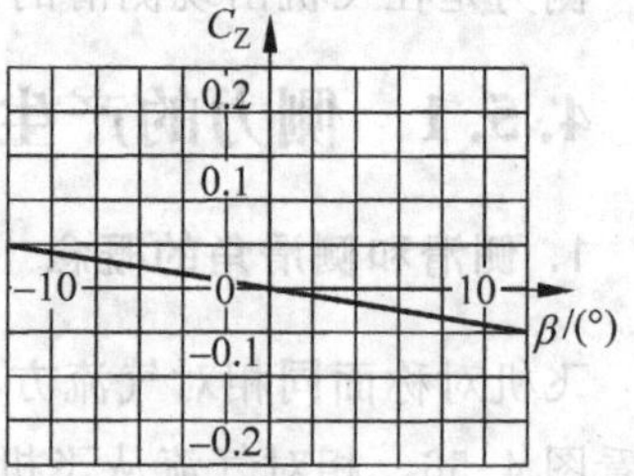

图 4-57 某初教机侧力系数曲线

从曲线上可以看出：

(1) 在无侧滑($\beta=0°$)飞行中，侧力系数为零。这是因为飞机外形是左、右对称的，飞机在无侧滑飞行中，左、右两边的压力分布也是对称的。

(2) 在右侧滑($\beta>0$)中，侧力系数为负；在左侧滑($\beta<0$)中，侧力系数为正。这是因为，在右侧滑中，飞机产生向左的侧力，侧力为负；在左侧滑中，飞机产生向右的侧力，侧力为正。

(3) 增加单位侧滑角时，侧力系数的增量叫侧力系数曲线斜率，用 C_Z^β 表示。即

$$C_Z^\beta=\frac{\partial C_Z}{\partial \beta} \tag{4.24}$$

显然，侧力系数曲线斜率是负值，且在中、小侧滑角下为一常数值。机型不同，侧力系数曲线斜率值不同。

4.6 后掠翼的低速空气动力特性

飞机的空气动力特性，不仅与机翼的剖面形状有关，还与机翼的平面形状有关。本章前面讲的都是翼型(无限翼展)和平直翼(有限翼展)的低速升、阻力特性，目前高速飞机多采用后掠翼。后掠翼与平直翼不同，具有 30°～70°的前缘后掠角，气流流过后掠翼其流动特性明显不同于平直翼，因而其空气动力特性也与平直翼不同。

本节主要分析后掠翼的低速空气动力特点，后掠翼的高速空气动力特点将在第 6 章分析。

4.6.1 空气流过后掠翼的流动情形

通过实验发现，空气流过后掠翼时，从平面看流线将左右偏斜，呈 S 形，原因如下所述。

气流流过后掠翼，其流速(V)方向同机翼前缘既不平行也不垂直，可以分解成两个分速：一个是垂直分速(V_n)，也叫有效分速；另一个是平行分速(V_t)。如图 4-58 所示，垂直分速和平行分速同前缘后掠角(χ)的关系是

$$V_n=V\cos\chi,\quad V_t=V\sin\chi$$

因为机翼表面沿平行于前缘方向没有弯曲，所以，在空气流过机翼表面的过程中，平行分速基本不发生变化，而垂直分速(V_n)则沿途不断改变，同空气以流速 V_n 流过一个平直翼一样，机翼沿翼弦方向的压力分布自然会发生变化。可见，只有气流的垂直分速(V_n)才对机翼压力分布起决定性的影响，所以，垂直分速(V_n)又称为有效分速。机翼后掠角越小，有效分速越大，机翼上下表面的有效分速也相应越大。

如图 4-58 所示，空气从远前方流向机翼前缘，有效分速受到阻滞越来越小（图中 $V_{nA} < V_n$），平行分速则保持不变（$V_{tA}=V_t$）。这样一来，越接近前缘，气流速度越慢，方向越来越偏向翼尖。经过前缘以后，空气在流向最低压力点（图中 C 点）的途中，有效分速又逐渐加快（$V_{nC}>V_{nB}$），平行分速仍保持不变（$V_{tC}=V_{tB}$），气流方向又从翼尖转向翼根。随后，又因有效分速逐渐减慢，气流方向转向原来方向。于是，整个流线呈 S 形弯曲。

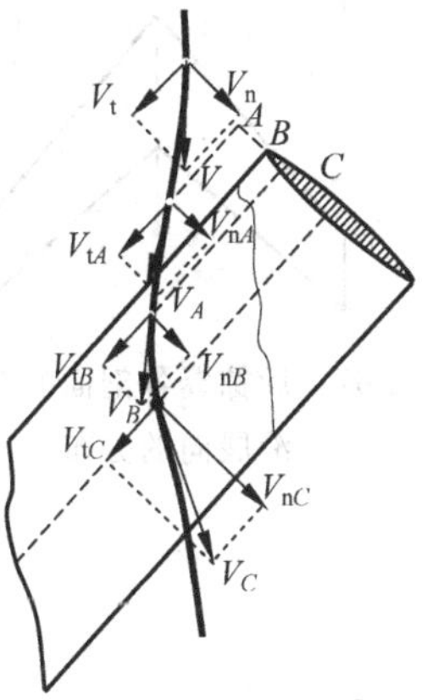

图 4-58　流线左右偏斜原理的分析

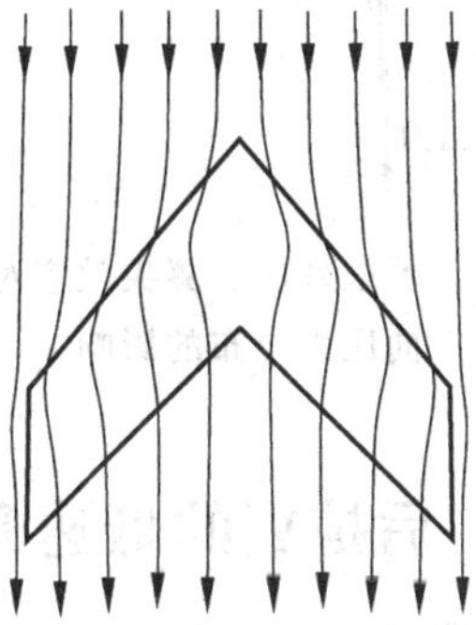

图 4-59　空气流过后掠翼的流动情形

4.6.2　后掠翼的翼根效应和翼尖效应

空气流过后掠翼，由于流线左右偏斜，会影响机翼的压力分布，从而出现所谓的翼根效应和翼尖效应。

如图 4-59 所示，由于后掠翼翼根部分的上表面前段，流线向外偏斜，流管扩张变粗；而在后段，流线向内偏斜，流管收缩变细。在低速条件下，前段流管变粗，流速增加不多，压力降低不多，即吸力减小；后段流管变细，流速加快，吸力增大。与此同时，因流管最细的位置后移，使最低压力点位置向后移动，这种现象称为**翼根效应**。

而翼尖部分，情况与翼根部分相反。因翼尖外侧的气流径直地向后流去，而翼尖部分上表面前段流线向外偏斜，故流管收缩变细，流速增加得多，压力减小得多，即吸力增大；在后段因流线向内偏斜，故流管扩张变粗，流速减慢，吸力减小。与此同时，因流管最细的位置前移，故最低压力点向前移动，如图 4-60 所示。这种现象称为**翼尖效应**。

翼根效应和翼尖效应会引起沿翼弦方向的压力分布发生变化，但上表面前段的变化比较多。所以，翼根效应使翼根部分的平均吸力减小，升力系数减小。翼尖效应使翼尖部分的平均吸力增大，升力系数增大。后掠翼沿展向各剖面的升力系数分布如图 4-61 所示。

通过以上分析可以看出，造成后掠翼低速空气动力特性不同于一般平直翼的基本原因有两条：一是由于后掠翼的空气动力主要取决于有效分速，而有效分速是小于来流速度的；二是由于空气流过后掠翼，流线左右偏斜，形成翼根效应和翼尖效应，影响后掠翼的压力分布。这两点是分析后掠翼空气动力特性的基本依据。

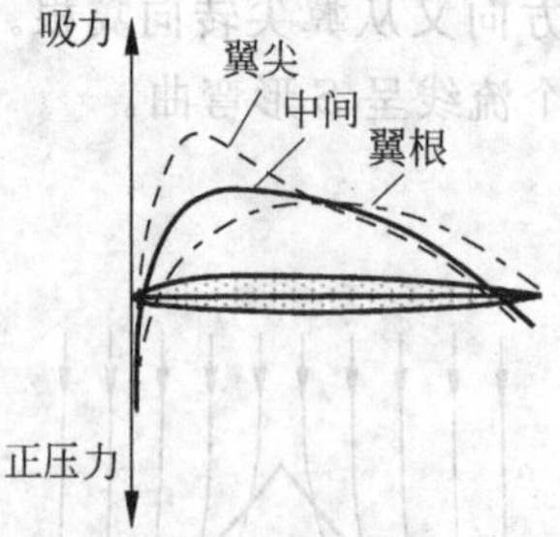

图 4-60　翼根效应和翼尖效应对沿弦向压力分布的影响

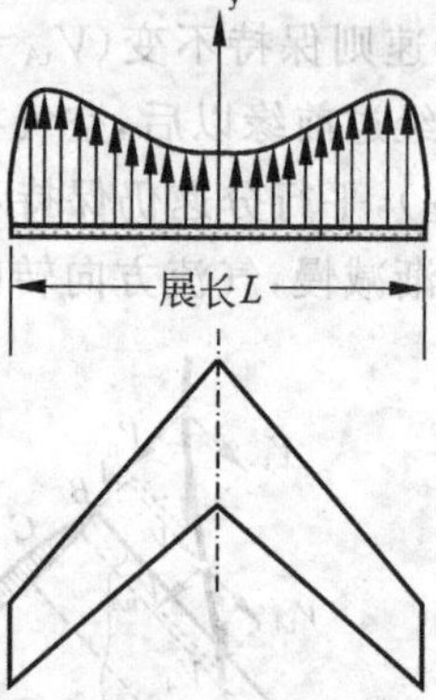

图 4-61　后掠翼各剖面的升力系数沿展向的分布

4.6.3　后掠翼的低速升阻力特性

设有一无限长的平直翼，空气以速度 $\boldsymbol{V}_n$ 流过机翼，如图 4-62(a)所示。如果此时机翼以 $\boldsymbol{V}_t$ 向右运动，平行于翼展的相对气流不会使机翼的气动特性发生变化。这种情况同空气以流速 $\boldsymbol{V}(\boldsymbol{V}=\boldsymbol{V}_n+\boldsymbol{V}_t)$ 流过无限翼展斜置翼一样，如图 4-62(b)所示。这样，后掠角为 χ 的无限翼展后掠翼的升阻力特性，也就可以利用无限长直机翼的升阻力特性来求得。它们的升阻力特性只取决于垂直分速 $\boldsymbol{V}_n$，而与平行分速 $\boldsymbol{V}_t$ 无关。

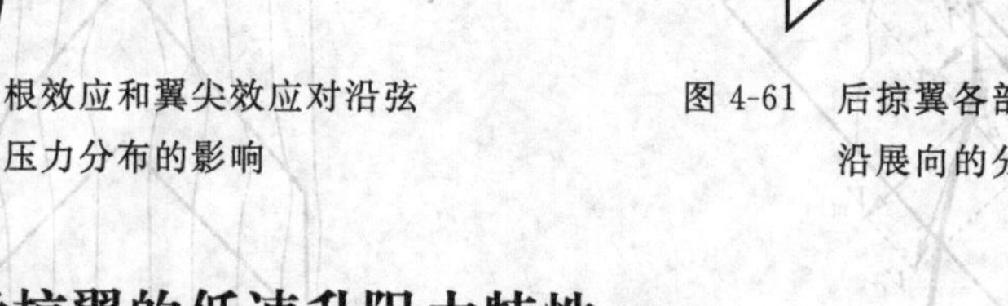

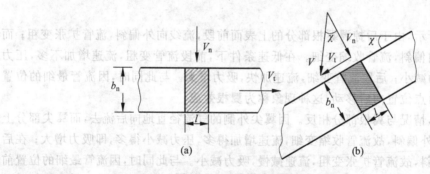

图 4-62　无限翼展平直翼与斜置翼

经推导，后掠翼的升阻力特性(用 $C_{y\chi}$，$C_{x\chi}$，$C_{y\chi}^{\alpha}$ 表达)与对应直机翼的升阻力特性(用 C_y，C_x，C_y^{α} 表达)之间的关系为

$$C_{y\chi} = C_y\cos^2\chi \tag{4.25}$$

$$C_{x\chi} = C_x\cos^3\chi \tag{4.26}$$

$$C_{y\chi}^{\alpha} = C_y^{\alpha}\cos\chi \tag{4.27}$$

根据这三个公式，即可由无限翼展平直翼的升力系数、阻力系数、升力系数斜率求得无限翼展后掠翼的升力系数、阻力系数、升力系数斜率。显然，若无限翼展后掠翼的法向迎角(α_n)、垂直分速(V_n)、法向弦长(b_n)、翼型与无限翼展平直翼的都相同，则后掠翼的升力系数

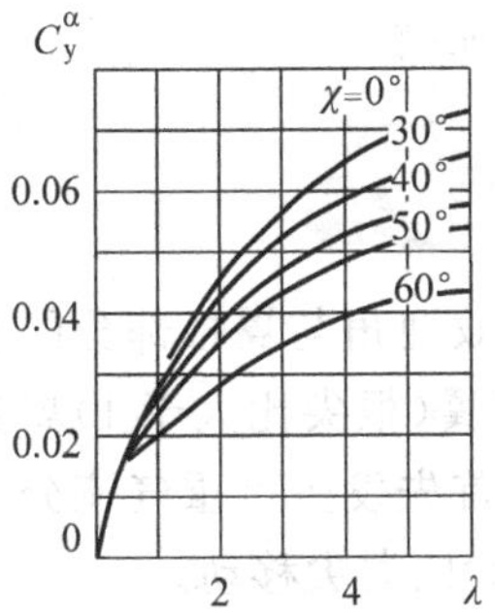

图 4-63　某飞机 C_y^α 随后掠角和展弦比的变化

($C_{y\chi}$)、阻力系数($C_{x\chi}$)、升力系数斜率($C_{y\chi}^\alpha$)都比平直翼的小。因此，后掠翼的低速空气动力特性不如平直翼的好。对于有限翼展后掠翼，除翼根和翼尖部分与无限翼展有较大差别(存在翼尖效应和翼根效应)外，其余部分则是十分接近的。所以，将上述的关系式用来定性地分析后掠角对机翼低速空气动力特性的影响，有一定实际意义。

图 4-63 为各种不同后掠角的机翼升力系数斜率(C_y^α)随展弦比(λ)的变化曲线。由图可以看出，当 λ 一定时，后掠角增大，升力系数斜率(C_y^α)减小。而当后掠角一定时，λ 减小，升力系数斜率(C_y^α)也减小。这是由于展弦比减小时，翼尖涡对机翼上下表面均压作用增强的缘故。

公式(4.25)、(4.26)、(4.27)的推导过程如下。

设作用在平直翼单位展长上(见图 4-62(a)中阴影部分)的升力为 Y，则升力系数 C_y 为

$$C_y=\frac{Y}{\rho V_n^2 b_n\cdot 1}$$

作用在后掠翼同一段长度上(图 4-62(b)中阴影部分)的升力仍为 Y，升力系数 $C_{y\chi}$ 则为

$$C_{y\chi}=\frac{Y}{\frac{1}{2}\rho V^2 b_n\cdot 1}$$

考虑到 $V_n=V\cos\chi$，则有 $V=V_n/\cos\chi$，代入上式并与平直翼比较则有式(4.25)：

$$C_{y\chi}=\frac{Y}{\frac{1}{2}\rho V_n^2 b_n\cdot 1}\cos^2\chi=C_y\cos^2\chi$$

而后掠翼此时同一段长度上的阻力系数为 X，与平直翼相同条件的阻力 X_n 比较：

$$X=X_n\cos\chi$$

则有式(4.26)：

$$C_{x\chi}=\frac{X}{\frac{1}{2}\rho V^2 b_n\cdot 1}=\frac{X_n\cos\chi}{\frac{1}{2}\rho V_n^2 b_n\cdot 1}\cos^2\chi=C_x\cos^3\chi$$

对后掠翼，通常取来流 V 与平行来流的剖面弦线的夹角为迎角 α，取法向分速 V_n 与法向剖面弦线的夹角为 α_n。由图 4-64 可见

$$\sin\alpha=\frac{h}{b},\quad \sin\alpha_n=\frac{h}{b_n}$$

式中：h 为前缘比后缘高出量；b 和 b_n 分别为沿来流 V 方向和沿垂直分速 V_n 方向翼剖面的弦长，$\frac{b_n}{b}=\cos\chi$。因而可得 $\sin\alpha=\sin\alpha_n\cos\chi$，当迎角不大时，可改写为 $\alpha=\alpha_n\cos\chi$。

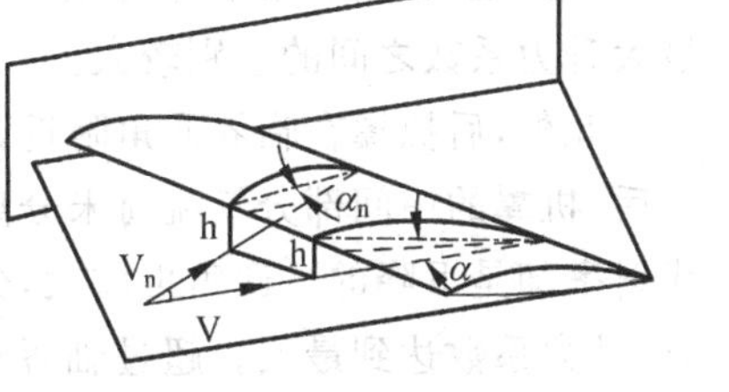

图 4-64　α_n 和 α 的关系

根据上述关系，可求得后掠翼升力系数斜率与平直翼升力系数斜率的关系，即有式(4.27)：

$$C_{y\chi}^{\alpha}=\frac{\mathrm{d}C_{y\chi}}{\mathrm{d}\alpha}=\frac{\mathrm{d}(C_y\cos^2\chi)}{\mathrm{d}(\alpha_n\cos\chi)}=\frac{\mathrm{d}C_y}{\mathrm{d}\alpha_n}\cos\chi=C_y^{\alpha}\cos\chi$$

4.6.4 后掠翼大迎角的空气动力特性

如前所述,对于平直翼,由于翼尖涡的影响,使翼尖部分的有效迎角与翼根部分的有效迎角不同,矩形翼(根尖比为1)翼尖的有效迎角小于翼根,而梯形翼(根尖比大于1)翼尖由于翼尖涡相对较弱,有效迎角会增大。因此,在大迎角下,矩形翼首先发生严重气流分离的部分在翼根,而梯形翼首先发生气流分离的部位则随根尖比的增大向翼尖移动。

后掠翼在大迎角下容易形成翼尖气流先分离。其原因有两个：一是在机翼上表面的翼根部分,因翼根效应,平均吸力减小；在机翼上表面的翼尖部分,因翼尖效应,平均吸力较大。于是沿翼展方向存在压力差,这个压力差促使附面层内的空气向翼尖方向流动,致使翼尖部分的附面层变厚,容易产生气流分离；二是由于翼尖效应,在翼尖部分上表面的最低压力点处,流管更细,吸力增大,而在上表面后缘部分,流管变化不大,吸力变化较小。于是,翼尖上表面的后缘部分与最低压力点之间的逆压梯度增大,增强了附面层内空气向前倒流的趋势,容易形成气流分离。由于这两个原因,当迎角增大到一定程度时,后掠翼的翼尖部分就会首先产生严重的气流分离,如图4-65所示。

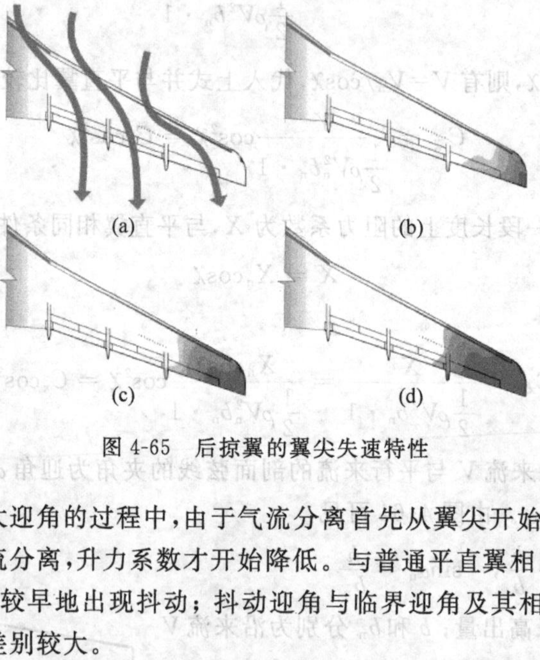

图4-65 后掠翼的翼尖失速特性

后掠翼飞机在增大迎角的过程中,由于气流分离首先从翼尖开始,所以,只有在上表面大部分区域产生了气流分离,升力系数才开始降低。与普通平直翼相比,后掠翼飞机在没有达到临界迎角之前,会较早地出现抖动；抖动迎角与临界迎角及其相应的抖动升力系数和最大升力系数之间的差别较大。

此外,后掠翼在临界迎角附近,升力系数的变化比平直翼缓和。因为后掠翼翼尖气流分离后,机翼的中间部分气流尚未分离,机翼升力系数仍随迎角的增大而增加,但升力系数曲线斜率却是下降的。迎角再增大,分离范围扩大,升力系数斜率进一步降低。增至临界迎角时,升力系数达到最大。超过临界迎角,机翼大部分气流已分离,于是升力系数开始降低。但是,由于翼根仍有小部分区域气流未分离,所以升力系数的降低并不剧烈。因此,后掠翼与平直翼比较,在临界迎角附近,升力系数变化比较缓和。

由于后掠翼飞机的翼尖气流先分离，会对后掠翼飞机大迎角下的稳定性产生不利的影响。为了延缓后掠翼的翼尖气流分离，通常采用下列措施。

(1) 采用几何扭转，减小翼尖部分的迎角，以避免翼尖气流过早地分离。

(2) 采用气动扭转，在翼尖部分采用延缓气流分离的翼型。

(3) 在后掠翼的上表面安装翼刀，可以阻滞附面层内气流的展向流动，以延缓翼尖气流分离。

(4) 减小后掠翼翼尖部分的后掠角，即同一机翼采用不同的后掠角，使翼尖部分横向流动减弱，延缓翼尖气流分离。

(5) 在机翼上采用前缘锯齿或缺口等，如图 4-66 所示。从锯齿或缺口处所产生的旋涡，不仅能阻止附面层气流沿展向流动，还能对附面层内空气输入能量，增大流速，以延缓翼尖气流分离。

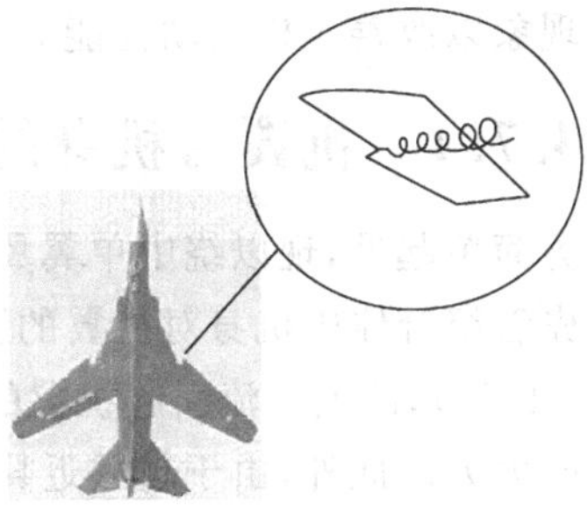

图 4-66 机翼前缘缺口

(6) 在翼尖部分设置前缘缝翼(详见 4.8.2 节)。大迎角下，前缘缝翼会自动打开，这样，可以利用前缘缝翼的气流，增大机翼上表面附面层内的空气动能，从而延缓翼尖气流分离。

(7) 在机翼翼尖部分上表面的前部安装涡流发生器(见图 4-67)。这种旋涡发生器实际上是相当于成排、垂直并以一定角度安装在机翼上表面的若干个小展弦比机翼。当气流流过机翼并流经旋涡发生器时，漩涡发生器要产生升力，同时伴随产生单侧翼尖涡流，因为展弦比小，将产生较大的翼尖涡。此时，涡流发生器将从附面层外取得较高能量的空气，并将其与附面层内低能量的空气混合以增强承受逆压梯度的能力，从而达到延缓气流分离的目的。

此外，涡流发生器对提高空气动力高速性能也能发挥重要作用。

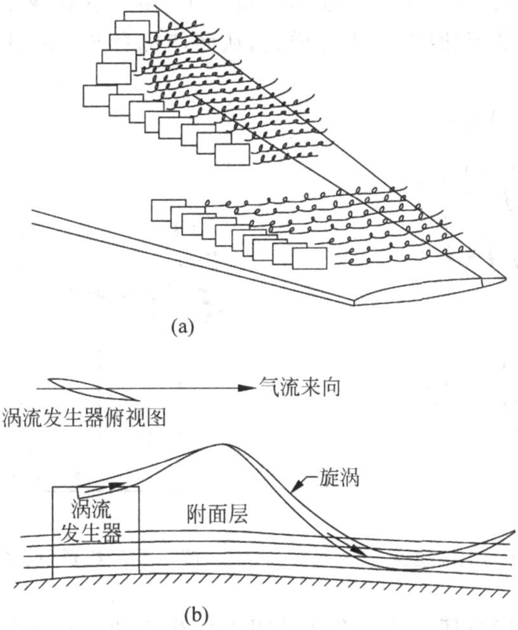

图 4-67 涡流发生器产生的“翼尖涡”

*4.7 空气动力干扰

飞机是由机翼、机身、尾翼等部件组成的。由于空气绕一个部件的流动会影响绕另一个部件的流动，因此，几个部件组合在一起，组合体的升力或阻力并不等于各单个部件的升力或阻力之和。这种现象称为**空气动力干扰**，例如我们前面讲到的干扰阻力。就整架飞机来说，各部件之间都应该存在干扰，但其中影响最大的是机翼与机身的相互干扰以及机翼对水平尾翼的干扰。本节讨论这两个问题。此外，本节还要介绍跨声速的面积律，这是积极利用干扰现象以改善飞机气动性能的范例。

4.7.1 机翼与机身的相互干扰

为简单起见，现以绕中单翼翼身组合体的低速流态为例进行分析。

先看组合体中机身对机翼的影响。当机身的迎角不为零时，在机身两侧会形成上洗流(见图 4-68)，此上洗流引起机翼的有效迎角增大，因此，组合体中机翼上的升力比没有机身时的升力大。此外，由于越靠近翼根的地方机身产生的上洗速度越大，机翼的局部迎角也越大，所以半个外露机翼上的压力中心与单独半个机翼相比，要靠近机身些。同时压力中心的前后位置一般也会改变。

再看机翼对机身的影响。当机翼产生升力时，机翼的翼尖涡要产生诱导速度。位于机翼前面的机身部分在上洗作用下，迎角增大；位于机翼后面的机身部分在下洗作用下，迎角减小；在翼身相连接的一段，气流沿机翼流动，当机翼无安装角时，这段机身的迎角为零，如图 4-69 所示。由此可见，在机翼的影响下，机身的气流方向是逐渐变化的，从而改变了机身的局部迎角。另一方面，我们已经知道，当机翼产生升力时，机翼上表面流速快，压力小；机翼下表面流速慢，压力大。在与机翼相连的机身段上，由于受机翼的影响，机身上部流速增大，压力减小，而机身下部流速减慢，压力增大，从而使机身产生的升力增大。

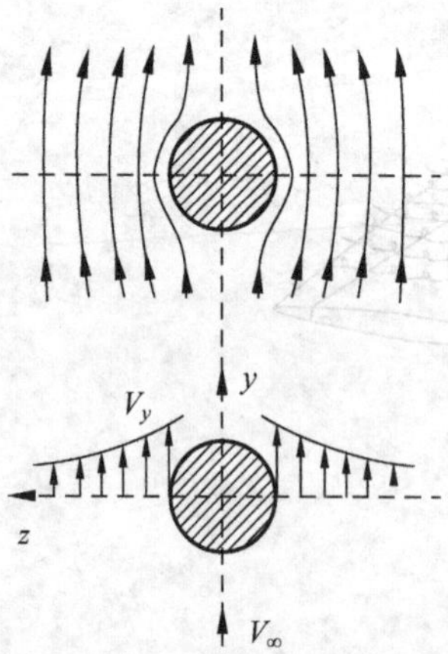

图 4-68 机身引起的上洗速度

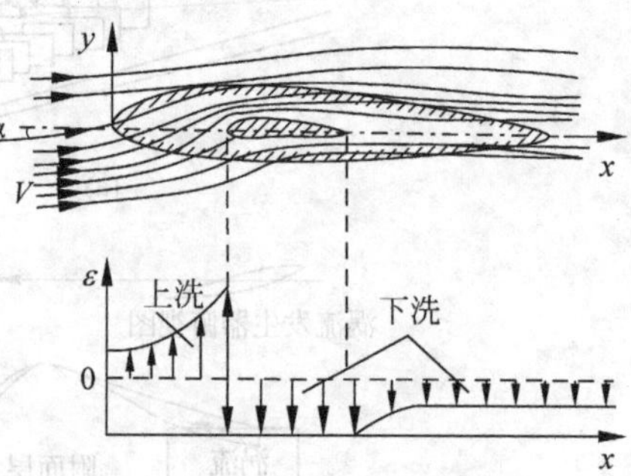

图 4-69 机翼引起的诱导速度

机翼与机身的相互影响还会使组合体的阻力发生变化。如前面讲过的，翼身结合部导致粘性压差阻力增大。此外，由于翼身结合部中段机翼与机身表面都向外凸出，流管收缩，局部流速增大，会使临界马赫数降低，激波阻力增大（有关临界马赫数、波阻的概念见第5、6章）。可见，在翼身结合部安装整流包皮不仅可以减小粘性压差阻力，而且对提高临界马赫数、减小波阻也有一定作用。

同理，平尾和机身的相互干扰，从本质上说与机翼和机身的相互干扰是相同的。

4.7.2　机翼对平尾的干扰

机翼对平尾的干扰主要表现在两个方面：一是气流的阻滞作用；二是下洗作用。

空气流过机翼，由于粘性的影响，要损失一部分能量，使气流受到阻滞。这样，流向平尾的气流速度（V_t）就会小于远前方来流流速（V_∞）。两者的关系可表示为

$$V_t^2 = k_q \cdot V_\infty^2 \tag{4.28}$$

式中，k_q 为速度阻滞系数，其大小与平尾和机翼的相对位置有关，可由实验确定，一般为0.85～1。

空气流过机翼形成下洗，机翼后面的气流方向不同于远前方来流方向，导致平尾迎角减小，如图4 70所示。

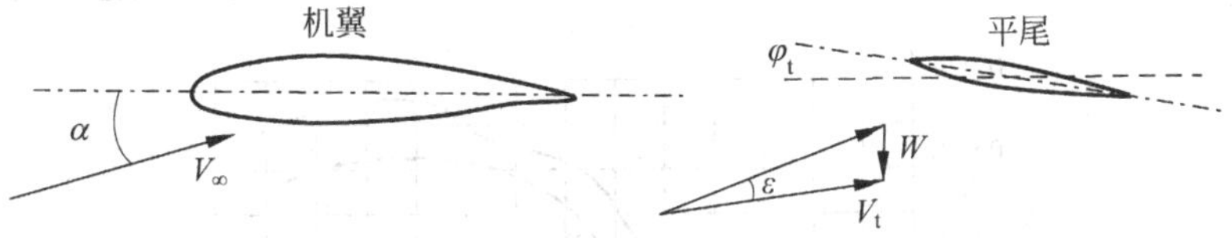

图4-70　机翼的下洗作用使平尾迎角减小

平尾迎角与机翼迎角的关系可表示为

$$\alpha_t = \alpha + \varphi_t - \varepsilon \tag{4.29}$$

式中：φ_t 为平尾安装角；ε 为机翼引起的下洗角。

下洗角的大小与机翼的升力系数有关。在机翼展弦比一定时，升力系数大，下洗角也大，升力系数和下洗角的关系可表示为

$$\varepsilon = D \cdot C_y \tag{4.30}$$

式中，D 为下洗角随升力系数而变的导数，其大小与机翼平面形状、平尾同机翼的相对位置以及飞行 M 数等因素有关。

综合考虑机翼的阻滞作用和下洗作用，平尾的升力可由下式计算：

$$Y_t = \frac{1}{2} k_q \rho V_\infty^2 C_{yt}^{\alpha t} (\alpha + \varphi_t - \varepsilon) S_t \tag{4.31}$$

机身对平尾的空气动力也有一定影响。与机翼相比，影响一般较小，道理基本相同。实际应用中，常把机翼、机身作为翼身组合体一起考虑。

4.7.3　跨声速面积律简介

跨声速阶段，机翼阻力会随 M 数急剧增加，以机翼和机身为组合体的飞机也是这样。为了寻找机翼和机身组合的最好形式，把阻力尽可能降下来，美国人惠特康姆于1965年在前人研究的基础上提出了跨声速面积律理论。最初是根据跨声速流动的一些特点提出来，通过实验得到论证的，以后又导出解析的证明。

跨声速面积律的基本理论是：小展弦比机翼和细长旋成体机身的组合体，在跨声速阶段的零升波阻系数增量 ΔC_{x0}，在一定条件下，主要取决于组合体横截面积（即迎风面积）沿机身纵轴方向的分布，而与组合体的外形没有关系。

也可以这样说，尽管两物体的横截外形并不相同，但在同一 Ma 下，只要具备两点：①两物体的横截面积轴向分布 $S(x)$ 相同（S 表示横截面积，x 表示轴向距离）；②底面的形状相同（两物体的底端都是柱形或者都收缩成尖端），并且在底面处横截面积分布的轴向斜率 $\mathrm{d}S/\mathrm{d}x$ 相同。那么，空气流过两物体的流动图形几乎一样，可见，零升波阻也是相等的。

面积律反映了声速附近（$Ma\approx1$）的气流特点。其物理意义大致是：在跨声速气流中，$Ma=1$ 对应流管喉部。流管喉部的横截面积（S）沿管轴 x 方向的变化率 $\mathrm{d}S/\mathrm{d}x=0$。此时，流速变化引起流管横截面积的变化很小。另一方面，$Ma=1$ 的马赫线（详见第 5 章）与主流方向垂直，物体对气流的扰动，是在垂直于轴线的平面上传播。在这个平面上，物体外形的局部变化对广大的扰动区影响很小。而波阻的大小，取决于全部扰动区的流动变化。即两物体外形差别的影响是次要的，而横截面积轴向分布则起决定性的作用。

实验结果如图 4-71 所示，尽管②、③的外形不同，但零升波阻系数增量 ΔC_{x0} 几乎相同。

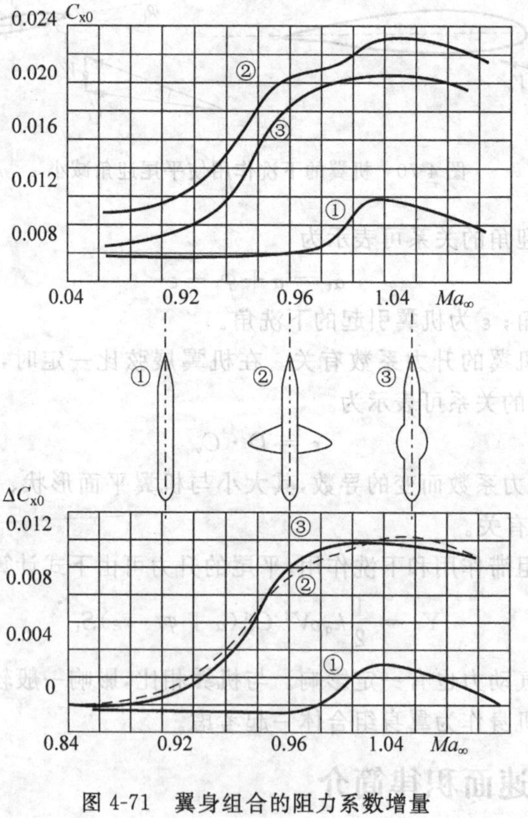

图 4-71　翼身组合的阻力系数增量

从图 4-72 看出，把机身中段向里收缩，修整成为蜂腰形，使组合体的横截面积轴向分布 $S(x)$ 变得平顺，和波阻很小的细长旋成体差不多，这样就可以大大降低零升波阻。这就是面积律的应用。

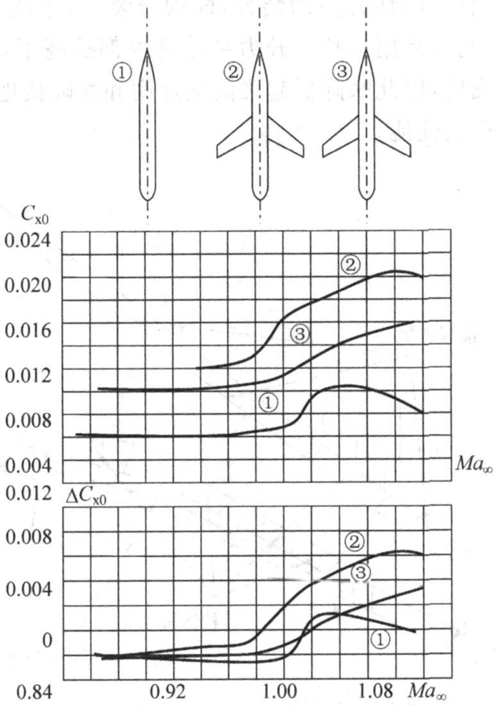

图 4-72 跨声速面积律的应用

又如波音 747 飞机，其横截面积分布如图 4-73 所示，对上部机身按虚线延伸，变得比较平滑，试验表明，它有效地提高了阻力发散马赫数(Max)。

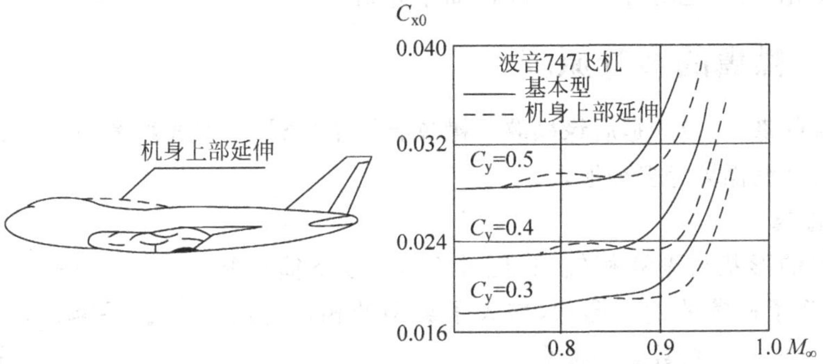

图 4-73 跨声速面积律的应用

4.8 飞机的增升装置

在 4.2 节里我们知道，飞机升力的大小与飞行速度和升力系数有直接关系，在飞行速度比较小的条件下，飞行员一般是通过增大升力系数来增大升力的，而升力系数的大小取决于迎角和翼型，由于迎角超过临界迎角后，飞机会失速，会危及飞行安全。迎角过大，飞机的稳定性和操纵性也显著变差，所以通过增大迎角而增大升力要受到一定的限制，能否考虑改变翼型呢？因此，在飞机上安装了增加升力的装置，即增升装置(见图 4-74)。它的作用不仅提高飞机的最大升力系数，同时常用迎角的升力系数普遍都提高了，在速度较小的条件下，也能产生足够的升力支托飞机，以此来降低起飞离地速度和着陆接地速度，从而缩短起飞着陆滑跑距离和改善飞机的机动性能。

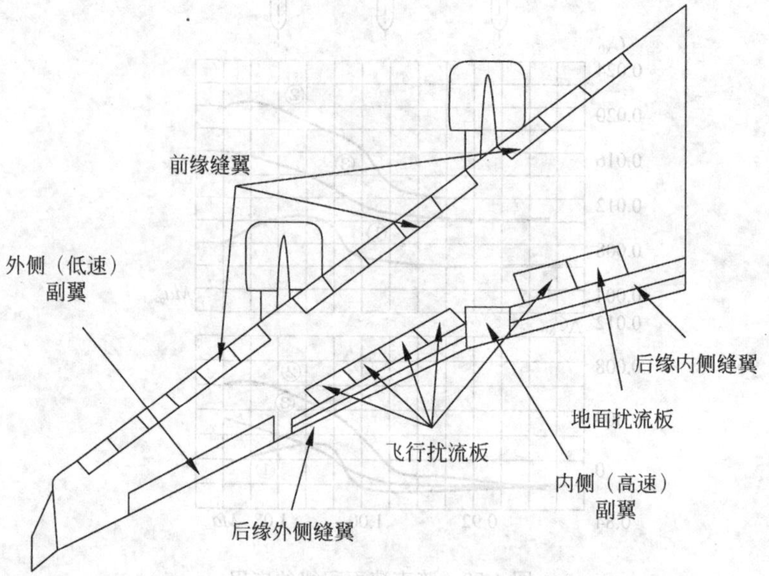

图 4-74　飞机机翼上的增升装置

襟翼是常用的一种增升装置，本节着重分析几种典型襟翼的增升原理及放襟翼后飞机空气动力的变化，对其他增升装置也作以简单介绍。

4.8.1　襟翼的增升原理

通常所说的襟翼，指的是后缘襟翼。襟翼有简单襟翼、分裂式襟翼、开缝式襟翼、后退式襟翼和后退式开缝襟翼等多种形式。

1）简单襟翼

简单襟翼的形状与副翼相似(见图 4-75)。放下简单襟翼，相当于改变了机翼的剖面形状，增大了翼型的相对弯度。因此，各迎角下的升力系数普遍提高。

简单襟翼结构简单，缺点是放下襟翼后，机翼后缘涡流区扩大，使临界迎角减小、压差阻力增大，同时随着升力系数的增大，诱导阻力系数也增大了。因而使升阻比降低。

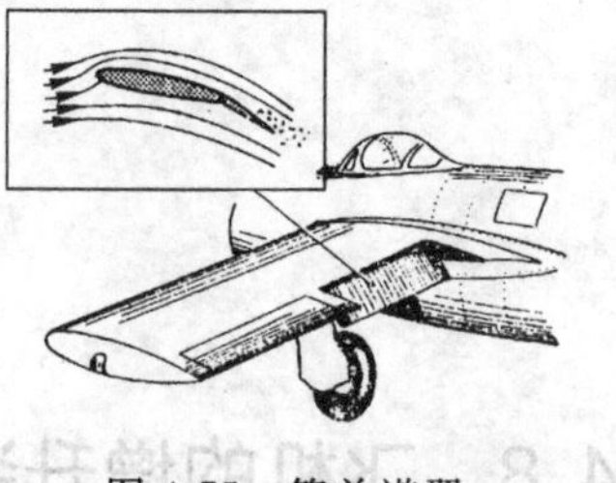

图 4-75　简单襟翼

2）分裂式襟翼

分裂式襟翼是从机翼后缘下表面分裂出来的一部分翼面(见图 4-76)。放下分裂襟翼，不仅机翼下表面气流更加受阻，压力增大，而且在襟翼和机翼下表面后部之间形成涡流，使机翼后缘附近压力降低，吸引机翼上表面气流加速流动。因此，增升效果比简单襟翼强。其缺点与简单襟翼类似，临界迎角和升阻比都减小，由于其结构简单，常用于小型飞机。如图 4-77 所示的初教机采用的就是分裂式襟翼。

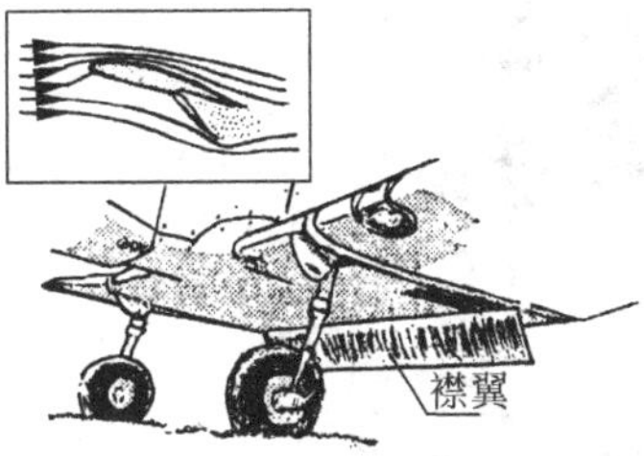

图 4-76　分裂式襟翼及流谱

图 4-77　某初教机的分裂式襟翼

3）开缝式襟翼

开缝式襟翼由简单襟翼改进而来(见图 4-78)。放下开缝式襟翼，在增大翼型相对弯度的同时，襟翼前缘与机翼后缘之间形成缝隙，空气从下表面通过缝隙流向上表面，高速气流通过缝隙流到上翼面，增加附面层能量，可使气流分离推迟，与无缝隙相比，可吹除机翼后部的涡流，延迟气流分离，因此，增升效果好于简单襟翼，最大升力系数一般可增大 85%～95%，而临界迎角降低不多。为了进一步提高开缝襟翼的增升效果，有的飞机还采用了双开缝(见图 4-79)、三开缝襟翼。开缝式襟翼一般多用于中、小型飞机。

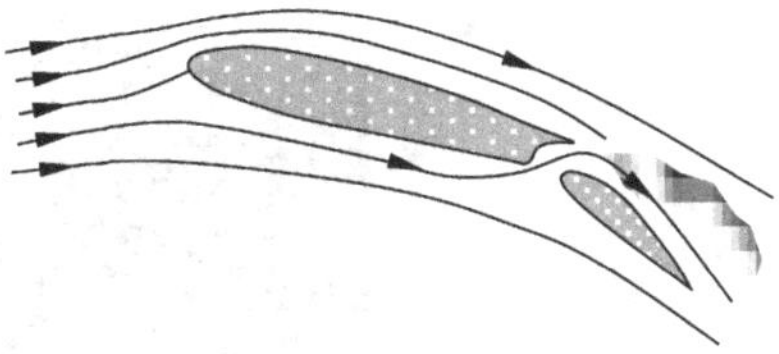
图 4-78　开缝襟翼及流谱

4）后退式襟翼

后退式襟翼的特点是襟翼在放下的同时还能向后滑动，在增大翼型相对弯度的同时，还增大了机翼的面积。这种襟翼的增升效果很显著，临界迎角降低也很小，如图 4-80 所示。

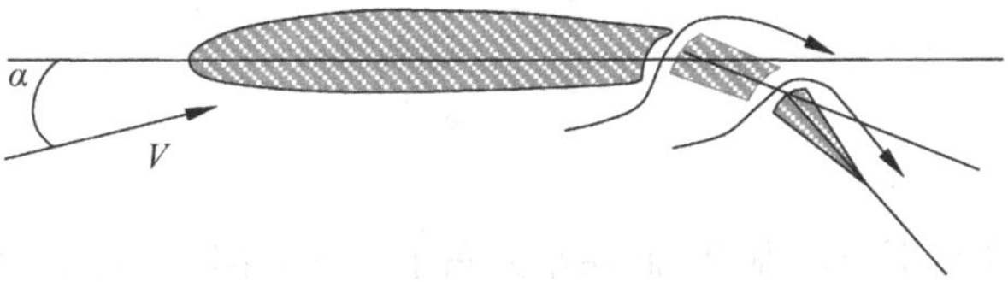

图 4-79　双开缝襟翼

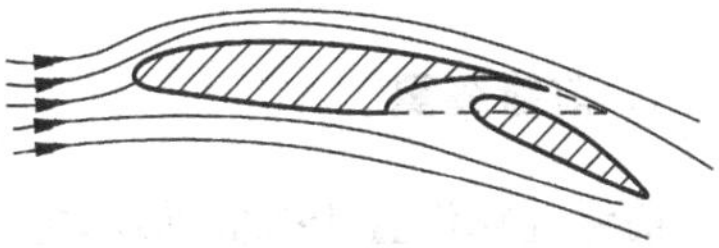
图 4-80　飞机的单缝后退襟翼

后退式开缝襟翼被目前大、中型飞机普遍采用，这种襟翼把后退式襟翼和开缝式襟翼结合起来了。它的特点是，在襟翼向下偏转增大相对弯度的同时，还向后滑动，增大了机翼面积，同时还能开 1～3 条缝，因此，增升效率比上述各种襟翼都高。增升效果可达到 110%～140%，目前广泛应用在大、中型飞机上，如图 4-81 所示。

后退式开缝襟翼又分为富勒式和查格式，这两种襟翼的结构和工作原理类似，但富勒式

图 4-81 波音 747 飞机后退三开缝襟翼

襟翼下偏角度大、后退范围小，查格式襟翼下偏角度小、后退范围大。

4.8.2 其他增升装置

现代飞机常用的增升装置除襟翼外，主要的还有前缘缝翼、前缘襟翼、机动襟翼、喷气襟翼、附面层控制装置等。

1. 前缘缝翼

前缘缝翼设置于机翼前缘，能在大迎角下自动张开，而在小迎角下自动关闭(见图 4-82)。这是由于在不同迎角下，机翼前缘的压力分布不同。在大迎角下，机翼前缘承受很大吸力，迫使机翼前缘自动张开；而在小迎角下，机翼前缘承受正压力，前缘缝翼受压力紧贴于机翼前缘。

由于接近临界迎角时，机翼上翼面气流分离逐渐加剧，当超过临界迎角时气流分离进一步加剧，升力系数随之减小。当迎角增大到一定程度，前缘缝翼自动张开时，会与机翼前缘形成一条缝隙。气流通过这一缝隙时得到加速，随后贴近上表面流动，能增大上表面附面层中的空气动能，延缓气流分离的产生，使临界迎角增大、最大升力系数提高，而阻力系数增大

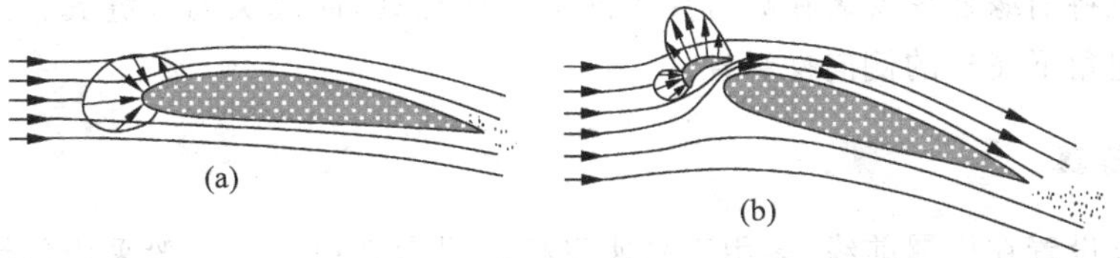

图 4-82 前缘缝翼的工作原理

(a) 小迎角时自动关闭；(b) 大迎角时自动打开

并不多，故升阻比增加。

在迎角较小时，上翼面气流分离较弱，此时若打开前缘缝翼，不仅不能增大升力系数，反而会抵消机翼上、下表面压力差而降低升力系数，因此，只有当飞机的迎角接近或超过临界迎角、机翼气流分离严重时打开前缘缝翼，才能起到增升作用。

例如，为了延缓机翼气流分离的产生，以提高临界迎角和最大升力系数，运五飞机的上翼装有前缘缝翼。前缘缝翼张开或闭合时的飞行速度，依飞行条件而定。在下滑状态中，若不放襟翼，前缘缝翼在迎角达到 16°，表速为 105km/h 左右自动张开；若放 40°襟翼则在 13°迎角，表速为 90km/h 左右自动张开，当飞行速度比张开时的速度大 5km/h 时，前缘缝翼将自动关闭。

前缘缝翼的张开，可以明显改善飞机的空气动力特性。由图 4-83 看出，运五飞机，在下滑状态中，不放襟翼，前缘缝翼在 16°迎角自动放开，临界迎角从 18°增至 24°，最大升力系数从 1.23 增至 1.66，增大了 35%；同时在 16°～18°迎角范围，同一迎角下的阻力系数平均约减小 20%，升阻比约增大 30%。

图 4-84 是运五飞机放下 40°襟翼（简单开缝式），前缘缝翼能自由伸缩时的飞机极线。从图中可以看出，前缘缝翼张开后，临界迎角由 14°提高到 21°，最大升力系数由 1.59 增至 2；飞机的阻力系数也显著减小。例如，在 13°迎角，前缘缝翼张开前后，阻力系数由 0.35 降至 0.285，约减小了 19%。

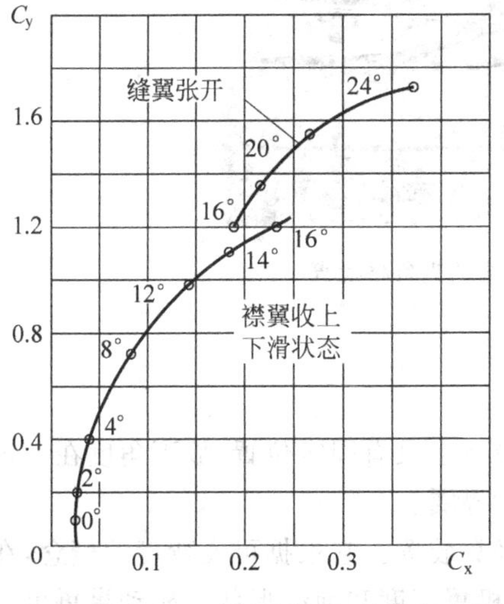

图 4-83 运五飞机不放襟翼、缝翼张开的飞机极线

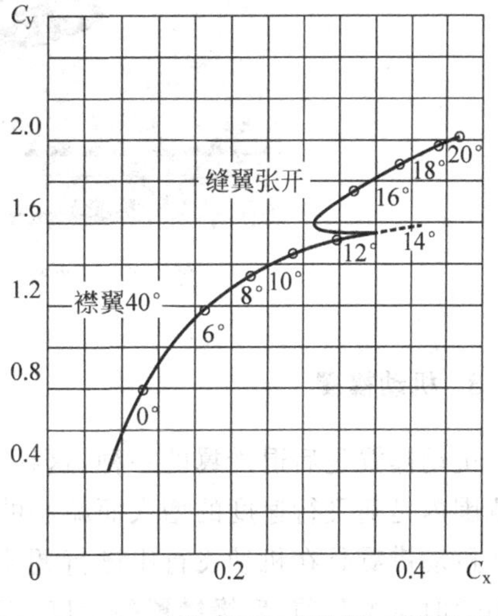

图 4-84 运五飞机放下 40°襟翼、缝翼张开的飞机极线

有的飞机将前缘缝翼安装在靠近翼尖的副翼前缘处，叫翼尖前缘缝翼。其目的是为了同时提高大迎角下飞机的侧向操纵性。

2. 前缘襟翼

前缘襟翼设置在机翼前缘，多用于高速飞机。因为高速飞机一般采用前缘半径较小的薄机翼，如前所述，这种机翼在大迎角下很容易在前缘就开始气流分离，如图 4-85(a)所示。放下前缘襟翼，既能增大机翼剖面的相对弯度，又能减小前缘相对于气流的角度，使气流平顺地流过，如图 4-85(b)所示。因此，它能延迟气流分离的产生，提高临界迎角和最大升力系数。前缘襟翼常与后缘襟翼配合使用。

图 4-86 是另一种形式的前缘襟翼，叫克鲁格襟翼。它装在机翼前缘下部，打开时，向前下方翻转，既增大翼型弯度，又增大机翼面积，有较好的增升效果，波音 747、波音 737-800、波音 757 等很多喷气客机上都装有这种襟翼，如图 4-87 和图 4-88 所示。

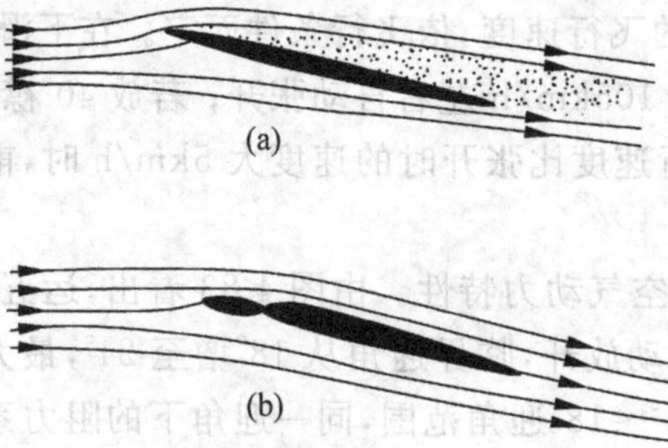

图 4-85 前缘襟翼

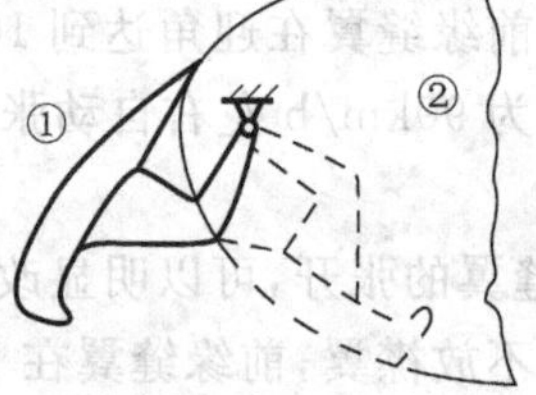

图 4-86 克鲁格襟翼

图 4-87 波音 747 飞机机翼前缘的克鲁格襟翼

3. 机动襟翼

机动襟翼是后退襟翼的一种，这种襟翼在放下位置上没有固定位置，放下角度在一定速度范围内是随飞行速度的增大而减小的，故称为机动襟翼。

机动襟翼是在机动飞行中进行调节的前、后缘襟翼装置。它根据可变弯度的概念，在飞行中适时调整其前、后缘襟翼的偏度，以保持最佳的机翼弯度和前缘形状。机动襟翼可由人工调节，也可以通过计算机进行自动调节。自动调节的机动襟翼能够在飞行中根据飞行速度、飞行高度和迎角的变化，自动改变前、后缘襟翼的偏角，进而可在飞行的所有速度和高度

图 4-88 波音 737-800 飞机的克鲁格襟翼和翼尖小翼

范围内有效改善飞机空气动力性能，如提高升阻比、延缓气流分离、提高最大升力系数、提高抖振边界等，从而可提高飞机的航程、机动性和结构疲劳寿命。

装有自动调节机动襟翼的机翼，其极曲线如图 4-89 所示，它实际上是不同飞行任务下的机翼极曲线的包线。

图 4-90 是某飞机放与不放襟翼的全机升力系数曲线，由图中可以看出，机动襟翼按控制规律调节时，升力系数有明显的提高，升力系数曲线斜率也有所增加。

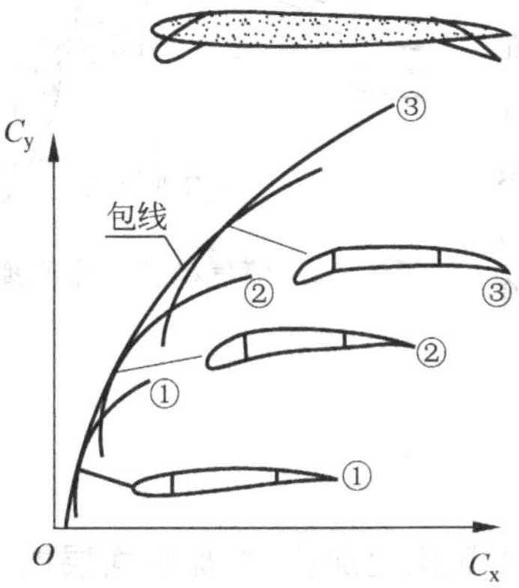

图 4-89 装有机动襟翼的机翼极曲线

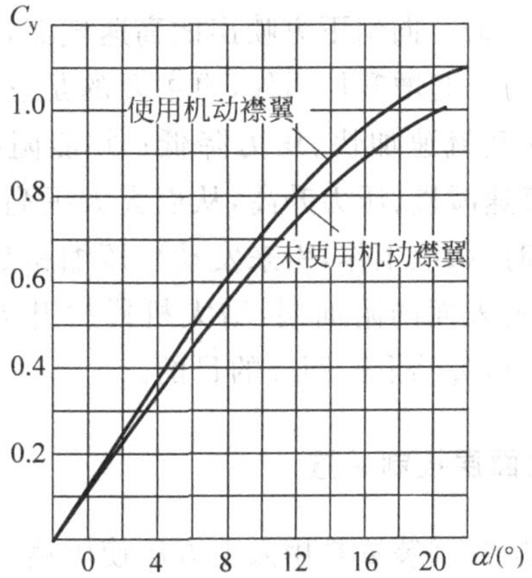

图 4-90 某飞机放与不放机动襟翼的全机升力系数曲线

例如，波音 737-300 飞机配备了高效增升装置，机翼上装有 4 块后退式襟翼，全部放出时为三开缝。前缘襟翼为 10 块，两台发动机之间 4 块为克鲁格襟翼，后缘襟翼放出时，克鲁格襟翼就会立即自动放到最大位置。发动机外侧的 6 块前缘襟翼，在后缘襟翼放下小角度时，同步放出一半，不开缝；在后缘襟翼放下大角度时，6 块前缘襟翼全部放出并开缝，以保证最大限度地提高增升效率。

波音 737-300 飞机后缘襟翼为机动式，当襟翼在 40 位置，表速超过 158kts，襟翼就会自动收到 30 位置（注："30 位置"不是偏角 30°）。表速减小到 153kts，襟翼又会回到 40 位置，见图 4-91。

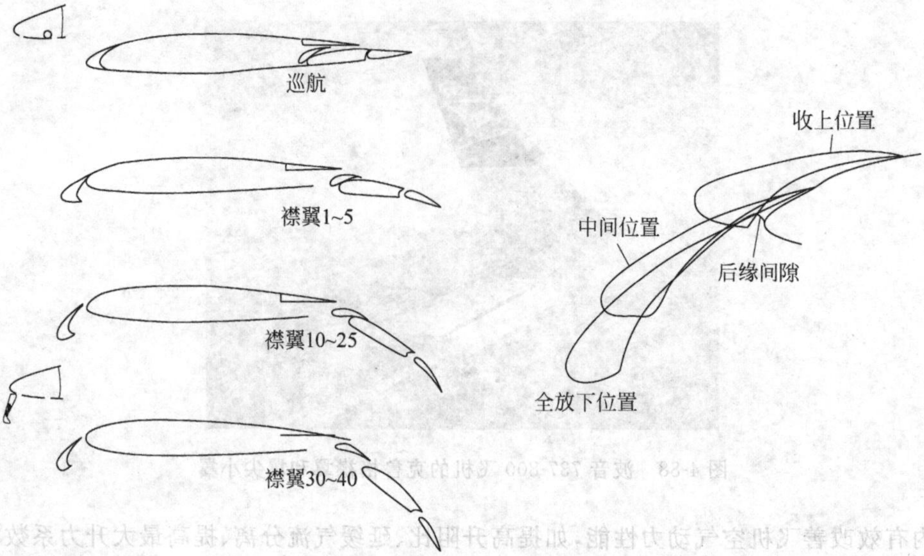

图 4-91　不同位置的前、后缘升力装置示意图

4. 喷气襟翼

喷气襟翼的工作原理，是把喷气发动机的压缩空气或燃气作为气源，使其从机翼后缘的缝隙中向斜下方高速喷出(见图 4-92)。向斜下方喷出的高速气流，除反作用力 N 的垂直分力可起增升作用外，更主要的是它能吸引上表面的气流，使其流速加快、压力降低；并能阻挡下表面的气流，使其流速减慢、压力升高，从而大大提高机翼的升力系数。着陆时，系统工作，引来发动机压缩机后的压缩空气，吹除襟翼上表面的附面层，增大机翼的升力，达到降低着陆速度、缩短着陆滑跑距离的目的。

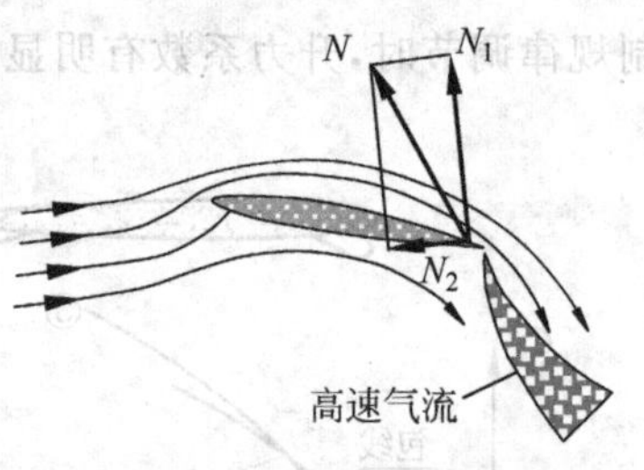

图 4-92　喷气襟翼工作原理

5. 附面层控制装置

附面层控制装置是用人工方法使机翼上表面附面层气流流速加快，增加附面层能量，延迟附面层气流分离，从而达到增大临界迎角和提高最大升力系数的目的。此装置通常有两种：如图 4-93(a)所示，为吹气装置，即从机翼上表面前部，向附面层吹出从发动机压气机里引来的高压空气，以增大附面层空气向后流动的速度；如图 4-93(b)所示，为吸气装置，即从机翼上表面后部，用抽气泵通过机翼表面的小孔或缝隙，向机翼内的管道抽吸空气，减小附面层厚度，使附面层空气顺利地向后流动。

图 4-93　附面层控制装置
(a) 前部喷气；(b) 后部吸气

有的飞机(如波音707、737、757)还在机翼或平尾上表面的后部装有旋涡发生器,也是一种附面层控制装置,同样能达到延缓气流分离的目的。其工作原理已在4.6节讲过。

在以上介绍的几种增升装置中,前缘缝翼和机动襟翼使用较多。有些飞机常把前缘缝翼与后缘襟翼配合使用,使得机翼的升力系数提高更多,并使压力中心不会过多后移。前缘缝翼、前缘襟翼、机动襟翼等主要用于空中,以提高低速大迎角性能,增强飞机的机动性。

后缘襟翼常用于飞机的起飞和着陆中。起飞时要求飞机尽快加速,一般放小角度襟翼,一方面提高了飞机离地姿态时的升力系数,减小了离地速度;同时又不过多增大飞机的阻力,使飞机有效缩短起飞滑跑距离。飞机离地后为减小飞机的阻力,到一定高度还要将其收起;而着陆时一般放下大角度(通常全放)襟翼。一方面为了提高飞机接地姿态时的升力系数,减小了接地速度;同时增大飞机接地后的滑跑阻力,从而有效地缩短了飞机接地后的滑跑距离。

4.8.3 放襟翼对飞机空气动力特性的影响

放襟翼后,不仅同一迎角下的升力系数普遍提高,而且,阻力系数、升阻比、压力中心、零升迎角、临界迎角、最大升力系数等也随之变化。

1. 阻力系数增大

阻力系数增大的原因有两方面:一是放下襟翼后,升力系数增大,有效展弦比减小,而诱导阻力系数与升力系数的平方成正比,与展弦比成反比,所以诱导阻力系数增大;二是在大迎角下放下襟翼,机翼后缘涡流区扩大,导致粘性压差阻力系数也增大。

2. 升阻比减小

在常用的迎角范围内,放下襟翼后,阻力系数增大的比例大于升力系数增大的比例。图4-94为某飞机放48°襟翼和未放襟翼的极曲线,从图中可以看出,放襟翼后,曲线右移较多,说明增加相同的升力系数时,阻力系数增加较多。因此,一般情况下,放襟翼后升阻比是减小的,见图4-95。

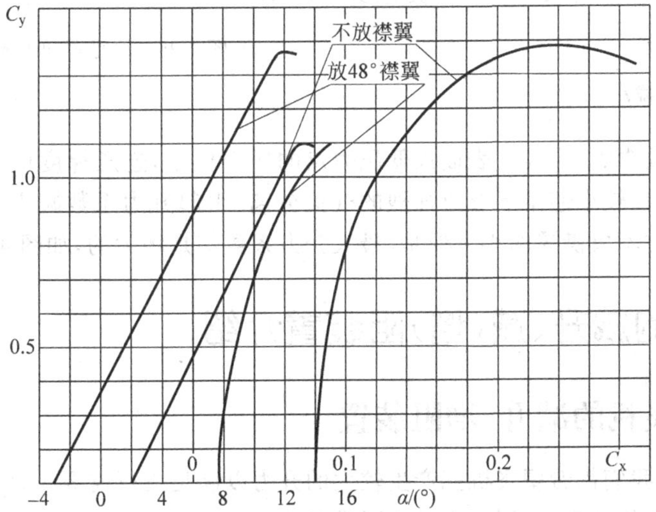

图4-94 某飞机放襟翼前后的升力系数曲线和飞机极曲线

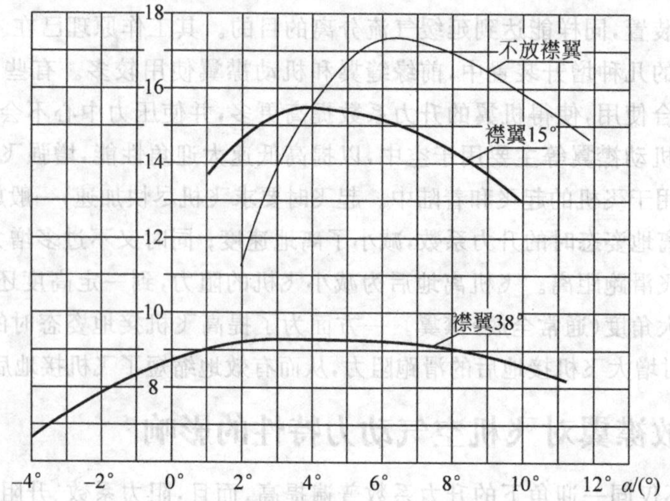

图 4-95　某飞机升阻比和迎角、襟翼的关系曲线（远离地面、收起落架）

3. 压力中心后移

如图 4-96 所示，放下襟翼后，机翼下表面的正压力和上表面的吸力都增大，但襟翼所在的机翼后部，机翼上下表面后部压力差增加得更为明显，因而机翼后部的升力增加得更多一些，导致压力中心后移。

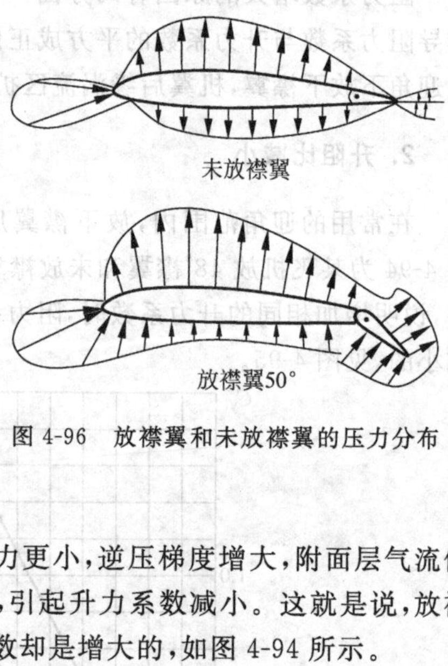

图 4-96　放襟翼和未放襟翼的压力分布

4. 零升迎角减小

如图 4-94 所示，放下襟翼，同一迎角下的升力系数增大，致使零升迎角减小。但升力系数斜率基本不变。

5. 临界迎角减小

在大迎角下放襟翼，机翼上表面最低压力点的压力更小，逆压梯度增大，附面层气流倒流增强，导致机翼在较小迎角下形成强烈的气流分离，引起升力系数减小。这就是说，放襟翼后的临界迎角比不放襟翼的小。但是，最大升力系数却是增大的，如图 4-94 所示。

4.9　飞机的减升、减（增）阻装置介绍

4.9.1　飞机的减升、增阻装置

通常情况下，我们都希望飞机能产生较大的升力以满足飞行需要；而有些情况下，我们又希望尽快减小飞机的升力，同样也是为了满足飞行需要。比如飞机着陆接地后，飞行员就

希望尽快减小升力以便增大机轮与地面摩擦力使飞机尽快减速。由于飞机全收状态(或称“净形状态”,主要指增升装置和起落架全收起)气动外形的阻力系数很小,在空中又不允许使用反推力,为了在紧急下降中增大下降率,又不使下降速度超过极限速度、同时为了缩短着陆距离和中断起飞距离,一般大型飞机机翼上都安装扰流板(也叫扰流片、卸升板)。扰流板未打开时紧贴在机翼表面上,不影响机翼表面气流的正常流动。打开扰流板时,由于扰流板前部气流受阻流速降低、压力升高;后部形成分离区,压力降低,从而导致阻力增加、升力减小。扰流板按其作用不同可分为飞行扰流板和地面扰流板,其作用如下:

(1) 提高副翼操纵效能:副翼上偏一侧机翼的扰流板可按规定角度打开,另一侧不动;一般安装在副翼前缘,用以提高副翼在大迎角时的效能。例如,在大迎角时,飞行员向左压杆时左副翼上偏、左侧扰流片升起,使左翼升力减小;右副翼下偏,右翼升力增加(右侧扰流片不动)。增大两翼升力差产生的操纵力矩使飞机向左倾斜;向右压杆时则相反。

(2) 可当减速板使用:使用时两边同时打开,可增加飞机的下降率。

(3) 降低飞机的突风载荷:两边扰流板随过载变化快速收放。

(4) 帮助刹车减速:使用时两边同时打开,上偏到最大角度(一般可达到40°～60°)。飞机着陆接地后或中断起飞地面滑跑时打开地面扰流板,会破坏空气在机翼上表面的平顺流动,使升力迅速减小,从而增大了机轮与地面的摩擦阻力,同时也增加了空气阻力,能使飞机迅速减速,见图4-97。

图4-97 飞机的襟翼和扰流板

例如,波音737-300飞机在机翼上表面襟翼前面安装了10块扰流板(见图4-98),由左到右序号为0～9,其中2、3、6、7四块为空中扰流板,分别由A、B液压系统供压,可在空中放出。放出时,4块扰流板同步上偏,最大偏角为25°,此时会使升力急剧减小。为了防止升力减小过多,在空中不允许把扰流板手柄扳过“飞行”固定位置,着陆进场时也不允许下降率过大,距地面1 000ft以下不得使用空中扰流板。编号0、1、4、5、8、9六块为地面扰流板,由A套液压系统供压,中断起飞时,只要速度大于60kts,扰流板手柄在预位,接通反推,10块扰流板就会同时放出。着陆时,只要把扰流板手柄置于“解除保险”位置,接地后10块扰流板就会放出到最大偏角。

图 4-98　波音 737 飞机的襟翼和扰流板

4.9.2　机翼翼梢的减阻装置

对于大多数亚声速民航机而言，飞机的诱导阻力在巡航飞行时约占总阻力的一半，在爬升飞行时则比一半还多。采用尽可能大展弦比机翼，当然是最直接的减少诱导阻力的有效措施，但要受结构上极大的限制，于是大家便十分关注翼梢对诱导阻力的影响。近年来出现了翼梢小翼、翼梢端板、翼梢帆片、下弯和截平翼梢及剪切翼梢等许多不同形式的翼梢，由于其结构简单、效果明显，因此被众多民航机所采用。

1. 翼梢小翼

当今，采用翼梢小翼的机型已很多，如我国的支线客机 L7-100，美国的大型干线客机波音 737，美国的大型运输机 C17，欧洲空中客车公司的大型干线客机空客 A320/A330/A340 等都普遍采用了翼梢小翼，如图 4-99～图 4-101 所示。

图 4-99　空客 A340 飞机的翼梢小翼

有限翼展机翼产生升力时，因机翼上下表面的压力差，空气要从下表面向上表面流动，在上表面形成一股从翼尖向翼根流动的横向气流，其速度记作 V_1。处于翼尖的小翼，受这

图 4-100 波音 737-800 飞机“融合式翼梢小翼”

图 4-101 A320 飞机的翼梢小翼

个横向速度的影响，具有一定诱导迎角 α_w，小翼产生升力 Y_w 和阻力 X_w。如果小翼设计恰当，就可能获得一负向阻力 Δx，这就是小翼能减小阻力的原因，原理详见图 4-102。

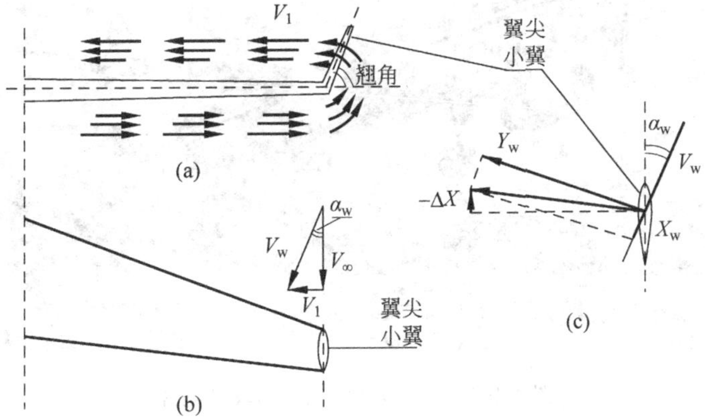

图 4-102 翼梢小翼负向阻力的产生原理

2. 翼尖端板

所谓翼尖端板，是安装在翼尖、垂直于外翼弦平面的薄平板。实验表明，它可以减小诱阻，但也存在着侧风稳定和结构上的问题，因此使用不太普遍。辅助翼尖油箱和翼尖吊挂的武器也具有一定的端板效应，并能减少机翼弯曲应力。

3. 翼梢帆片或翼梢羽片

翼梢帆片是面积比翼梢小翼小的不同平面形状的帆片，剖面形状也不一定是机翼的剖面形状。

图 4-103 是空客 A380 飞机的翼梢帆片，是上下对称的大后掠三角形。空客 A320-200 型飞机上采用的翼梢帆片(见图 4-104)，其前缘呈圆形，后缘呈楔形，沿其翼弦平面有一个抽后延伸的“纺锤体”，用来抵制翼尖旋涡。与翼梢小翼相比，在非设计状态仍有良好的减阻效果，侧风进场时，翼梢帆片本身不会出现失速现象。

图 4-103　空客 A380 飞机的翼梢帆片

图 4-104　空客 A320 飞机的翼梢帆片

图 4-105 是运五 B 飞机的翼梢羽片，羽片数一般在三片以上。受绕翼尖向上流动气流的影响，使作用在羽片上作用力有一向前的分量，其工作原理详见图 4-106。

4. 下弯和截平翼梢

图 4-107 是下弯和截平翼梢工作示意图，沿翼展流动的气流，在下弯或截平的翼梢处分离后，翼尖涡强度降低，从而改善翼尖流场，降低诱导阻力。

图 4-105　运五 B 飞机的翼梢羽片

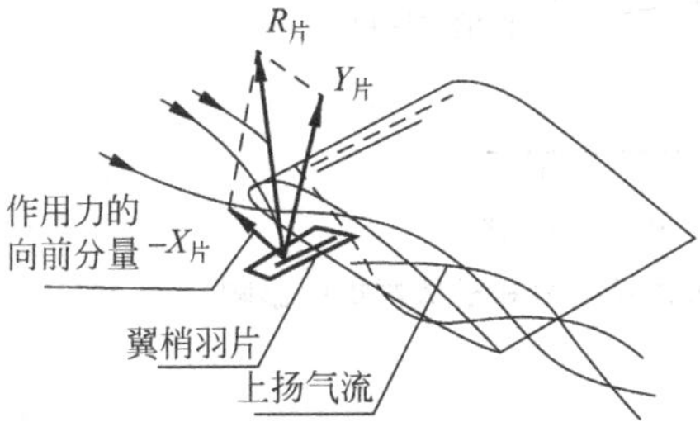

图 4-106　翼梢羽片工作原理

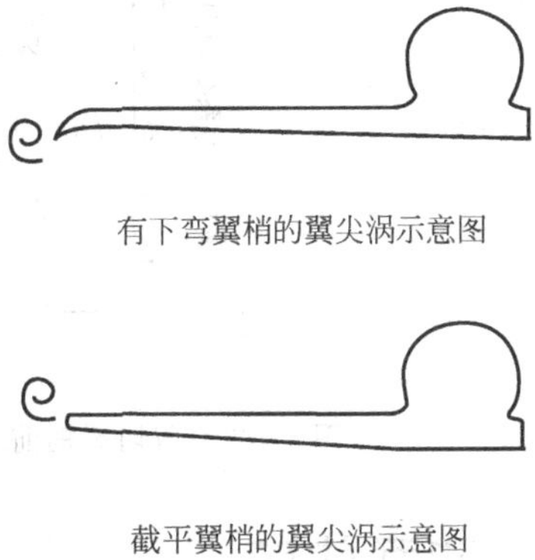

图 4-107　下弯和截平翼梢

5. 剪切翼梢

上面介绍的翼梢小翼、翼梢端板、翼梢帆片、翼梢羽片等都与主机翼不在同一平面内，它们都会在机翼根部带来程度不同的附加弯矩，使其效能不能充分发挥。

近年来一些研究者证实，剪切翼梢可取得更好的效果。我国自行研制的 L-12Ⅳ型飞机成功地加装了剪切翼梢，提高了飞机的装载量。剪切翼梢是指大后掠、大根梢比平面形状的翼梢，并和主机翼处在同一平面内，整个机翼的平面形状有点像“弯月”，如图 4-108 所示。

图 4-108　运-12 飞机的剪切翼梢

试验结果表明，设计合理的"弯月"机翼的诱导阻力甚至可以比椭圆翼的还小，剪切翼梢前缘后掠角65°时的诱阻系数可减小10.5%，诱导阻力因子减小4.8%。与非共面的其他形式翼梢相比，它与主机翼的干扰、本身的附加阻力及对非设计状态机翼特性影响显然要小得多。后掠的剪切翼梢使气动中心向后飘移，增加了纵向静稳定性，横向上反效应也有增强，对航向特性影响极小。剪切翼梢引起的根部附加弯矩很小，如图4-109所示。

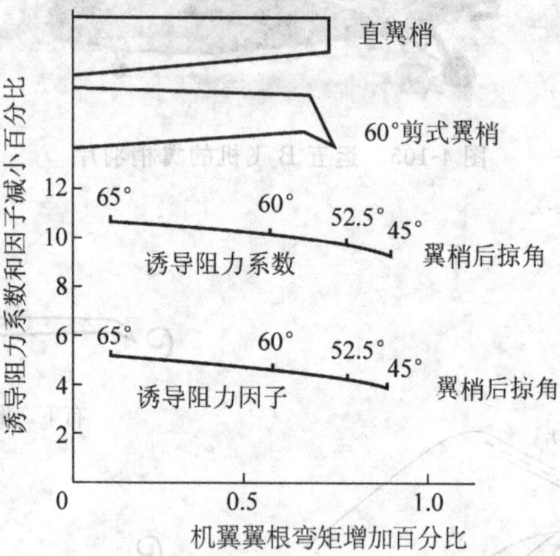

图4-109 剪切翼梢前缘后掠角对诱导阻力和根部弯矩的影响

4.10 地面效应

4.10.1 地面效应对气流的影响

飞机在起飞、着陆阶段贴近地面飞行时，由于流经飞机的气流会受到地面的影响，导致气流的方向发生改变，致使飞机的空气动力发生变化，这种现象称为**地面效应**。

与空中飞行相比，飞机贴近地面飞行时，一方面是由于机翼下表面的空气绕过翼尖向上表面流动的时候会受到地面的阻挡，致使翼尖涡强度减弱、平均下洗速度减小、下洗角减小；另一方面，由于通过机翼下表面的气流受到地面的阻滞作用，流速减慢、压力增大且有一部分空气改由上表面流动，使上表面流速进一步加快、压力减小，从而影响了飞机的空气动力（见图4-110）。

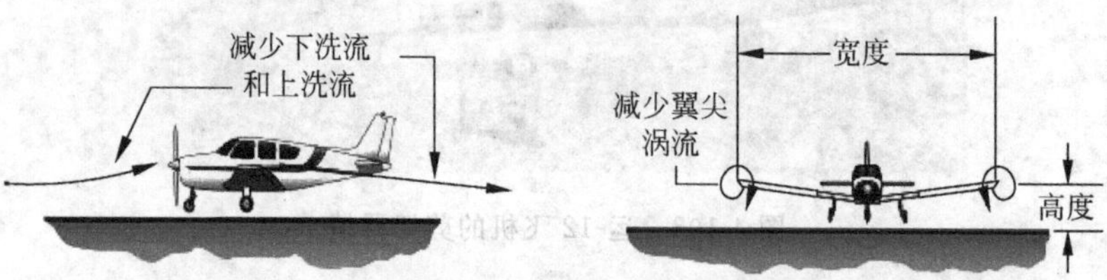

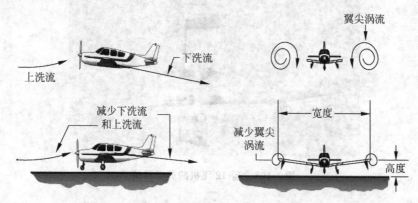

图4-110 地面效应对飞机翼尖涡流、下洗流的影响

4.10.2　地面效应对飞机空气动力的影响

图 4-111 是受地面影响的某飞机的升力系数曲线。

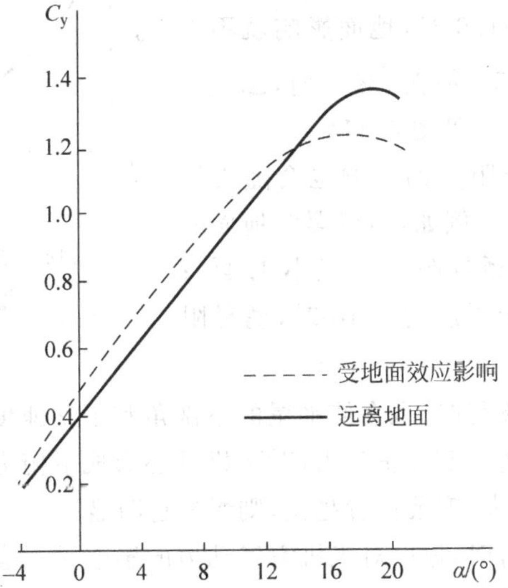

图 4-111　受地面影响前后的某飞机升力系数曲线

从曲线上可以看出：在一定迎角范围内，地面效应的影响使各迎角下的升力系数普遍增大；地面效应的影响使临界迎角减小，最大升力系数降低。

这是因为，飞机贴近地面飞行时，一方面，机翼平均下洗速度减小，平均下洗角减小，有效迎角增大，从而使机翼的实际升力增大，且向后倾斜的角度减小，所以，有效升力增大，诱导阻力减小；另一方面，机翼下表面气流受到阻滞，流速减慢，压力增大，上表面流速进一步加快，压力更小，从而使上下表面压力差增大，也使机翼的实际上升力增大。因此，在动压和机翼面积相同的条件下，同一迎角下的升力系数必然增大，同一升力系数下的阻力系数必然减小，从而使升阻比增大。但是，由于有效迎角的增大，还会引起气流提前分离，致使临界迎角减小，最大升力系数降低。

由于地面效应的影响，机翼升力沿展向分布也发生变化。对于直机翼来说，地面效应使翼根部分下洗速度减小较多，有效迎角增加较多，升力系数增加较多。地面效应对直机翼升力系数展向分布的影响如图 4-112 所示。对于后掠翼来说，由于翼尖更靠近地面些，使翼尖部分的有效迎角增加较多，升力系数增加较多。地面对后掠翼升力系数展向分布的影响如图 4-113 所示。

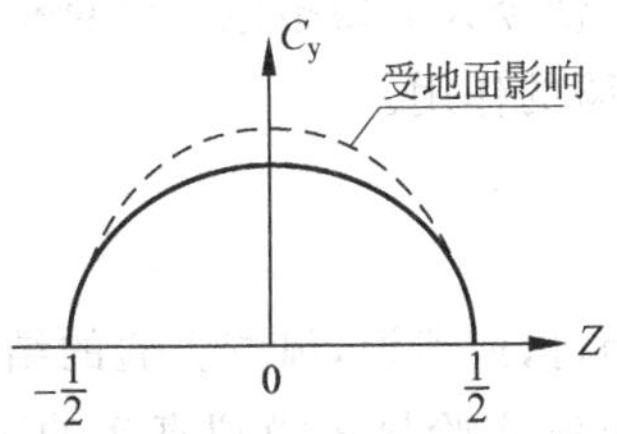

图 4-112　地面对直机翼升力系数展向分布的影响

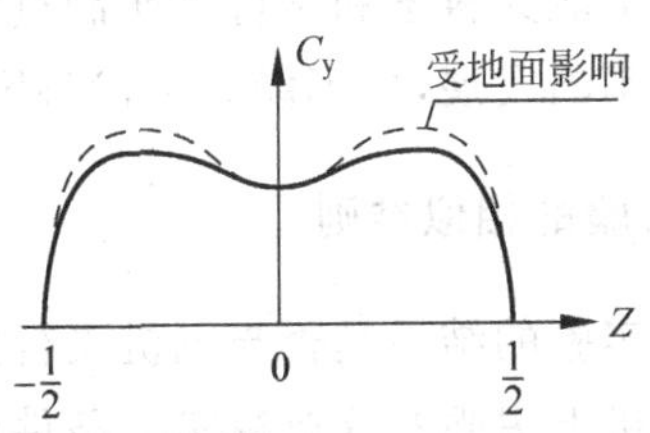

图 4-113　地面对后掠翼升力系数展向分布的影响

地面效应引起的升力系数增量(ΔC_{yg})取决于机翼后缘到地面的相对高度($\bar{h}$),$\bar{h}=h/l$。一般说来,地面效应在飞行高度低于一个翼展(即$\bar{h}<1$)时开始显现,在$\bar{h}$大于 0.5～1.0 时,地面影响就不大了,ΔC_{yg}不超过 0.1～0.15。但在$\bar{h}$较小时,ΔC_{yg}可能达到 0.2～0.3,或者更大,见图 4-114。

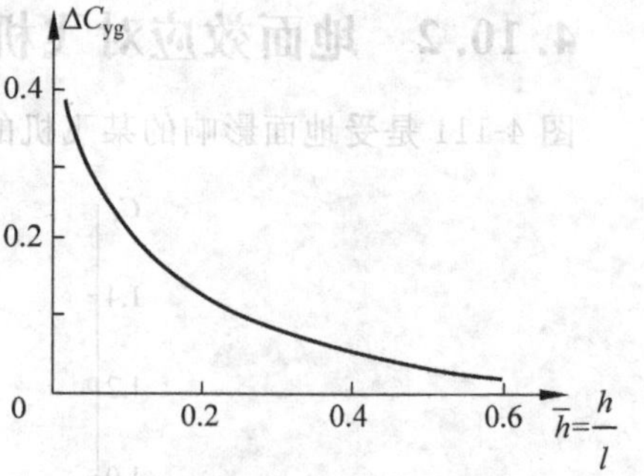

图 4-114　机翼距地面高度对升力系数增量的影响

地面效应对飞机诱导阻力的影响也会随飞机距地面高度的升高而减小。例如,当机翼距地面的高度等于其一个翼展时,诱导阻力仅减小 1.4%;当机翼距地面的高度等于翼展的 1/10 时,诱导阻力大约减小 48%。

此外,飞机贴近地面飞行时,也会使平尾的下洗角和下洗速度减小。因此,同空中飞行相比较,在平尾上额外产生一部分正升力,对飞机重心形成下俯力矩,这对飞机的力矩平衡有一定影响。平尾面积较大,安装位置越低,则影响越明显。

总之,在贴近地面飞行时,地面对飞机空气动力的影响是不容忽视的,尤其是下单翼飞机所受到的影响更大,在计算起飞、着陆性能时,尤其是在实际飞行中,必须考虑地面效应的影响。

*4.11　空气动力实验

1. 实验目的

对于飞机这类飞行器来说,空气动力性能实验主要是通过风洞吹风来实现的。其目的在于确定飞行时作用在飞机上的空气动力及其力矩(在飞行力学中讲解)的大小和变化规律,以及空气绕流的流动规律。

研制飞机时,为了计算飞机的结构强度和气动外形、决定发动机类型、确定飞行性能、分析计算飞机的稳定性和操纵性等,设计人员必须知道飞机上的作用力和力矩的变化规律。获得这些材料的传统方法是风洞实验。即按预选的气动外形,以一定的缩小比例,做成标准模型飞机或全尺寸飞机,将其固定在专门的风洞里吹风,并用仪器测量出模型或飞机所受的空气动力和力矩,找出其变化规律。飞机研制出来之后,还要用试制的真实飞机进行空中试飞,以验证其空气动力特性和确定实际所能达到的飞行性能。所以,空气动力实验这种研究方法在航空航天科学和飞行器研制过程中广泛采用。即使今天的模拟电子计算机和计算空气动力学不断发展,也不能完全代替风洞实验和试飞实验的作用。

2. 实验的相似准则

风洞实验的结果是否与飞机飞行的实际受力情形相符,或者说,风洞实验的结果能否用到真实飞机上去呢?这要视实验条件而定。通常要求风洞实验尽量模拟真实的飞行情况。为了使风洞实验的结果与飞行时飞机的真实受力情形相符,低速风洞实验必须满足三个条件：模型飞机的形状必须与真实飞机相似，称几何相似；空气流过模型飞机与流过真实飞机的情形必须相似，称运动相似；模型飞机各部位跟真实飞机对应部位的受力情形必须相似，称动力相似。这三条称为低速空气动力实验的相似准则。

1）几何相似

要做到模型与实物几何相似，对应线段必须成比例，对应角度必须相等。例如：l_1、b_1、c_1、X_{f1}、X_{c1}、…分别为模型翼展长、弦长、最大厚度、最大弯度位置、最大厚度位置等，l_2、b_2、c_2、X_{f2}、X_{c2}、…分别为真实翼的展长、弦长、最大厚度、最大弯度位置、最大厚度位置等；ϕ_1、θ_1、ψ_1、…分别为模型翼任意点的切线与翼弦的夹角，ϕ_2、θ_2、ψ_2、…分别为真实翼上对应点的切线与翼弦的夹角。若

$$\frac{l_1}{l_2}=\frac{b_1}{b_2}=\frac{c_1}{c_2}=\frac{X_{f1}}{X_{f2}}=\frac{X_{c1}}{X_{c2}}=\cdots$$

$$\phi_1=\phi_2,\quad \theta_1=\theta_2,\quad \psi_1=\psi_2,\cdots$$

则模型翼与真实翼几何相似。

2）运动相似

要做到模型与实物运动相似，对应位置的气流速度大小必须成比例，且方向相同。显然，只要模型与实物几何相似，并且保证模型和实物与相对气流的方位角（迎角和侧滑角）相同，那么，空气流过模型的流谱与流过实物的流谱就相似，即达到了运动相似。

3）动力相似

要做到模型与实物动力相似，对应位置的气动力大小必须成比例，且方向相同。

第2章中我们知道雷诺数（Re）等于流体微团所受的惯性力与粘性力之比。在低速气流中，如果不考虑空气的重力，那么，作用于物面上的力只有粘性力和空气压力。空气压力是惯性力。所以，只要模型与实物两流场中任何一对对应位置上空气微团所受的惯性力和粘性力成比例，那么，两个流动就一定是动力相似。这就是说，动力相似的条件是

$$\frac{\text{惯性力}}{\text{粘性力}_{(\text{模型})}}=\frac{\text{惯性力}}{\text{粘性力}_{(\text{实物})}}=\text{常数}$$

所以，在低速流动中，只要雷诺数相同，就达到模型与实物动力相似。

在低速风洞实验中，若能满足上述三个相似，实验所得的模型飞机各点的压力系数就是真实飞机在相同条件下各对应点的系数；模型飞机的空气动力曲线（升力系数曲线、阻力系数曲线、侧力系数曲线）和力矩系数曲线就是真实飞机的空气动力系数曲线和力矩系数曲线（力矩系数及其曲线：在飞行力学中讲解）。

值得一提的是，在低速风洞实验时，要保证模型与实物的雷诺数相等是困难的。因为模型的特征长度（l）比实物的小得多，为保证雷诺数相等，必须提高空气密度（ρ）和气流速度（V），或减小粘性系数（μ）。但增大气流速度是有限的，因为速度太大，空气压缩性影响显著。为了提高模型的雷诺数，早期曾有人把风洞密封起来加压，以增大空气密度；现在随着技术日益发展和材料的不断更新，则可以尽量扩大风洞尺寸，增大模型和实物的比例，以容纳尺寸较大的模型；有时还采用液氮注入法以降低气温，从而降低粘性系数，提高雷诺数，来求得动力相似。

本章小结

本章内容是全书的核心,先介绍了机翼的剖面形状(翼型)和平面形状的几何参数及翼型的编号表示方法;讨论了翼型和有限翼的升力、阻力、侧力的产生原因、影响因素及升力、阻力和压力中心位置的变化规律;介绍了飞机常用的增升(减阻)装置及其工作原理,以及影响飞机空气动力的其他因素;分析了气流绕后掠翼的翼根效应和翼尖效应及后掠翼的低速升阻力特性以及大迎角低速空气动力特性。

复习与思考

1. 画图说明机翼剖面主要几何参数(翼弦、中弧线、相对弯度(中弧曲度)、最大弯度位置、相对厚度(厚弦比)、最大厚度位置、前缘半径、后缘角)的意义。

2. 说明机翼平面主要参数(机翼面积、翼展(展长)、展弦比、根尖比(梢根比)、机翼后掠角、机翼安装角、机翼上、下反角、机翼几何扭转角)的意义。

3. 什么是飞机(机翼)的迎角?如何判定其大小和正负?它对流线谱有何影响?

4. 画图(双凸型翼型流线谱)说明机翼升力是怎么产生的,升力的方向和作用点是如何确定的。

5. 什么是剩余压力?什么是压力系数?画出翼型的压力分布(示意)图,说明各部分对升力的贡献。(矢量法、坐标法)

6. 机翼的最低压力点、前驻点、压力中心这三者有什么不同?它们随迎角各是如何变化的?

7. 画出飞机的升力系数(C_y-α)示意曲线,标出零升迎角、临界迎角,并说明随迎角增加,升力系数的变化规律及其原因。

8. 不同平面形状机翼的失速特性有什么不同?常用的改进措施有哪些?

9. 有限翼展流态的基本特点有哪些?飞机的翼尖涡流是如何产生的?下洗气流与其有何关系?

10. 举例说明改善有限翼展机翼失速特性、延缓翼尖气流分离的主要措施有哪些?

11. 什么是摩擦阻力?什么是压差阻力?什么是干扰阻力?三者有何不同?分别分析其产生原因。

12. 什么是飞机的诱导阻力?画图说明飞机的诱导阻力是如何产生的?写出诱导阻力系数公式,并说明其影响因素。何谓诱导阻力因子?

13. 迎角对压差阻力和诱导阻力各是怎样影响的?展弦比对诱导阻力是怎样影响的?为什么?

14. 写出阻力公式,说明各参数的物理意义及其对阻力的影响特点,并说明阻力系数和升力系数的区别。

15. 画出阻力系数曲线(C_x-α)示意图,说明阻力系数随迎角的变化规律,并在曲线上标出最小阻力系数($C_{x\min}$)。

16. 什么叫零升阻力系数?零升阻力系数的大小取决于哪些因素?零升阻力系数与最小阻力系数有什么区别?

17. 什么是升阻比？升阻比随迎角如何变化？为什么？

18. 画出飞机极曲线(示意图)，说明其用途。

19. 什么叫侧滑和侧滑角？左、右侧滑和侧滑角的正负是怎样规定的？

20. 侧力是在什么条件下产生的？如何确定其方向？正负是如何规定的？大小与哪些因素有关？

21. 写出侧力公式，说明侧力系数的物理意义。影响侧力大小的因素有哪些？

22. 什么叫后掠翼的翼根效应和翼尖效应？翼根效应和翼尖效应对机翼表面压力分布有何影响？

23. 与平直翼相比，后掠翼的低速升阻力特性有什么特点？并解释原因。

24. 后掠翼在大迎角下，为什么翼尖先失速？临界迎角附近升力系数变化为什么比平直翼缓和？

25. 襟翼的作用是什么？常见的襟翼有哪些类型？举例说明其工作原理。

26. 前缘缝翼与后缘襟翼的工作原理有什么不同？

27. 在什么情况下使用襟翼？使用襟翼时应注意什么问题？

28. 飞机上的扰流片有什么作用？

29. 画图说明翼梢小翼为什么能减小飞机的阻力。

30. 地面效应对飞机的升、阻力特性有何影响？

31. 低速空气动力实验的相似准则有哪些？

32. 计算题。

(1) 某飞机质量为 3 800kg，机翼面积为 $17m^2$，零升迎角为 $-2.1°$，升力系数斜率为 0.077 3/(°)，求飞机以 360km/h 的表速作水平飞行时的迎角(海平面空气速度 $\rho=1.225\,00kg/m^3$)。

(2) 某飞机质量为 3 525kg，机翼面积为 $17.021m^2$，求该飞机在海平面标准大气条件下用临界迎角作水平飞行时的速度。

(3) 某飞机以 540km/h 的真速水平飞行，若飞行员拉杆将升力系数增加为原来的 2 倍后，仍在原高度上平飞，求拉杆后飞机的平飞速度。

(4) 某飞机质量为 4 000kg，机翼面积为 $17m^2$，有效展弦比为 5.4，零升阻力系系数为 0.024，求飞机以 450km/h 的表速作水平飞行时的阻力(海平面空气密度 $\rho=1.225\,00kg/m^3$)。

(5) 某飞机机翼面积为 $17m^2$，零升阻力系数为 0.024，用有利迎角平飞时的表速为 278km/h，升阻比为 12.38，求飞机的质量。

(6) 已知某飞机机翼面积为 $17.021m^2$，飞机质量为 4 200kg，求该型飞机在 3 000m 高度上以 450km/h 的速度作水平飞行时的迎角是多少？飞机阻力是多少？

拓展阅读

飞机的发明

20 世纪最重大的发明之一，是飞机的诞生。人类自古以来就梦想着能像鸟一样在太空中飞翔。而 2 000 多年前中国人发明的风筝，虽然不能把人带上太空，但它确实可以称为飞机的鼻祖。

20 世纪初，在美国有一对兄弟，在世界的飞机发展史上做出了重大的贡献，他们就是莱特兄弟。在当时大多数人认为飞机依靠自身动力的飞行完全不可能，而莱特兄弟却不相信这种结论，从 1900 年至 1902 年他们兄弟进行 1 000 多次滑翔试飞，于 1903 年 12 月 17 日制造出了第一架依靠自身动力进行载人飞行的飞机——“飞行者”1 号。莱特兄弟驾驶他们制造的飞行器进行首次持续的、有动力的、可操纵的飞行，并且获得试飞成功。他们因此于 1909 年获得美国国会荣誉奖。同年，他们创办了莱特飞机公司。这是人类在飞机发展的历史上取得的巨大成功。

初期的飞机使用的都是单台发动机，在飞行中，有时会出现发动机突然停车的故障。这对飞行安全始终是个威胁。1911 年，英国的肖特兄弟申请了多台发动机设计的专利。他们的双发动机系统，能使每一个飞行员都不用担心因发动机停车而使飞机迫降甚至酿成事故。这在航空安全方面是一个重大的进展。人们把按照肖特专利制造的第一架飞机称为“3/2”型飞机。这个名字告诉人们，这种飞机装有 3 副螺旋桨，2 台发动机。这种飞机还装有两套飞行操纵机构，因此，两名驾驶员都能操纵飞机而不必换座位。

1927 年至 1932 年中，座舱仪表和领航设备的研制取得进展，陀螺技术应用到飞行仪表上。这个装在万向支架上的旋转飞轮能够在空间保持定向，于是成为引导驾驶员能在黑暗中、雨雪天中飞行的各种导航仪表的基础。这时飞机中就出现了人工地平仪，它能向飞行员指示飞机的姿态；陀螺磁罗盘指示器，在罗盘上刻有度数，可随时显示出航向的变化；地磁感应罗盘，它不受飞机上常常带有的大量铁质东西的影响，也不受振动和地球磁场的影响。这些仪表灵敏度高，有能测出离地 30 多米的高度表和显示飞机转弯角速度的转弯侧滑仪，此外还有指示空中航线的无线电波束，都是用来引导驾驶员通过模糊不清的大气层时的手段。

飞行仿真器又称飞行模拟器，它可以在地面模仿飞机的飞行状态。1930 年，美国人埃德温·林克发明了第一台飞行仿真器，并且以自己名字命名为“林克练习器”，尽管它存在着技术上的缺陷，但它已经体现了不使用真实飞机就能安全、经济地反复进行紧急状态动作训练的优点。现在的飞机模拟器已经由计算机、模拟驾驶舱、运动系统、操纵负载系统和视景系统等组成，是现代航空科研、教学、试验等不能缺少的技术设备。

1910 年 12 月 10 日，在法国巴黎展览会上，有一架飞机在表演时坠毁，驾驶员被抛出燃烧的机舱。但是，这架飞机却引起人们很大关注，因为它使用的是一台新型发动机。设计者就是飞机驾驶员本人，他是罗马尼亚人，名叫亨利·科安达，毕业于法国高等技术学校。他设计一台 50 马力的发动机使风扇向后推动空气，同时增设一个加力燃烧室，使燃气在尾喷管中充分膨胀，以此来增大反推力。这就是最早的喷气发动机。

20 世纪 30 年代后期，活塞驱动的螺旋桨飞机的最大平飞时速已达到 700km，俯冲时已接近声速。音障的问题日益突出。苏联、英国、美国、德国、意大利等国大力开展了喷气发动机的研究工作。德国设计师奥安在新型发动机研制上最早取得成功，1934 年奥安获得离心型涡轮喷气发动机专利，1939 年 8 月 27 日奥安使用他的发动机制成 He-178 喷气式飞机。

喷气发动机研制出之后，科学家们就进一步让飞机进行突破音障的飞行，经过 10 多年之后这项工作终于被美国人完成了。

1947 年 10 月 14 日在美国加利福尼亚州的桑格菲尔地区，贝尔公司试飞能冲破音障的飞机。上午10时一架巨大的B-29轰炸机，在机舱下悬挂着一架造型奇特的小飞机起飞了。这架小飞机命名为X-1火箭飞机。X-1飞机装有4台火箭发动机，总推力2 700kg，使用的燃料是危险的液氢和酒精。当B-29轰炸机把它从空中放下的时候，它的4台火箭发动机相继点火，声如雷鸣。当飞机发动机启动1分28秒后，马赫数达到1.0，飞机达到了声速。这时X-1飞机的燃料几乎用尽，速度变得更快，马赫数达到1.06，这时的高度是13 000m。尽管试飞成功，但由于X-1飞机不是靠自身的动力起飞升空，这个纪录没有被承认。

飞机的发明，使人们在普遍受益的情况下又产生了新的不满足。飞机起飞需要滑跑，需要修建相应的跑道和机场。这就带来了诸多不便，于是有人开始探索可以进行垂直起落的飞行器，通称直升机。

1939年9月14日世界上第一架实用型直升机诞生，它是美国工程师西科斯基研制成功的VS-300直升机。西科斯基原籍俄国，1930年移居美国，他制造的VS-300直升机，有1副主旋翼和3副尾桨，后来经过多次试飞，将3副尾桨变成1副，这架实用型直升机从而成为现代直升机的鼻祖。

自从飞机发明以后，飞机日益成为现代文明不可缺少的运载工具。它深刻地改变和影响着人们的生活。由于发明了飞机，人类环球旅行的时间大大缩短了。世界上第一次环球旅行是16世纪完成的。当时，葡萄牙人麦哲伦率领一支船队从西班牙出发，足足用了3年时间，才穿越大西洋、太平洋，环绕地球一周，回到西班牙。19世纪末，一个法国人乘火车环球旅行一周，也花费了43天的时间。飞机发明以后，人们在1949年又进行了一次环球旅行。一架B-50型轰炸机，经过4次空中加油，仅仅用了94个小时，便绕地球一周，飞行37 700km。强中更有强中手。超声速飞机问世以后，人们飞得更高更快。1979年，英国人普斯贝特只用了14小时零6分钟，就飞行36 900km，环绕地球一周。在不到一天的时间里，就可以飞到地球的各个角落，这对于生活在20世纪以前的人类来说，难道不是一个人间奇迹吗?

在人类探索地球深处的奥秘时，飞机也被广泛应用于地质勘探。人们使用装备了照相机或者一种称为肖兰系统的电子设备的飞机，可以迅速而准确地对广大地区，包括险峻而难以到达的地方进行测绘。把空中拍摄的照片一张张拼接起来，就可以绘制极好的地形图。这比古老的测绘方式要简便易行得多。就连冰天雪地、人迹罕至，一度只是探险人员涉足的北极和南极，现在乘坐飞机就可以毫不困难地到达。

第5章

高速气流特性

本章关键词

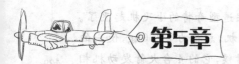

激波(shock wave)　　声速(speed of sound)

马赫数(Mach number)　　膨胀波(expansion wave)

在前面的内容里,我们认为空气是不可压缩流体,那是因为低速气流的密度和温度随速度的变化很小,为了研究问题的简便,我们忽略了低速气流的压缩性,把低速气流看作是不可压缩的。而高速气流的空气密度和温度随速度改变的变化较大,而且气流速度变化越大,空气密度和温度的变化越明显。此时就不能忽略空气的压缩性,当气流速度超过声速时,气流特性会出现一些不同于低速气流的质的差别。例如,流管扩张,超声速气流不是减速而是加速,并产生一系列膨胀波;流管收缩,超声速气流减速,会产生压力突增的激波。其根本原因就是空气的压缩性决定的。因此,高速气流的压缩性不可忽略。

5.1　高速气流一维定常流动

5.1.1　声波与声速

1. 弱扰动波

向平静的水中投入一枚石子,池水受到的扰动就会以波的形式向四面八方传播。同样,飞机在空中飞行,机身、机翼等会对周围的空气产生扰动,使空气压力、密度等参数发生变化,也会以波的形式向四面八方传播。

在扰动传播过程中,受扰动的空气与未受扰动的空气之间的分界面称为**扰动波**。波面前后压力差微小的,称为弱扰动波;波面前后压力差显著的,称为强压力波。

扰动分为压缩扰动($dp>0$)和膨胀扰动($dp<0$),对应的扰动波就是压缩波和膨胀波。膨胀波是一种弱扰动波。压缩波又分为弱压缩波和强压缩波两种,强压缩(力)波,也称**激波**。例如,原子弹爆炸时空气受到强烈压缩,压力急剧升高,形成破坏力极大的强压力波,就是激波,也是通常所说的冲击波。

扰动波在空气中的传播过程,可以用实验证明。如图 5-1 所示,取两个小鼓,正对着放置，两鼓不直接接触，当敲击右侧鼓膜时，与左侧鼓膜接触的小球会弹起。这证明扰动从一端传到了另一端。

声波是最常见的弱扰动波，是声源振动所引起的气体压力变化在气体中的传播结果。例如，用锤击鼓，会引起鼓膜振动。鼓膜向外凸起时，使紧贴鼓膜的空气层受到挤压，其压力和密度稍微升高。这层被挤压的空气的压力比外层空气的压力稍高，又会挤压离鼓膜稍远的空气。这层稍远的空气受到压缩后，又会挤压离鼓膜更远的空气。这样，鼓膜振动所引起的空气压力变化就会由近向远传播。当鼓膜向内凹进时，邻近的空气又会膨胀，压力降低。这个压力降低的扰动紧随在压力升高的扰动后面也向四周传播。扰动波传到人的耳朵，引起耳膜振动，人就听到了鼓声，如图 5-2 所示。

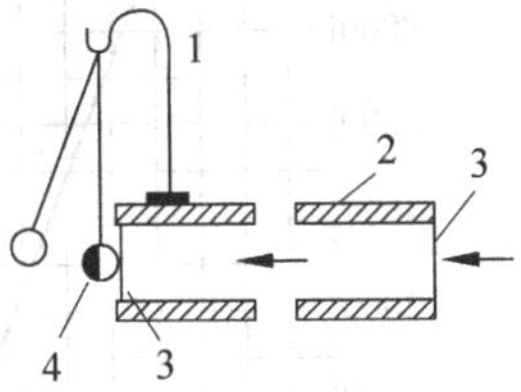

图 5-1 扰动传播实验

1—支架；2—木壳；3—鼓皮；4—小球

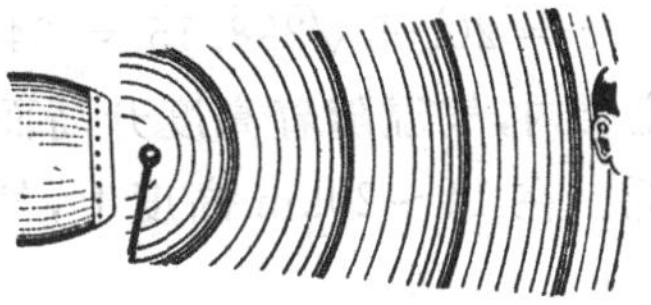

图 5-2 声音的传播

鼓膜振动引起的空气压强、密度的变化称为扰动，压强、密度变化的传播就是扰动的传播。鼓膜振动引起的空气压强、密度变化很小，通常把这种压强、密度变化很小的扰动叫做弱扰动波。弱扰动在空气中的传播叫做声波。

2. 声速

声音的传播速度称为**声速**。

声速是扰动波中传播速度最慢的，代表了弱扰动波的传播速度。

在不同的介质中，声速的大小是不同的。在金属中的声速比在水中快，在水中又比在空气中快。在空气动力学中，声速专指弱扰动波在空气中的传播速度，用 c 表示。

声速的大小(推导见附录 B1)可表示为

$$c=\sqrt{\frac{\mathrm{d}p}{\mathrm{d}\rho}} \tag{5.1}$$

或

$$c=\sqrt{\mathrm{d}p/\mathrm{d}\rho}=\sqrt{kRT} \tag{5.2}$$

对于空气，$k=1.4$，$R=287\mathrm{m}^2/(\mathrm{s}^2\cdot\mathrm{k})$，式(5.2)可写成

$$c=20.05\sqrt{T}\,\mathrm{m/s} \tag{5.3}$$

式(5.1)表明，声速 c 的大小取决于比值 $\mathrm{d}p/\mathrm{d}\rho$，而 $\mathrm{d}p/\mathrm{d}\rho$ 表示空气的可压缩性的大小，所以声速的大小取决于空气是否容易压缩。空气容易压缩(可压缩性大)，比值 $\mathrm{d}p/\mathrm{d}\rho$ 小，声速就小；空气不容易压缩(可压缩性小)，比值 $\mathrm{d}p/\mathrm{d}\rho$ 大，声速就大。

声速的大小取决于空气是否容易压缩的道理，可以这样解释：容易压缩的空气，受到挤压，体积缩小得比较多(即密度增加得比较多)压强才会升高，压强升高比较慢，不能立即挤

压邻近的空气，以致压强扰动向外传播比较慢；反之，不容易压缩的空气，一受到挤压，体积被压缩较小的量压强就能升高，压强升高比较快，能迅速挤压邻近的空气，致使压强扰动向外传播比较快。

式(5.1)也可这样理解：声速大，表明空气可压缩性小；声速小，表明空气可压缩性大。

式(5.2)表明，空气是否容易压缩，取决于空气本身的温度高低。改变同样压强，温度高的，空气密度不容易改变，温度低的，空气密度就比较容易改变。

由式(5.3)可以计算出标准大气下各不同高度上的声速，声速的大小，取决于空气是否容易压缩，即取决于空气的温度。如在海平面标准大气条件下，气温为 288.15K，声速大小为

$$c = 20.05\sqrt{288.15} = 340.34\text{m/s}$$

在对流层内，气温随着高度升高而降低，声速也随高度升高而降低。在 11～20km 高度上，气温为 216.65K，声速大小为

$$c = 20.05\sqrt{216.15} = 294.77\text{m/s}$$

在标准大气条件下，声速随高度的变化曲线如图 5-3 所示。

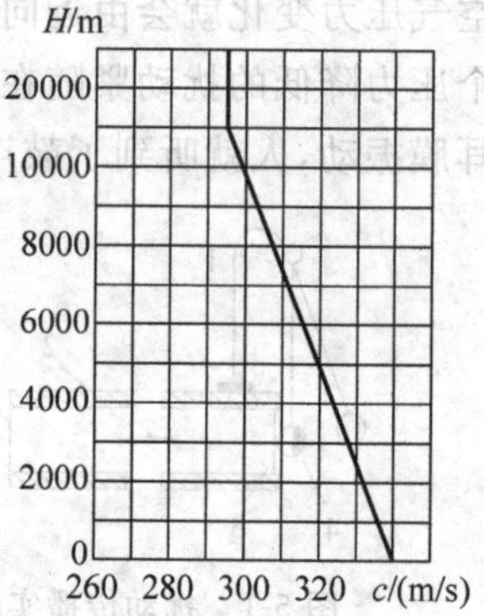

图 5-3　声速随高度的变化

5.1.2　马赫数

1. 马赫数的概念

在第 1 章研究空气压缩性对气体流动的影响时我们引出了马赫数的概念，气流速度与当地声速的比值叫**马赫数**(也叫 Ma 数)。即

$$Ma = \frac{V}{c} \tag{5.4}$$

式中：V 为气流速度；c 为当地声速。

马赫数是奥地利物理学家马赫(Ernst Mach，1838—1916)最早提出的。

飞行速度与飞机所在高度声速的比值，叫**飞行马赫数**，或**来流马赫数**，用 Ma_∞ 表示。

如果 V 是流场中某点的局部气流速度，c 是对应该点的局部声速，则该比值称**局部马赫数**，也简称 Ma。

由于对流层中声速随高度增加而减小，飞行高度变化时，相同的飞行速度对应不同的飞行马赫数，而相同的飞行马赫数对应不同的飞行速度。

2. 马赫数的物理意义

马赫数是空气动力学中很重要的一个参数，具有以下物理含义。

1) 马赫数的大小可作为划分气流速度范围的尺度

马赫数小于 1，表明气流速度小于当地声速，称为亚声速流；马赫数大于 1，表明气流速度大于当地声速，称为超声速流；马赫数等于 1，称为等声速流。

为了方便研究飞行器的空气动力特性，航空界把飞行速度范围一般作如下划分：

低速飞行	$Ma_\infty<0.3$
亚声速飞行	$0.3\leqslant Ma_\infty<0.8$
跨声速飞行	$0.8\leqslant Ma_\infty<1.4$
超声速飞行	$1.4\leqslant Ma_\infty<5.0$
高超声速飞行	$Ma_\infty\geqslant 5.0$

2) 马赫数的大小可作为空气压缩性影响强弱的标志

对于无粘流体的一维定常流动，在流管上沿坐标轴 s 截取微段流体进行受力分析，得出了微分形式的动量方程，即无粘流体一维定常流动的运动微分方程如下：

$$\rho g\,dz + dp + \rho V dV = 0$$

将上式略去重力的影响后得

$$dp = -\rho V dV \tag{5.5}$$

该式为微分形式的动量方程的另一种形式。将此方程变换，得

$$\frac{dp}{\rho}\frac{d\rho}{d\rho} = -V^2\frac{dV}{V}$$

$$\frac{d\rho}{\rho} = -Ma^2\frac{dV}{V} \tag{5.6}$$

由式(5.6)看出，在速度相对变化量 dV/V 一定时，密度相对变化量 $d\rho/\rho$ 取决于 Ma 的大小。当 Ma 很小时，如 $Ma<0.3$，则 $d\rho/\rho$ 接近零，可视气体为不可压缩流体(密度不变)；反之，Ma 较大，$d\rho/\rho$ 不能被忽略，必须考虑空气密度的变化，即考虑空气压缩性的影响。可见，空气流动时 Ma 的大小是空气压缩性强弱的标志。

高度不同，即使飞机速度(真速)相同，飞行马赫数的大小也不一定相同。因为飞行高度升高，气温降低，声速减小，飞行马赫数将增大。

高速飞机既规定了最大指示空速，又规定了最大指示飞行马赫数；低空飞行以指示空速为主，高空飞行以指示飞行马赫数为主。这是因为低空空气密度大，指示空速容易超过规定；高空空气密度小，指示空速小，但高空声速小，飞行马赫数大。即使指示空速未超过规定，指示飞行马赫数却可能超过规定，空气压缩性对飞机性能的影响可能超过动压的影响。所以，高空飞行，飞行员只看指示空速就不能真正了解飞行性能变化的特点，而应参照飞行马赫数来控制飞行速度。

3. 马赫数的大小反映了弱扰动的传播范围

飞机在大气中飞行，飞机表面的每一个点都可看作是一个扰动源。假设扰动是一个弱扰动，扰动源静止，每隔一秒钟发出一次弱扰动信号，传播速度为 c。弱扰动的传播有以下 4 种典型情况(见图 5-4)。

1) 气流速度为零($Ma=0$)

如图 5-4(a)所示，气流速度等于零，空气是静止的。图上的 O 点为扰动源，在这种情况下，由于弱扰动是以声速向周围传播的，所以弱扰动波是一个以扰动源为中心的球面，投影到平面上就成为以扰动源为中心的圆，c、$2c$、$3c$、$4c$ 分别表示从扰动开始 1s、2s、3s 和 4s 时弱扰动波的位置。随着时间的增长，扰动继续向外传播。

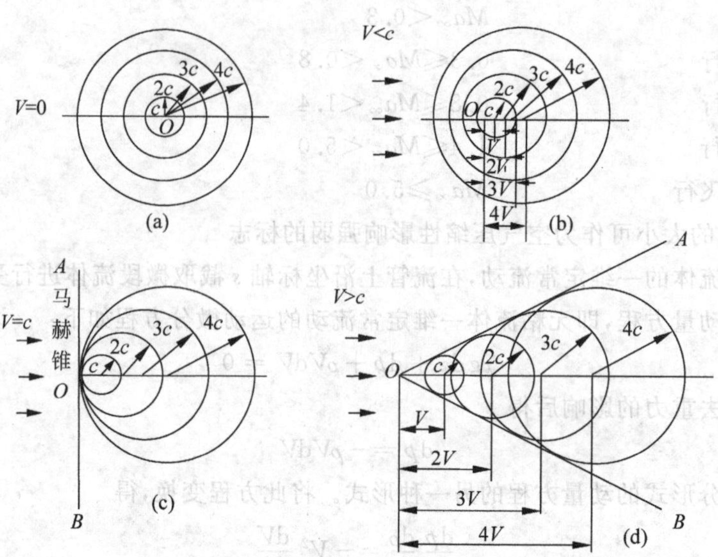

图 5-4　弱扰动传播区的划分

可见，在静止气体中，一旦某点受到扰动后，扰动将向整个空间传播，整个空间中的空气的压强、密度都发生变化。

扰动以同心圆的形式均衡地向四面八方传播。时间足够长，扰动会波及全流场。

2）气流速度小于声速($Ma<1$)

如图 5-4(b)所示，如果空气是流动的，从 O 点发出的弱扰动，一方面要以声速沿半径方向向周围传播，另一方面被气流以流速 V 顺气流带走。弱扰动波的中心被气流带走的距离与时间成正比地增大。在气流速度小于声速的情况下，参看图 5-4(b)。扰动向左扩展，要比向右来得快。图中 O 点为扰动源，第一秒钟，弱扰动波的中心被气流带动离开扰动源的距离等于流速 V，相应地弱扰动就到达以离扰动源距离为 V 的点为圆心、半径为 c 的球面，即图上圆 c 的位置；第二秒钟，弱扰动波的中心离扰动源的距离为 $2V$，弱扰动波则到达圆 $2c$ 的位置。依次类推，扰动的左边界还是在扰动源 O 点以左，并且它会随时间的延续不断向左扩展，扰动非均衡地向四面八方传播。逆气流方向，传播的绝对速度 $c-V>0$，可以逆气流向前传播。时间足够长，扰动也会波及全流场。

3）气流速度等于声速($Ma=1$)

如图 5-4(c)所示，如果气流速度等于声速，自 O 点发出的弱扰动，此时波面仍一面扩大，一面后移。只是由于气流速度已与声速相等，在逆气流方向这一边的波面彼此始终相切，所以，扰动只能在 O 点以后的半个空间内传播，而不能逆气流前进。

可见在气流速度等于声速的情况下，弱扰动的波面不能逆气流前传，扰动只能影响扰动源后方的空气。

4）气流速度大于声速($Ma>1$)

如图 5-4(d)所示，在气流速度大于声速的情况下，由于气流速度大于声速，即弱扰动波被气流带动向顺气流方向移动的速度大于其沿半径方向的速度，所以，弱扰动波不但不能逆气流前移，反而被气流带动向顺气流方向移动，这样，弱扰动的传播就局限在以扰动源为顶点的圆锥范围内，圆锥以外的区域不受扰动的影响，称为寂静区，弱扰动的波面一方面扩大，一方面以速度 $V-c$ 顺流而下，弱扰动所能影响的范围，仅限于图中两条切线所夹的圆锥内。这个圆锥的锥面是一系列相邻的弱扰动波的公切面，叫做**马赫锥**(或称扰动锥)(见图 5-5)。这样，圆锥表面就成了受扰动与未受扰动的界限，这个界限面叫做弱扰动的界限波，或称**马赫波**。母线 OA 称为**马赫线**，锥顶半角称为**马赫角**(μ)，其大小为

$$\mu = \arcsin \frac{1}{Ma} \tag{5.7}$$

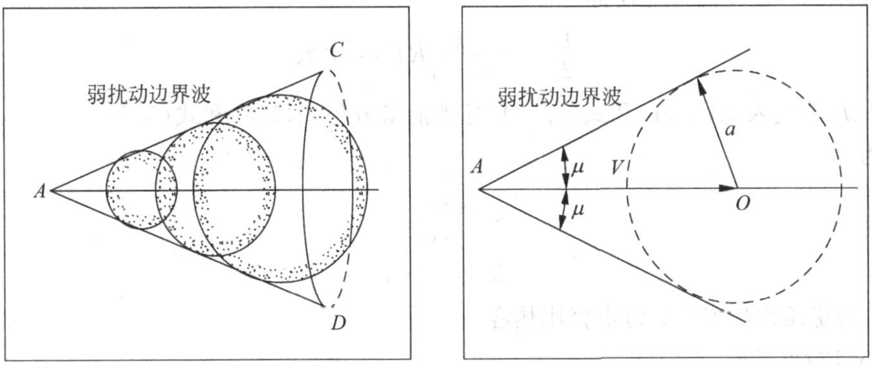

图 5-5 马赫锥

从式(5.7)可以看出，Ma 越小，马赫角(μ)越大；当 $Ma=1$ 时，马赫角达到最大($\mu=\pi/2$)；$Ma<1$ 时，就不存在马赫波了，也就不存在马赫角了。从以上分析可见，在亚声速气流($Ma<1$)中，弱扰动可以向四面八方传播，扰动无界；在超声速气流中($Ma>1$)，弱扰动不能逆气流方向向前传播，只能在扰动锥里传播，扰动有界。这是超声速流同亚声速流的本质区别。

5.1.3 一维绝热流动的能量方程

绝热流动的能量方程，是能量守恒定律在高速流动问题上的具体运用。

1. 方程表达式

空气的一维稳定绝热流动的能量方程有如下几种表达形式：

$$\frac{1}{2}V^2 + 3.5\frac{p}{\rho} = 常数 \tag{5.8}$$

$$\frac{1}{2}V^2 + 1\,000T = 常数 \tag{5.9}$$

$$\frac{1}{2}V^2 + c_v T + \frac{p}{\rho} = 常数 \tag{5.10}$$

上述方程的推导过程如下所述。

在定常、绝热、无粘条件下，将等熵关系式 $p=c\rho^k$ 微分后代入微分形式的动量方程式(5.5)，得

$$\rho V \mathrm{d}V + kc\rho^{k-1}\mathrm{d}\rho = 0$$

即

$$VdV + kc\rho^{k-2}d\rho = 0$$

对上式积分，得

$$\frac{1}{2}V^2 + \frac{k}{k-1}c\rho^{k-1} = 常数$$

即

$$\frac{1}{2}V^2 + \frac{k}{k-1}\frac{p}{\rho} = 常数 \tag{5.11}$$

将气体状态方程代入上式得

$$\frac{1}{2}V^2 + \frac{k}{k-1}RT = 常数 \tag{5.12}$$

将 k、R 值代入式(5.11)和式(5.12)，即得能量方程式(5.8)和式(5.9)。

因为

$$k = \frac{c_p}{c_v}$$

$$R = c_p - c_v$$

式中：c_p 为定压比热容；c_v 为定容比热容。

式(5.12)可写成

$$\frac{1}{2}V^2 + \frac{c_p}{c_p - c_v}RT = 常数$$

$$\frac{1}{2}V^2 + c_pT = 常数$$

将 $c_p = c_v + R$ 代入上式即得式(5.10)。

2. 方程物理意义及使用条件

式(5.10)中，$\frac{1}{2}V^2$、c_vT、$\frac{p}{\rho}$分别为单位质量气体的动能、内能和压力能。它表明，在绝热过程中，运动气体的动能、内能和压力能之间可以相互转换，总和保持不变。当气流速度减小时，其内能和压力能之和增加；气流速度增大时，其内能和压力能之和减小。

式(5.9)、(5.10)表明，在同一流管中，流速加快，空气温度降低。因为流速加快，压力降低，导致空气体积膨胀。体积膨胀就会推动周围的空气做功，这就要消耗空气分子热运动的能量，使空气分子热运动速度减小，空气温度随之降低；反之，流速减慢，空气温度升高。

高速能量方程与低速能量方程(即伯努利方程)不同。低速时的密度、温度不变，内能不参与转换，伯努利方程中只有动能和压力能相互转换。而高速时的温度、密度的变化不容忽视，因而高速能量方程中不仅有动能和压力能而且还有内能这三种能量同时参与转换。

能量方程是在绝热、无粘的条件下推导出来的。如果气流内部有摩擦现象，方程仍然适用。因为尽管气体摩擦做了功，摩擦热仍保留在气体内部，所以能量方程适用于粘性气体。

5.1.4 气流静参数随马赫数的变化

在绝热可逆流动中，气体的温度随速度的减小而增大的。气流速度在绝热条件下滞止到零时所对应的温度称为**驻点温度**(又称**滞止温度**或**总温**)，用 T_0 表示；**驻点压力**(又称滞止压力或总压)及此时的密度分别用 p_0,ρ_0表示；与驻点参数相对应的流场中其他任何一点的参数 p,ρ,T 等,称为静参数。

1. 气流的驻点参数及等熵流动关系式

根据式(5.9)得

$$T_0 = T + \frac{V^2}{2\,000}$$

由于 $Ma=V/c$ 及 $c=20.05\sqrt{T}$,所以上式可改写为

$$\frac{T_0}{T} = 1 + 0.2Ma^2 \tag{5.13}$$

由等熵关系式 $p=c\rho^k$ 可得

$$\frac{p_0}{p} = \left(\frac{\rho_0}{\rho}\right)^k$$

利用状态方程 $p=\rho RT$,上式可改写为

$$\frac{T_0}{T} = \left(\frac{\rho_0}{\rho}\right)^{k-1} = \left(\frac{p_0}{p}\right)^{\frac{k-1}{k}}$$

所以

$$\frac{\rho_0}{\rho} = \left(\frac{T_0}{T}\right)^{\frac{1}{k-1}} = \left(\frac{T_0}{T}\right)^{2.5} \tag{5.14}$$

$$\frac{p_0}{p} = \left(\frac{T_0}{T}\right)^{\frac{k}{k-1}} = \left(\frac{T_0}{T}\right)^{3.5} \tag{5.15}$$

将式(5.13)代入式(5.14)和(5.15)即得

$$\frac{\rho_0}{\rho} = (1 + 0.2Ma^2)^{2.5} \tag{5.16}$$

$$\frac{p_0}{p} = (1 + 0.2Ma^2)^{3.5} \tag{5.17}$$

式(5.13)、(5.16)和(5.17)称为等熵流动关系式,它表示流场中某点的温度、压力、密度与该点气流马赫数之间的关系。

可见,高速气流的规律是：当流速加快(Ma 增大)时,压力、密度、温度都同时降低；流速减慢(Ma 减小)时,则压力、密度、温度都同时升高。

2. 驻点参数随飞行马赫数的变化

若等熵流动关系式中的马赫数为飞行马赫数(Ma_∞),则温度 T、压力 p、密度 ρ 为飞机所在高度大气的温度、压力、密度。这些静参数分别用 T_∞,p_∞,ρ_∞表示。当飞行高度一定,T_∞,p_∞,ρ_∞一定。这时,驻点参数随飞行马赫数增大而增大,随飞行马赫数减小而减小。

3. 机翼表面各点气流参数随该点局部马赫数的变化

在飞行高度和速度一定时,驻点参数(T_0,p_0,ρ_0)一定。由等熵流动关系式可知,局部马赫数增大,该点温度、压力、密度降低；反之,则该点温度、压力、密度增大。

5.2 超声速气流的加、减速特性

超声速气流加减速时，气流特性呈现出与亚声速气流截然不同的现象，主要表现为两点：第一，流管截面积随流速的变化规律截然不同；第二，超声速气流加、减速时，压强扰动不能传遍整个流场，存在分界面。气流加速时，界面为膨胀波；气流减速时，界面为激波。

本节将先分析膨胀波和激波的产生及波后气流参数的变化，为分析飞机高速空气动力特性奠定基础。

5.2.1 流管截面积随流速的变化

根据气流的连续性原理，沿同一流管，单位时间内流过任一截面的空气质量应相等，即 ρVA＝常数。这个方程既适用于低速定常流，也适用于高速定常流。但在高速气流中，空气密度 ρ 是变化的，在这种情况下，流管的截面面积 A 随流速的变化规律是否仍然和低速气流相同？这是以下将讨论的内容。

将连续方程 ρVA＝常数，微分得

$$\frac{d\rho}{\rho}+\frac{dV}{V}+\frac{dA}{A}=0 \tag{5.18}$$

将 $\frac{d\rho}{\rho}=-Ma^2\frac{dV}{V}$ 代入上式，得

$$\frac{dA}{A}=(Ma^2-1)\frac{dV}{V} \tag{5.19}$$

上式是可压缩气流流管截面积相对变化量与流速相对变化量之间的关系式。亚声速时，(Ma^2-1) 是负值，即速度增大，流管截面积变小；速度减小，流管截面积变大，这与低速流动的规律相同。超声速时，$Ma>1$，(Ma^2-1) 是正值，速度增大，流管截面积变大，如图 5-6 所示。

只有考虑空气压缩性时才有式(5.19)中的 Ma^2 项，从而得出超声速气流与亚声速气流的 A 和 V 之间有着不同的关系。

因此，产生超声速气流的必要条件之一是：流管截面应先收缩后扩张。整条流管的形状如图 5-7 所示，这种管子称为拉瓦尔管。超声速风洞的喷管就是这种形状。在拉瓦尔喷管中，亚声速气流必在收缩段里，超声速气流只能出现在扩张段里，而 $Ma=1$ 必在最窄截面处(称喉部)。

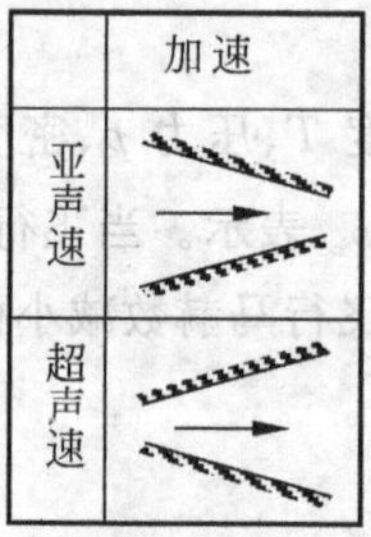

图 5-6 流管截面积随流速的变化

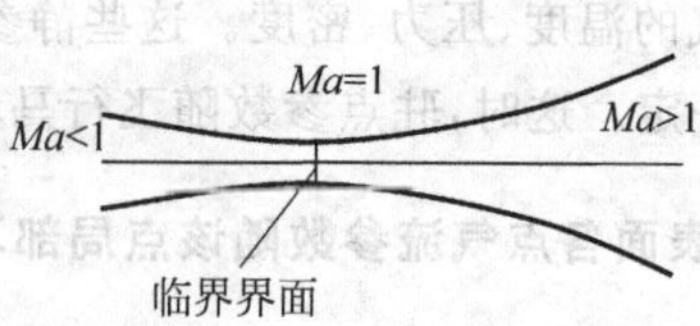

图 5-7 拉瓦尔管

产生超声速气流的另外一个条件是上下游还要有足够的压力比。

假如在一定压力比下，管内前面是亚声速气流，后面是超声速气流，那么中间最小截面处气流一定处于临界状态。

理解这种流动规律，有助于分析近声速气流流过机翼时的流动特性。

5.2.2 膨胀波

1. 超声速气流流过一外凸角的膨胀波

设无粘的超声速气流绕无限小的外凸角 dδ 流动，如图 5-8(a)所示。在转折点 O 之前，气流和壁面完全平行，气流未受扰动。流至 O 点，壁面转折，流动空间扩大，气流膨胀加速，外折一个角度，继续沿壁面流动。根据能量方程，速度增大后，压力、密度、温度随之减小。显然，转折点 O 为扰动源。由于超声速气流扰动有界，所以，扰动影响只限于以 OL_1 为锥面的马赫锥内，通过 O 点的马赫线 OL_1 为一道弱扰动波，也是一道膨胀波，马赫角 $\mu=\arcsin(1/Ma)$。超声速气流通过膨胀波前，气流参数没有任何变化。通过膨胀波后，速度增大，温度、压力、密度均减小，但变化很微小，是一个等熵过程。

再看超声速气流流过连续微小外凸角的情形，如图 5-8(b)所示。每转过一微小角度，就产生一道膨胀波，气流就膨胀加速一次，即 $Ma_4>Ma_3>Ma_2>Ma_1$。由于马赫数越大，马赫角就越小，扰源无限靠近，dδ 就成为 δ，这就是超声速气流流过一个有限外凸角的情形。

可见，超声速气流流过一外凸角时，气流方向的改变不是一次完成的，而是经过无数条膨胀波。这些膨胀波都从同一扰源 O 出发，形成扇形膨胀区，如图 5-9 所示。气流经过扇形膨胀区后，流速有一定量的增加，压力、温度、密度都有一定量的下降，但这些变化是连续的、渐变的，所以过程仍然是等熵的。

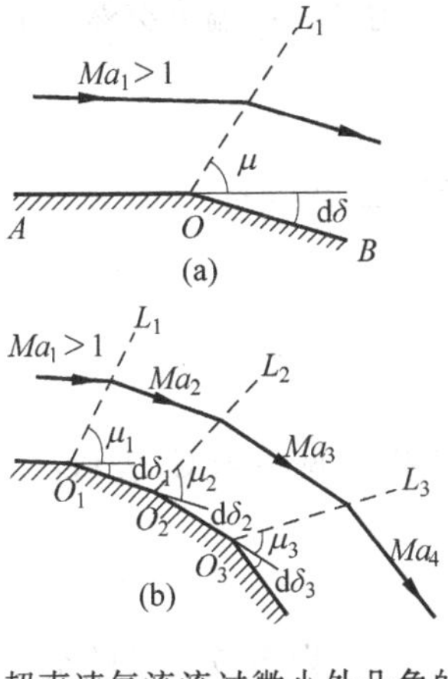

图 5-8 超声速气流流过微小外凸角的膨胀波

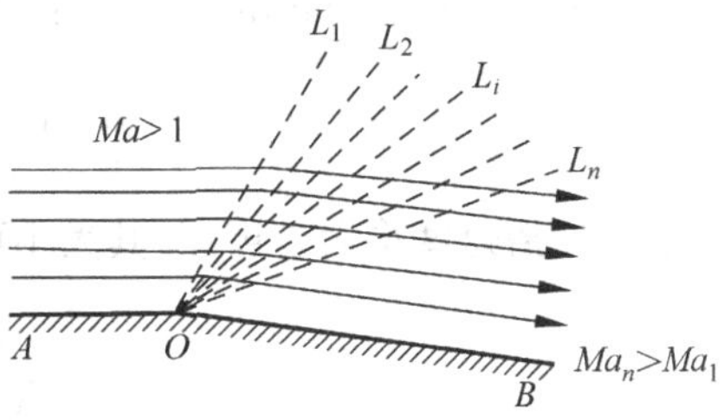

图 5-9 扇形膨胀波

2. 超声速气流流过一外凸曲面的膨胀波

如图 5-10 所示，设 AO 和 $O'B$ 为直壁面，OO' 为外凸曲面，我们可以把弯曲部分 OO' 看成是由许许多多不断转折的微小外凸角组成的表面。超声速气流流过这一外凸曲面，也就可以看成是空气连续流过许多转折角很小的外凸角。气流每经过一个微小的外凸角，就受扰产生一道膨胀波，从而产生无数道膨胀波。气流每经过一道膨胀波，流动方向就改变一次，速度就增加一点，压力、密度、温度就降低一点。而在膨胀波束之外，气流参数保持不变。

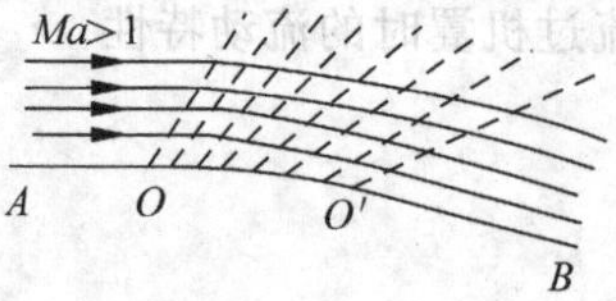

图 5-10　超声速气流流过外凸曲面的膨胀波

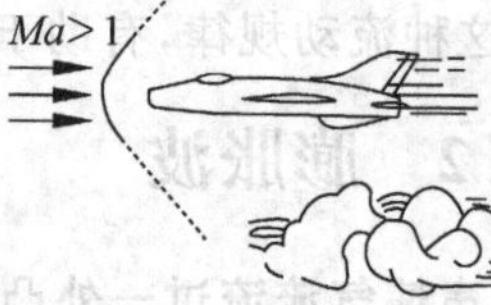

图 5-11　飞机的头部激波

5.2.3　激波

在超声速飞行时，超声速气流受到机头和机翼前缘的阻挡，将产生激波，如图 5-11 所示。气流通过激波后，气流参数将发生显著的变化。

1. 头部激波或前缘激波的产生

飞机在静止的空气中以超声速飞行时，或者气流以超声速流过飞机时，气流受到机头和机翼前缘阻挡，流速减慢很多，压力显著提高(见图 5-12)。以平直机翼驻点为例，用 Δp 表示压力升高量，形成一个强压力波。开始，由于压力波面前后的压力差比较大，压力波的传播速度大，波面可以离开机翼前缘逆气流向前传播。由于强压力波向前传播中，压力将逐渐降低，使压力差逐步减小，传播速度减慢。当压力波向前传播速度与迎面气流速度相等时，压力波将相对于飞机保持不动，于是便在此形成一道压力、密度、温度都突然升高的分界面，这就是激波。只有波后气流参数才会发生变化，而波前气流参数仍将保持不变。气流通过激波后，波面前后出现稳定的气流参数突变，波后气流速度突然减慢，因而压力、密度、温度突然增加。

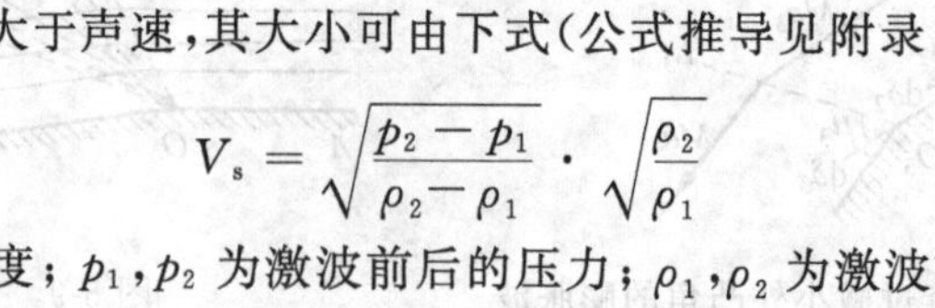

图 5-12　前缘激波的产生

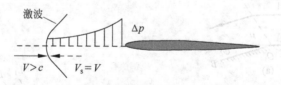

激波的传播速度将大于声速，其大小可由下式(公式推导见附录 C)表示：

$$V_s = \sqrt{\frac{p_2 - p_1}{\rho_2 - \rho_1}} \cdot \sqrt{\frac{\rho_2}{\rho_1}} \tag{5.20}$$

式中：V_s 为激波传播速度；p_1，p_2 为激波前后的压力；ρ_1，ρ_2 为激波前后的空气密度。

显然，对于弱扰动波，p_1 与 p_2、ρ_1 与 ρ_2 相差微小，式(5.20)将变成声速公式，有最小值；但对于有一定强度的压缩波(激波)，波后参数有突跃变化，ρ_2 比 ρ_1 大得多，所以，传播速度 V_s 大于声速 c。激波前后气流参数相差越大，激波就越强，传播速度就越大。飞行速度越大，激波传播速度也就越大，激波就越强。

在亚声速飞行中，机翼前缘压力升高所形成的压力波的传播速度大于飞行速度，压力波可以逆气流传播到无穷远处，并减弱为弱扰动波。所以，不会产生前缘或头部激波(见图 5-13)。

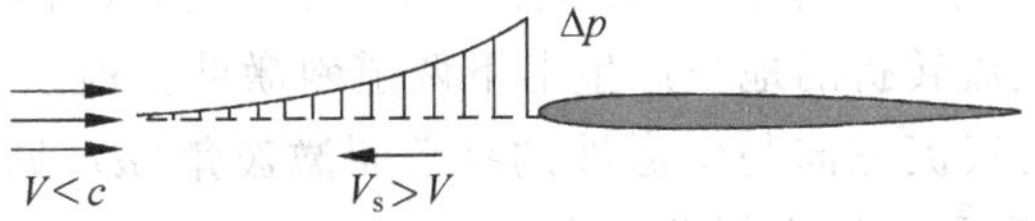

图 5-13 扰动波在亚声速气流中的传播

在等声速飞行中，扰动波的传播速度最后等于声速，是一个弱扰动波，所以也不会产生前缘激波或头部激波(见图 5-14)。

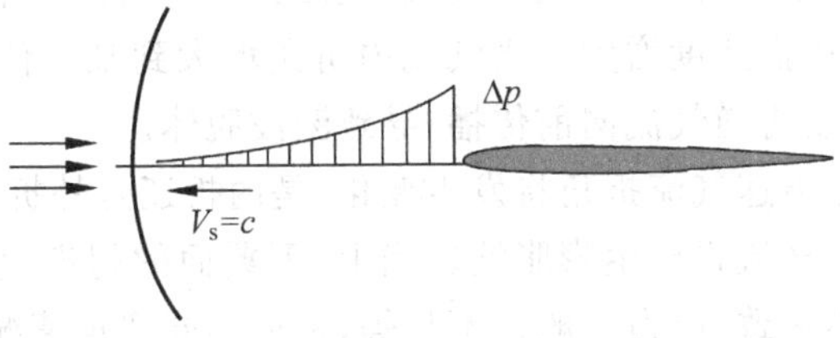

图 5-14 等声速飞行时扰动波的传播

通过以上分析可知：产生激波的条件是超声速气流受到阻挡(这种阻挡可能来自飞机前缘，也可能以逆压区形式出现)；产生的原因是强压力波不能逆着气流一直传播出去。超声速气流受阻后，通过激波减速，有气流参数突变的界面。而亚声速气流受到阻挡是逐渐减速的，不存在气流参数的突变。这是超声速气流与亚声速气流的又一质的差别。

2. 激波分类和激波角

船在水上行驶，船头出现很高的浪峰，两侧浪峰逐渐减弱，波面向后倾斜，距船越远，浪峰越弱，到很远的地方就变成微弱的波纹了。飞机作超声速飞行时，产生的头部或前缘激波，情形与上述类似。实验证明，在钝头条件下，由于钝头对气流的阻滞作用很强，会产生脱体激波，波面离开飞机机翼前缘，如图 5-15 所示。

脱体激波的中部波面与气流方向垂直，称为正激波；脱体激波的外侧波面与气流方向成一倾斜角，称为斜激波。气流通过正激波后，空气压缩最为明显，激波前后的压力差最大，即激波强度最强。斜激波的强度比正激波的弱。斜激波在延伸中，强度是逐渐减弱的，延伸至某一地方就减弱成弱扰动波了。

如果飞机作超声速飞行时，如机翼为尖头前缘(如菱形机翼)，在尖前缘半顶角不太大的情况下，会产生附体斜激波，如图 5-16 所示。

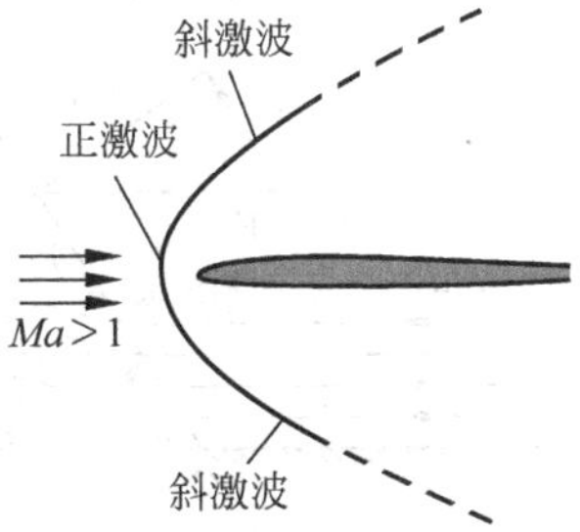

图 5-15 正激波和斜激波

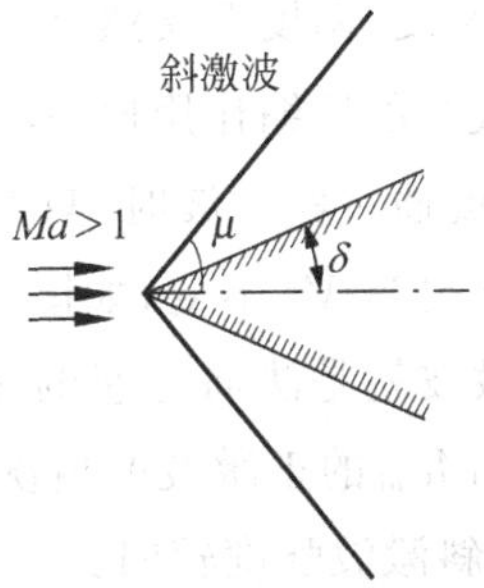

图 5-16 附体斜激波

它的形成可以这样理解：当来流与楔形体中轴线平行时，气流方向内折，气流受到斜平面的阻滞作用，从而在气流转折的地方产生上下两道斜激波。前缘半顶角叫气流内折角或称折壁内凹角(δ)。波前气流方向与斜激波的夹角叫**激波角**(μ)(见图 5-16)。激波角的大小取决于波前气流马赫数和气流内折角的大小。

激波角的大小反映了波前气流速度与激波波速之间的比例关系。当马赫数一定时，激波角越大，说明激波波速大，激波强；反之，则激波弱。

当波前马赫数一定时，气流内折角增大，则激波角随之增大。当内折角增大到某一值后，激波脱体形成脱体激波，如图 5-17 所示。这是因为气流内折角增大，气流受到的阻滞作用增强，激波增强，激波传播速度增大。当气流内折角增大到某一值后，激波传播速度大于波前气流速度，此时，激波将逆气流向前传播，导致激波脱体。

当迎角不为零时，超声速气流折角将发生变化，是内折还是外折由来流方向确定。内折气流将产生激波，而外折气流将产生膨胀波。当上、下翼面的超声速气流流到机翼后缘时，由于上、下气流的指向不一致，压力一般也不相等，根据不同迎角情况，在后缘上下必然产生两道斜激波或一道斜激波和一道膨胀波，使在后缘处会合的气流有相同的流向和相同的压力。

图 5-18 表示的是不同迎角下，超声速气流流过菱形翼型时所产生的激波和膨胀波(虚线为膨胀波)。

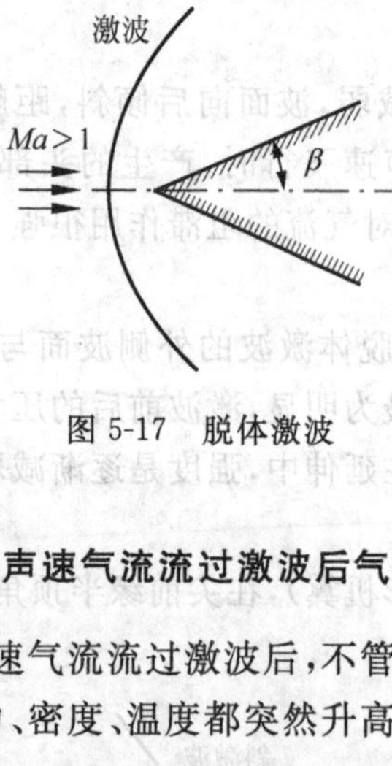

图 5-17　脱体激波

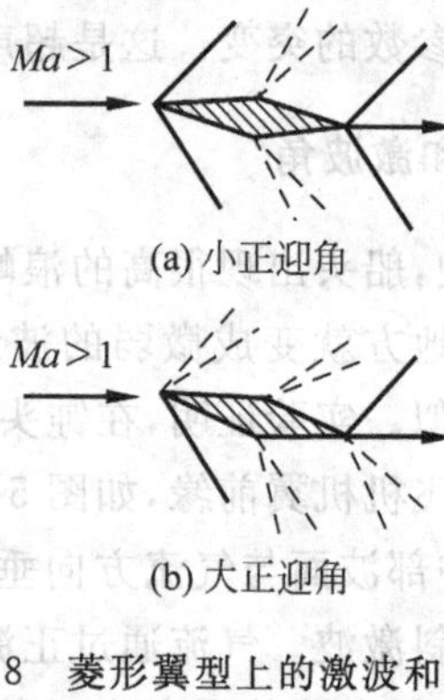

图 5-18　菱形翼型上的激波和膨胀波

3. 超声速气流流过激波后气流参数的变化

超声速气流流过激波后，不管是正激波还是斜激波，波后同波前相比，气流速度都突然减小，压力、密度、温度都突然升高。但是斜激波不像正激波那样强烈。这说明，在同一来流条件下，斜激波的压缩作用比正激波的弱。

因为气流通过斜激波时，只有法向分速 V_n 发生变化，而切向分速 V_t 不变，如图 5-19 所示。就这个意义说，斜激波就是法向分速的正激波，这相当于来流马赫数为 Ma_{n1} 的正激波的情况，而 Ma_{n1} 总是小于 Ma 的，所以斜激波强度较弱。

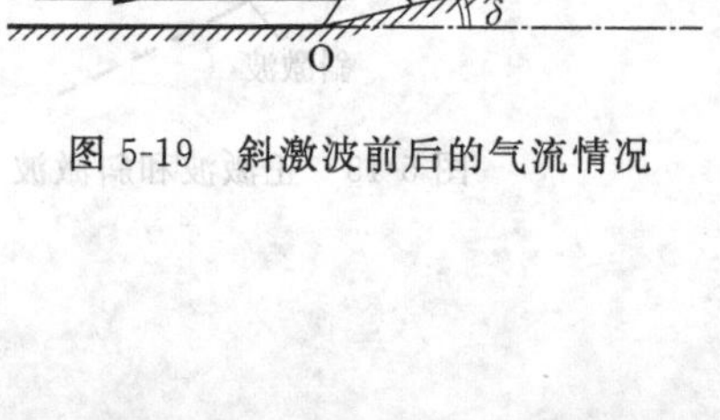

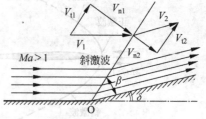

图 5-19　斜激波前后的气流情况

超声速气流通过正激波后要减速为亚声速流，方向不变。超声速气流通过斜激波后，法向分速 V_{n2} 减为亚声速气流，而切向分速 V_t 不变，两者的合速度 V_2 向外折，其大小可能是亚声速，也可能是超声速。

超声速气流通过激波，是绝热不等熵过程。总温 T_0 不变，总压 p_0 要减小，这是由于气体粘性作用的结果。也就是说，气体不像等熵过程那样得到了有效的压缩，压力和密度比等熵过程的低。这样，当波后速度恢复到波前速度时，压力将小于波前压力；或者说，当波后压力恢复到波前压力时，波后速度小于波前速度。

超声速气流通过激波后的总压损失称为激波损失。在同一马赫数下，斜激波比正激波的损失小。为了提高飞机性能，要千方百计地减小这种损失。为此，超声速飞机的头部变尖，机翼变薄，尽量使正激波变成斜激波，以减小机械能损失。

5.2.4 超声速飞行中的爆音

飞机超声速飞行时，机身、机翼、尾翼的头部和尾部都会产生强烈的激波，引起周围空气发生急剧的压力变化。如果飞行高度不高，位于地面上的人在激波经过瞬间，好似遇到晴空霹雳，会听到类似响雷或炮弹爆炸的声音，这就是超声速飞行中的所谓“爆音”。

试飞表明，飞机作超声速飞行时，飞机各部分产生的激波系在传播中，会逐渐汇合成一前一后两个激波，称为头波和尾波，向前传播，并传至地面。中间为膨胀波区，如图 5-20 所示。

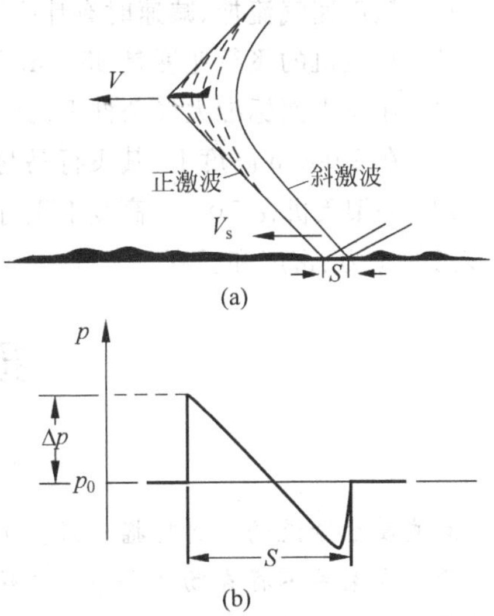

图 5-20 激波经过时地面上的压力变化

“爆音”的强度与飞行高度和飞行马赫数有关。飞行马赫数大，飞行高度低，则“爆音”强，反之，飞行马赫数小，飞行高度高，则“爆音”强度低。这是因为，激波强度会随马赫数的减小而减弱，也会随空气密度的降低而减弱，另外，随着传播距离的延长激波强度会逐渐降低。过强的“爆音”，不仅影响居民的安宁，还可能造成建筑物的损坏。所以，作超声速飞行的高度不得低于规定高度。

本章小结

本章介绍了高速气流的可压缩性、声速和激波、反映空气压缩性影响强弱的马赫数和一维绝热流动的能量方程，分析了气流静参数随马赫数的变化和流管截面积随流速的变化以及膨胀波和激波的形成。

复习与思考

1. 什么是空气的压缩性？大小和哪些因素有关？
2. 声波和声速有什么区别？

3. 写出声速公式，简述空气压缩性与声速之间的关系。

4. 什么是马赫数？什么是飞行马赫数？什么是局部马赫数？飞行高度和速度对飞行马赫数有何影响？

5. 空气压缩性与马赫数大小有什么关系？

6. 一维绝热流动的能量方程与低速能量方程有什么区别？其适用于粘性流动吗？

7. 分析亚声速流和超声速流中，流管截面积与流速的关系。要获得超声速气流为什么一定要采用拉瓦尔管？

8. 飞机头部激波是怎样产生的？正激波和斜激波有什么区别？膨胀波和激波有什么区别？

9. 什么是激波角？激波角是怎样变化的？

10. 说明超声速气流流过外凸角和外凸曲面时，膨胀波区的形成过程及膨胀波区前后气流参数的变化情形。

11. 超声速气流加、减速时有什么特性？为什么？

12. 某飞机的飞行速度是850km/h，问：

(1) 在海平面标准大气条件下，其飞行马赫数是多大？

(2) 在1 000m高度上，其飞行马赫数是多大？

13. 一架飞机在5 000m高度上飞行，测得总压为$p_0=90\,000$Pa，已知飞行速度为200m/s，求该点的压力、密度和温度。

拓展阅读

激　波

激波属于紊流的一种传播形式。如同其他通常形式下的波动，激波也可以通过介质传输能量。在某些不存在物理介质的特殊情况下，激波可以通过场，如电磁场来传输能量。激波的主要特点表现为介质特性(如压力、温度或速度)在激波前后发生了一个像正的阶梯函数般的突然变化。与此相应的负的阶跃则为膨胀波。声学激波其速度一般高于通常波速(在空气中即声速)。

不像孤波(另一种形式的非线性波)，激波随距离的增加能量耗散很快。而且，膨胀波总是伴随着激波，并最终与激波合并。这部分抵消了激波的影响。

声爆，一种超声速飞机通过时产生的声学现象，即是由激波-膨胀波对的耗散和湮灭所产生的。

激波是气体超声速流动时产生的压缩现象之一。其他两种形式是等熵流动和普朗特-麦耶流动。对于给定的压强比，不同的压缩方式将产生不同的温度和密度，其结果对于不发生化学反应的气体是可以解析计算的。激波会导致总压的损失。这意味着在某些情形下(例如超声速冲压喷射装置的进气口)，激波是无效率的。超声速飞机的波阻就主要是由于激波导致的。

当物体(或扰动)的运动比其周围的流体传播扰动信息的速度还要快时，靠近扰动的流体在扰动到来之前就不能及时作出反应或者“让路”。在激波中，流体的各种性质(密度、温度、压力、速度、马赫数)总是突变的。激波的厚度在数量级上同该气体的分子自由程相当。当气体运动速度大于其声速时,激波就形成了。在流动的某些区域,气体的扰动不能再向上游传播,压力快速积聚起来,高压激波就迅速形成了。

然而,激波不同于通常的声波。在大约为几个分子自由程的厚度(大气中大概为几微米)内,在激波前后气体的性质会发生剧烈变化。在空气中,激波发出很大的爆裂声或者噼啪的噪声。随着距离增加,激波逐渐从非线性波变为线性波,退化成通常的声波。这是由于激波中的空气逐渐丧失能量所致。这种声波跟通常的雷声,即"音爆"听起来很像,一般是飞机在低空超声速飞机产生的。

激波也可由普通波锐化而形成。最著名的例子就是深海微波逼近陆地时形成的海啸了。由于海啸的波长很长,长达数公里,即使在大洋中传播,依然可以认为是在浅水区。此时表面波的速度依赖于水深。接近岸时,水深骤减,导致波速大幅度下降,于是形成一面巨大的水墙,然后轰然倒塌,形成海啸,以声音和热的方式将其中的能量释放出来。

同样的现象出现在气体和等离子中的强声波,这是由于声速依赖于温度和压力。这种现象在地球大气层很难见到,但存在于太阳的色球和日冕中。

激波也可以描述为能够"感知"下游物体运动的上游最远点。在这种描述中,激波的位置定义为扰动可感区和扰动盲区的边界。这可以和广义相对论中的光锥相类比。

要得到激波,必须得有快于声速的运动。由于放大效应,激波是非常强烈的。

类比现象已超出流体力学的范畴。例如,当介质中的物体运动速度大于该介质中的光速时(此时其速度仍小于真空中的光速),折射就会产生可见的激波现象,即切连科夫辐射。

第6章

飞机的高速空气动力特性

本章关键词

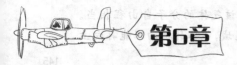

高亚声速翼型(high-speed subsonic airfoil)　　临界马赫数(critical Mach number)

超临界翼型(Supercritical airfoil)　　跨声速(transonic speed)

通过对上一章的学习,我们知道,高速气流流过飞机时,流场中的空气密度和压力等都会发生显著变化,马赫数越大变化也越大,所以,空气压缩性的影响会使飞机的高速空气动力特性与低速时明显不同。本章在高速气流特性的基础上,分别从机翼的剖面形状和平面形状入手,主要分析亚声速和跨声速两个不同阶段飞机的高速空气动力特性,涉及到的超声速部分只作简要介绍。

6.1　翼型的高速空气动力特性

为了研究问题的方便,本节我们先讨论翼型的高速空气动力特性,以亚声速和跨声速为主,超声速部分只作一般介绍。下节我们将讨论有限翼展(主要以后掠翼为主)的高速空气动力特性。

6.1.1　翼型的亚声速空气动力特性

本章所讨论的亚声速是指飞行马赫数大于 0.3,流场各点的气流马赫数都小于 1 的情形。在亚声速飞行中,空气压缩性的影响已不容忽视,否则会导致较大的误差。根据关系式 $\frac{d\rho}{\rho}=-Ma^2\frac{dV}{V}$ 可知,若 $\frac{dV}{V}=1\%$,当 $Ma=0.3$ 时,$\frac{d\rho}{\rho}=-0.09\%$;而 $Ma=0.8$ 时,$\frac{d\rho}{\rho}=-0.64\%$。空气密度随马赫数的显著变化,导致翼型的压力分布和空气动力特性发生明显变化。由于 $Ma<0.3$ 时,速度变化时空气密度相对变化量很小,可以不考虑压缩性的影响,所以 $Ma<0.3$ 的气流被称为不可压缩气流;而 $Ma>0.3$,空气压缩性影响明显,不可忽略,$Ma>0.3$ 的气流也称为压缩性气流。

1. 空气压缩性对翼型表面压力分布的影响

在不可压气流中,翼型表面的压力系数分布仅取决于迎角和翼型,而与来流马赫数的大小无关，其压力系数分布如图 6-1 虚线所示。但在亚声速可压气流中，空气流过翼型表面，在负压区（吸力区），流速增加，根据$\frac{d\rho}{\rho}=-Ma^2\frac{dV}{V}$，密度减小，根据高速能量方程$V^2/2+3.5p/\rho=0$，压力会额外降低，即吸力有额外增加；同理，在正压区，流速减慢，密度增大，压力会额外升高。因此，翼型迎角一定，气流速度从低速增大到亚声速的过程中，由于空气压缩性的影响，与低速时相比，在亚声速可压气流中的翼型表面，压力系数分布如图 6-1 中的实线所示，且飞行马赫数越大，压缩性的影响越明显，正压区压力更大，吸力区吸力更大。

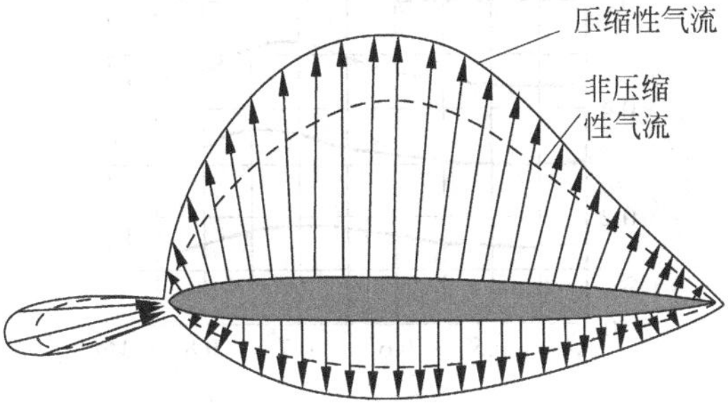

图 6-1 翼型上的压缩性气流与非压缩性气流的比较

2. 翼型的亚声速空气动力特性

1）马赫数增大，升力系数和升力系数曲线斜率增大

理论计算表明，亚声速阶段，薄翼型机翼在中小迎角下的压力系数可按下列普兰特-葛劳尔特(Prandtl-Glauert)公式作近似计算。即

$$\bar{p}_{可压}=\frac{\bar{p}_{不可压}}{\sqrt{1-Ma^2}} \tag{6.1}$$

式中：$\bar{p}_{可压}$为可压缩气流中机翼表面的压力系数；$\bar{p}_{不可压}$为不可压缩气流中机翼表面的压力系数；Ma为飞行马赫数。

因为亚声速$0<Ma<1$，$\frac{1}{\sqrt{1-Ma^2}}>1$，所以，$|\bar{p}_{可压}|>|\bar{p}_{不可压}|$。

根据式(6.1)，可压缩气流中机翼上下表面压力系数与不可压缩气流中机翼上下表面压力系数的关系式为

$$\bar{p}_{上可压}=\frac{\bar{p}_{上不可压}}{\sqrt{1-Ma^2}},\quad \bar{p}_{下可压}=\frac{\bar{p}_{下不可压}}{\sqrt{1-Ma^2}}$$

将上式代入到升力公式$Y=C_y\frac{1}{2}\rho_\infty V_\infty^2 S$，得

$$C_y=\frac{C_{y不可压}}{\sqrt{1-Ma^2}} \tag{6.2}$$

将上式对迎角求导，得

$$C_y^\alpha=\frac{C_{y不可压}^\alpha}{\sqrt{1-Ma^2}} \tag{6.3}$$

式(6.2)和式(6.3)表明，在亚声速阶段，机翼的升力系数和升力系数斜率都随马赫数的

增大而增大。图 6-2 为某飞机升力系数 C_y 随飞行马赫数变化曲线以及不同马赫数下的升力系数随迎角的变化曲线，从图中可以看出，迎角一定，随马赫数增大，升力系数增大。从图 6-2 中随着马赫数的增大，尽管马赫数仍小于 1，但翼型的升力系数分别在某一马赫数下开始下降，其原因将在 6.1.2 节翼型的跨声速空气动力特性中讨论。

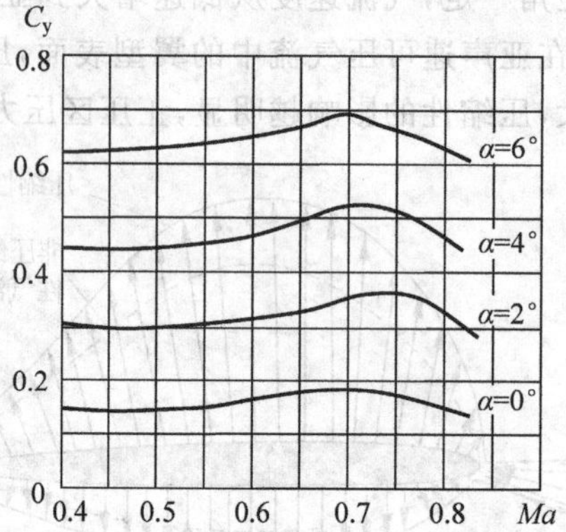

图 6-2　某飞机的升力系数随飞行马赫数变化曲线

2）马赫数增大，临界迎角和最大升力系数减小

正迎角时，飞行马赫数增大，翼型表面的压强系数虽都按 $\dfrac{1}{\sqrt{1-Ma_\infty^2}}$ 成比例增长，使机翼上表面的附加吸力增加，但各点附加吸力增加的数值却不同。在最低压力点附近，因流速增加得多，密度减小得多，附加吸力增加得就多；而在上表面后缘部分，流速增加得少，密度减小得少，所以额外吸力增加得少（见图 6-3）。结果，随马赫数增大，后缘部分的压力比最低压力点处的压力大得更多，逆压梯度增大，导致附面层空气更容易倒流，这就有可能在比较小的迎角下，出现严重的气流分离，所以飞机的临界迎角和最大升力系数一般要随马赫数的增大而降低。

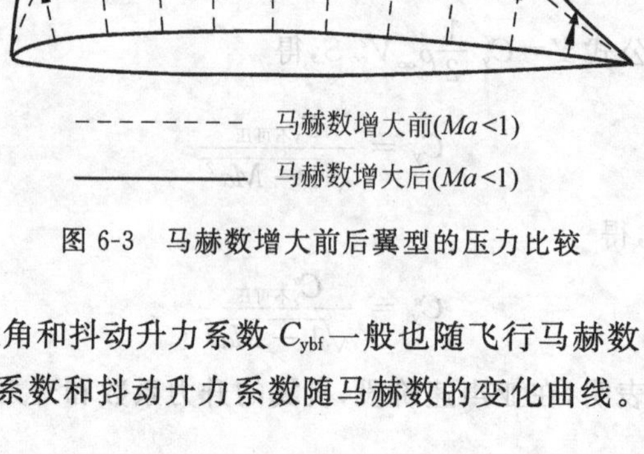

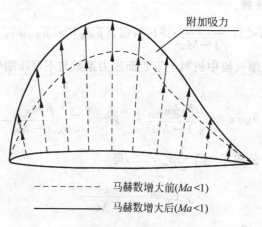

图 6-3　马赫数增大前后翼型的压力比较

同理，飞机的抖动迎角和抖动升力系数 C_{ybf} 一般也随飞行马赫数的增大而减小，如图 6-4 所示是某飞机最大升力系数和抖动升力系数随马赫数的变化曲线。

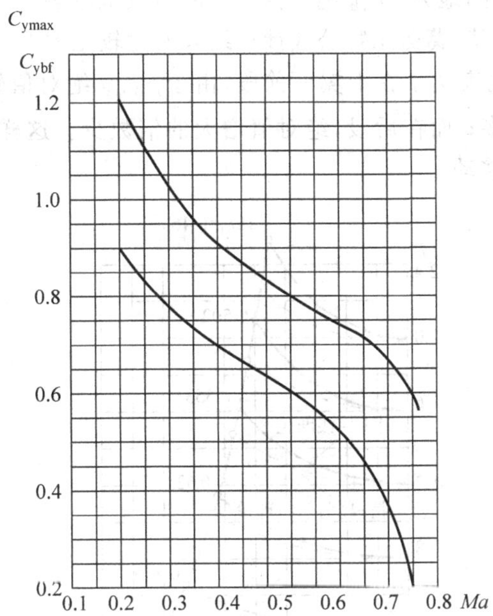

图 6-4 某飞机最大升力系数和抖动升力系数随马赫数的变化曲线

在高空飞行，飞机的抖动表速会随高度升高而增大，这是因为随高度增加，相同表速时真速增大而声速降低，致使飞行马赫数增大，引起抖动迎角对应的升力系数降低的缘故。

3）马赫数增大，型阻系数基本不变

随马赫数增大，一方面，前缘压力额外增加，压差阻力系数增大，但增大有限。另一方面，飞行马赫数增大是因为气流速度大或声速小，而声速小说明温度低，空气的粘性系数小，空气微团的粘性力小，从而使摩擦阻力系数减小，但减小也有限。一般压差阻力系数的增大与摩擦阻力系数的减小大体相抵，结果是机翼型阻系数基本不随飞行马赫数变化。

4）马赫数增大，压力中心前移

根据普兰特-葛劳尔特公式，亚声速飞行时，在空气压缩性的影响下，整个翼型表面各点的压力系数都增大为原来的$\frac{1}{\sqrt{1-Ma^2}}$倍，各点的压力也都为原来的$\frac{1}{\sqrt{1-Ma^2}}$倍，翼型表面的压力分布图的形状没有改变，所以，翼型各处升力的合力的作用点——压力中心位置基本不变。然而，在亚声速阶段，翼型压力中心位置实际上是随马赫数的增大而前移的。

其实，普兰特-葛劳尔特只是一个近似公式，低亚声速下较准确，高亚声速就不准确了。更精确的理论计算表明，翼面上各点的压力系数并不为原来的$\frac{1}{\sqrt{1-Ma^2}}$倍。$\bar{p}_{可压}$和$\bar{p}_{不可压}$之间的精确关系，可用由我国著名科学家钱学森和他的导师冯·卡门提出的卡门-钱公式进行计算。卡门-钱公式为

$$\bar{p}_{可压}=\frac{\bar{p}_{不可压}}{\sqrt{1-Ma^2}+\frac{1-\sqrt{1-Ma^2}}{2}\cdot\bar{p}_{不可压}} \tag{6.4}$$

由该式计算出的翼型压力分布，不仅在低亚声速是准确的，而且在高亚声速也是准确

的，上式表明马赫数越大的地方，$\bar{p}_{可压}$绝对值改变的倍数也越多。

卡门-钱公式与普兰特-葛劳尔特公式计算结果的比较见图 6-5。

(6.4)式更为准确地表达了在上翼面前段，由于$\bar{p}_{不可压}$绝对值较大，则马赫数的增大时$\bar{p}_{可压}$绝对值增大的倍数多；而在后段，绝对值增大的倍数少。这样，随飞行马赫数的增大，压力中心就会逐渐向前移动。

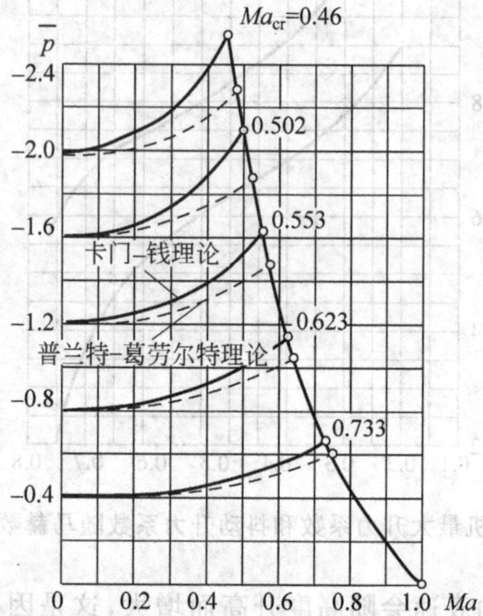

图 6-5　压力系数和飞行马赫数的关系

6.1.2　翼型的跨声速空气动力特性

高速飞行中，在飞行速度尚未达到当时飞行高度上的声速，即飞行马赫数小于 1 的情况下，翼型表面的局部区域，有可能出现超声速气流并产生激波，这时，飞机进入跨声速飞行。这种超声速气流和激波是在翼型表面的局部区域出现的，故称为局部超声速区和局部激波。局部超声速区和局部激波的出现，会显著改变翼型表面的压力分布，使翼型的空气动力特性发生急剧变化。

1. 临界马赫数（Ma_{cr}）

飞机以一定的速度作亚声速飞行时，空气流过翼型上表面凸起的地方，由于流管收缩，局部流速加快。局部流速加快，又引起局部温度降低，从而使局部声速减小。所以，当飞行速度增大时，上表面最低压力点（流速最快的那一点）的气流速度随之不断增大，而该点的局部声速则不断减小。于是，局部流速与局部声速逐渐接近。

当飞行速度增大到某一速度时，翼型表面最低压力点的气流速度首先达到该点的局部声速，该点叫等声速点。此时的飞行速度叫**临界速度** V_{cr}（如图 6-6 所示，图中 c_H 为当地局部声速）。飞机以临界速度飞行时的飞行马赫数叫**临界马赫数**。显然，在数值上临界马赫数等于临界速度与飞机所在高度声速 c 的比值，即

$$Ma_{cr}=\frac{V_{cr}}{c}$$

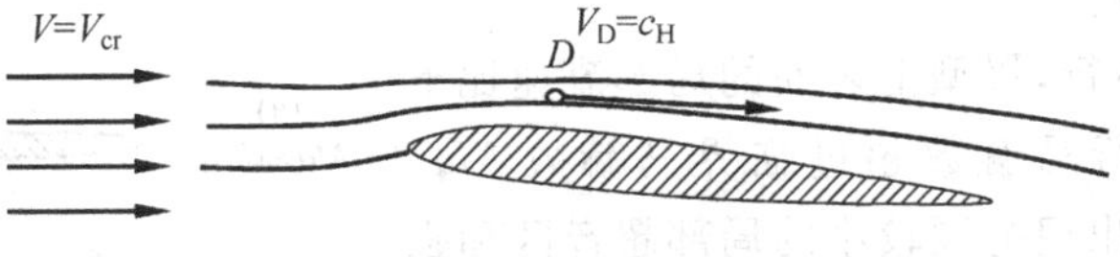

图 6-6　临界速度

当飞行马赫数小于临界马赫数时，翼型表面各点气流速度都低于声速，全流场为亚声速流，气流特性不发生质变；若飞行马赫数大于临界马赫数，翼型表面就会出现局部超声速区，并产生局部激波。在超声速区内，气流为超声速，其特性会发生质变。因此，临界马赫数的大小，说明翼型上表面出现局部超声速气流时机的早晚，可以作为翼型空气动力特性即将发生显著变化标志。

临界马赫数不是一个固定的数值。临界马赫数的高低会因迎角（和机翼形状）的不同而不同。迎角增大时，翼型上表面最低压力点处的气流速度更快，局部声速更为减慢，于是在较小的飞行速度下，翼型上表面就可能出现等声速点，即临界速度和临界马赫数有所降低，所以，迎角增大，临界马赫数降低；反之，迎角减小，临界马赫数提高（机翼形状对临界马赫数的影响在后面介绍）。

2. 局部激波的产生和发展

1）局部激波的产生

当飞行马赫数大于临界马赫数时，等声速点的后面流管扩张，空气膨胀加速，出现局部超声速区。在超声速区内，压力下降，比大气压力小得多，但翼型后缘处的压力却接近大气压，这种较大的逆压梯度，使局部超声速气流受到阻挡，产生较强的压力波，压力波逆着翼型表面的气流向前传播。由于是强压力波，故开始的传播速度大于当地声速，又因超声速区内的气流速度是大于局部声速的，所以，压力波可以逆气流前传，当压力波传到某一位置，其传播速度减慢到迎面的局部超声速气流速度时，就不能再继续向前传播了，结果该压力波相对于翼型稳定在这一位置上。于是，翼型上表面出现一压力、温度、密度突增的分界面，这个分界面就是局部激波，如图 6-7 所示。气流通过局部激波后，即减速为亚声速气流，波后压力、温度、密度突然升高。在局部激波前等声速线后的区域是局部超声速区，流场中的其他区域则是亚声速区。此时，翼型周围既有亚声速气流，又有超声速气流。

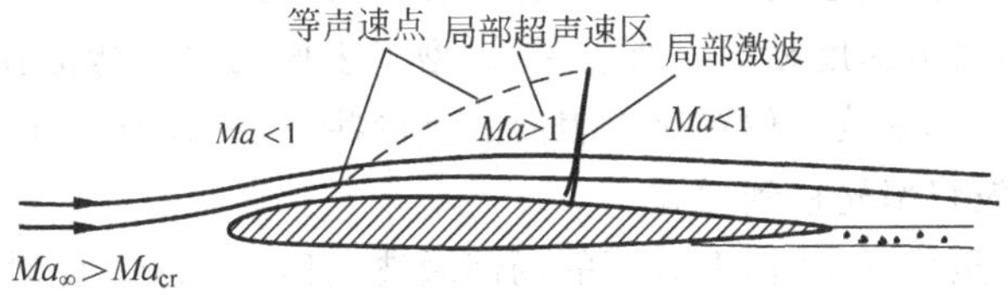

图 6-7　翼型局部激波的产生

2）局部激波的发展

为便于分析机翼局部激波发展的一般规律，现以接近对称的薄翼型在同一小正迎角下的实验结果为例来说明随来流马赫数（飞行马赫数）增大的过程中，翼型局部超声速区和局部激波发展的一般规律。

飞机以正迎角飞行，翼型上表面的局部流速比下表面大，所以，当飞行马赫数超过临界马赫数 Ma_{cr} 后，翼型上表面首先出现范围较小的局部超音区和强度较弱的局部激波，如图 6-8(a)所示。

保持迎角不变，飞行马赫数增大，在翼型上表面激波前各点的气流速度都普遍加快，原来没有达到声速的，增加到了声速，流管截面积最小处前移，致使等声速点前移。同时因流管进口和出口的压力比增大，超声速区内的气流速度超过声速更多，大于激波的传播速度，迫使局部激波后移。等声速点前移和局部激波后移，都使得超声速区扩大，如图 6-8(b)所示。超声速气流速度增大，使局部激波前后的压力差增大，激波强度增强，传播速度加快；当局部激波后移到某一位置，其传播速度增大到与波前的超声速气流速度相等时，激波就稳定在新的位置上不再向后移动了。

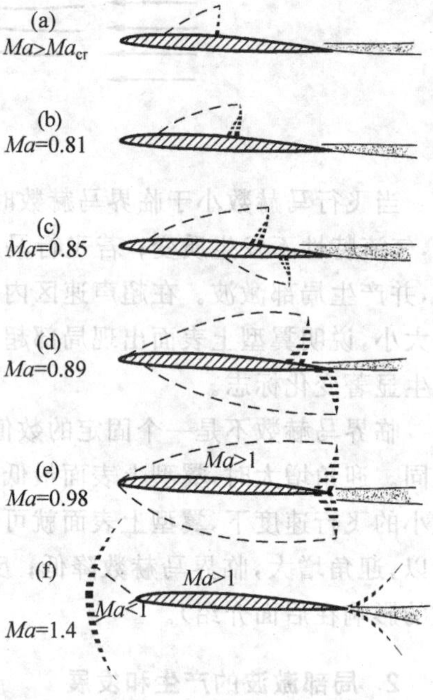

图 6-8 机翼局部激波的发展

飞行马赫数再增大时，翼型下表面也出现了局部超声速区和局部激波，如图 6-8(c)所示。因为，实验中的翼型接近对称型，且为正迎角，下翼面流管截面最细处比上翼面靠后，所以，下表面等声速点的位置比上表面的靠后一些，局部超声速区和局部激波的位置也同样靠后。

飞行马赫数继续增大，翼型上下表面的等声速线都前移，局部激波都后移，局部超声速区都扩大，如图 6-8(d)所示。但下表面的局部激波比上表面的后移得快些。这是因为，接近对称的薄翼型，在正迎角下，上翼面流线弯曲程度大一些，下翼面流线弯曲程度小一些。因此，上翼面的流管后段沿途扩张得较快，压力沿弦向的变化也比较快，而下翼面后段流管沿途扩张得比较慢，压力沿弦向的变化也比较慢。因此，下表面等声速点和局部激波出现的位置比较靠后。同时，在飞行马赫数增大的过程中，假如上下翼面的局部激波后移同样的距离，下翼面局部激波前后压力差自然增加得少一些，传播速度也自然加快得少一些。由此可见，下翼面的局部激波，要比上翼面的局部激波须向后移动更多的距离才能使其传播速度增大至与波前的超声速气流速度相等。所以说，翼型下表面的局部激波比上表面的向后移动得快一些，故下表面局部激波的位置比上表面的靠后些。因此，当飞行马赫数增大至一定程度，下表面的局部激波将率先移到后缘。

飞行马赫数增大至接近 1 时，上表面的局部激波也移到后缘。此时，翼型后缘出现两道斜激波，称后缘激波。此时上下表面几乎全是超声速区了，如图 6-8(e)所示。

飞行马赫数大于 1 以后，翼型前缘出现前缘激波，后缘激波更向后倾斜，这时整个流场已是超声速了，如图 6-8(f)所示。

*3)激波与附面层干扰

高速气流流过翼型时，所产生的局部激波的形状与附面层的性质有关。翼型表面的附面层气流按其速度大小可分为两层。底层紧靠翼型表面，流速小于声速，为亚声速底层。离开翼面稍靠外，流速大于声速，为超声速外层。两层之间的分界线，流速等于声速，为等声速线。翼型表面的局部激波只能达到附面层的超声速外层，而达不到附面层的亚声速底层，如图 6-9 和图 6-10 所示。

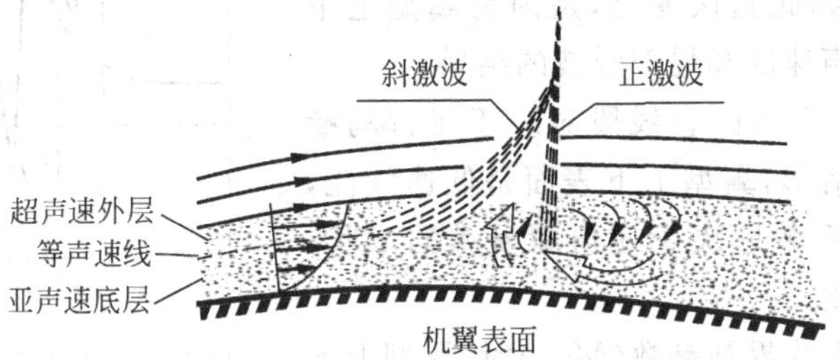

图 6-9　层流附面层与 λ 激波

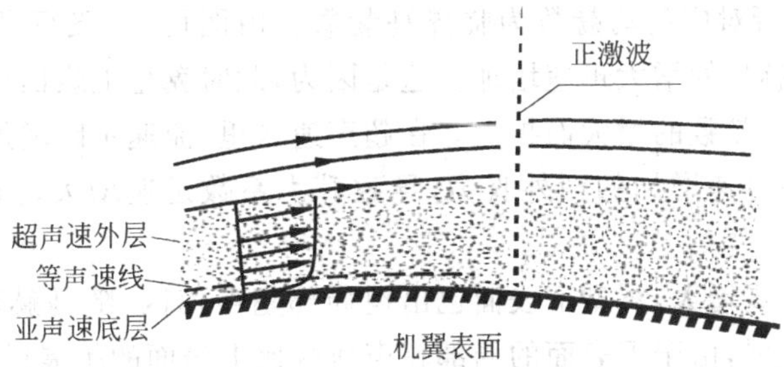

图 6-10　紊流附面层与正激波

激波对层流附面层和紊流附面层的干扰情形不同。层流附面层受激波的干扰影响要产生气流分离，激波的形状也改变为 λ 形。紊流附面层受激波的影响一般不产生气流分离，激波形状为正激波，其原因如下所述。

层流附面层虽然比较薄，由附面层外层到翼型表面气流流速是逐渐减慢的，底层速度梯度小，所以，附面层的亚声速底层较厚。局部激波后面突然升高的压力，通过附面层的亚声速底层可以逆气流传到激波前面，使得附面层亚声速底层气流受到阻滞，产生倒流，形成在激波处的气流分离。气流分离能波及附面层的超声速外层，引起超声速气流向偏离翼面方向偏折，像流过内凹曲面一样，在原来正激波之前又产生一系列斜激波，形状像希腊字母 λ，故称 λ 激波（见图 6-9）。飞行马赫数增大，激波处附面层的气流分离加剧。

紊流附面层的流速分布和层流附面层有所不同。其附面层底层的速度梯度大，靠近翼型表面的流速比邻近外层的流速小得多，附面层大部分是超声速外层，所以亚声速底层很薄。在这种情况下，局部激波后面突然升高的压力不容易通过亚声速底层传到激波前面去。这样，激波前的气流不致受到强烈阻滞，也就不会产生气流分离，不会产生斜激波，而是只有一道较强的正激波（见图 6-10）。

3. 翼型的跨声速升力特性

1）升力系数随飞行马赫数的变化

图 6-11 为在某一迎角下翼型升力系数（C_y）随飞行马赫数变化的典型曲线。从图中可

以看出，在跨声速阶段，随飞行马赫数的增大，升力系数曲线变化呈马鞍形的“两起两落”，即升力系数先增大，随后减小，接着又增大，然后又较快地减小。升力系数之所以有如此起伏变化，是因为翼型上下表面出现了局部超声速区和局部激波的结果。

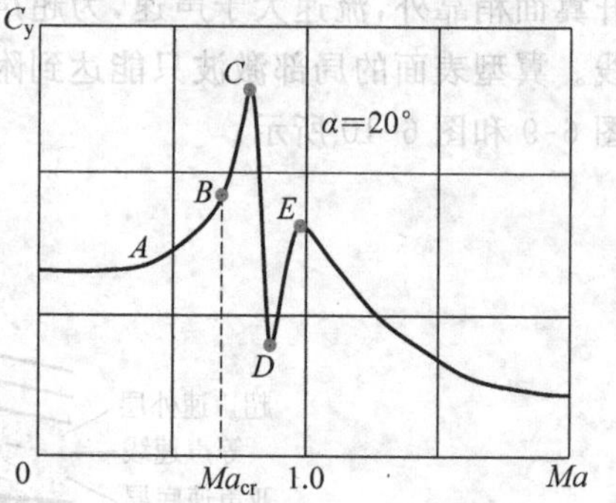

图 6-11　升力系数随马赫数的变化

如图 6-11 中 A 点前的直线段对应于飞行马赫数约小于 0.3 时的情形，翼型上下表面是低速气流，低速时翼型的升力系数取决于迎角和翼型的形状，基本不随马赫数变化。

飞行马赫数小于临界马赫数(Ma_{cr})时，翼型上下表面全是亚声速气流，升力系数按亚声速规律变化。即马赫数增大，升力系数增大，如图 6-11 中 B 点以前的曲线段所示。

图 6-11 中 B 点所对应的马赫数为临界马赫数。由图可见，飞行马赫数超过临界马赫数后，升力系数随马赫数的增大迅速增加。这是因为，此时翼型上表面已出现了局部超声速区和局部激波，并随马赫数的增大而扩大。在超声速区里，流速不断增加，压力不断减小，即吸力不断增大。这种迅速增加的额外吸力，导致升力系数迅速增大，如图 6-11 中曲线 BC 段所示。

飞行马赫数进一步增大，翼型下表面也出现局部超声速区，随马赫数增大，上下表面的局部超声速区都在扩展，由于下表面的局部超声速区比上表面的扩展得快，所以在马赫数增大的过程中，翼型下表面产生的附加吸力更大，结果使翼型升力系数随飞行马赫数的增大而减小，如图 6-11 中 CD 段所示。

在翼型下表面的局部激波移到后缘而上表面的局部激部尚未移到后缘的情况下，随着飞行马赫数的增大，上表面的局部激波继续后移，超声速区向后继续扩大，上翼面的附加吸力不断增大。于是，升力系数又重新增大，如图 6-11 中曲线 DE 段所示。

在马赫数大于 1 以后的超声速阶段，翼型出现后缘激波和前缘激波，升力系数随飞行马赫数的增大而不断下降，如图 6-11 中 E 点以后的曲线段所示。

2）压力中心随飞行马赫数的变化

在跨声速飞行阶段，随飞行马赫数增大，翼型压力中心先后移，接着前移，而后又后移。飞行马赫数超过临界马赫数后，翼型上表面首先出现了局部超声速区和局部激波。随马赫数增大，激波后移，超声速区扩大。局部超声速区位于翼型中后段，且流速最快点位于激波前，这就引起翼型上表面中部和后段的吸力增大，产生正的附加升力 $\Delta Y'$，如图 6-12(a)所示。设翼型原来的升力为 Y，马赫数增大后翼型的升力为 Y'，则 $\Delta Y'+Y=Y'$，根据平行力的合成法则，翼型压力中心(图中 Y'的作用点)向后移动。

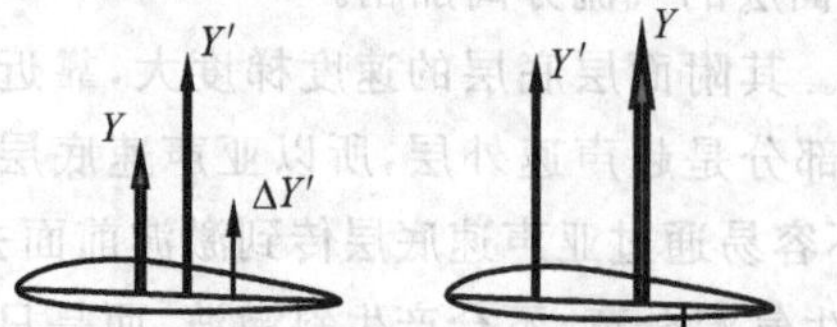

图 6-12　跨声速阶段压力中心位置的变化

飞行马赫数再增大，翼型下表面也出现了局部超声速区和局部激波。由于下表面的局部激波靠后，并随马赫数增大迅速移至后缘，这就引起翼型下表面后半段吸力增大，产生负的附加升力 $\Delta Y''$，致使压力中心前移，如图 6-12(b)所示，$\Delta Y''+Y=Y'$，Y 和 Y'分别为翼型原来的升力和马赫数增大后的升力。

当下表面局部激波移至后缘后，飞行马赫数继续增大，由于上表面局部激波继续后移，超声速区扩大，后半部吸力增大，导致压力中心又后移。

3) C_{ymax}和 α_{cr}随飞行马赫数的变化

在小于临界马赫数范围内，C_{ymax}和 α_{cr}按亚声速规律变化。

超过 Ma_{cr}以后，翼上表面出现了局部超声速区和局部激波。在局部激波前的超声速区，压强降低，激波后，压强突然升高，逆压梯度增大，引起附面层分离。当激波增强到一定程度，发生严重气流分离时，阻力系数急剧增大，升力系数迅猛下降，这种现象称为激波失速。随飞行马赫数的增大，激波增强，飞机将在更小的迎角(或升力系数)下开始出现激波失速，因而 C_{ymax}和 α_{cr}均继续降低，如图 6-13 中 $Ma>0.6$ 以后的一段曲线所示。

4) 升力系数曲线斜率随飞行马赫数的变化

升力系数曲线斜率 C_y^α随飞行马赫数的变化趋势比较复杂，有增有减，大体如图 6-14 中大于 Ma_{cr}的曲线段所示。基本规律是在该翼型的临界马赫数前随马赫数的增加而增加，超过临界马赫数，随马赫数的增加，先增加，后减小，而后又增加。

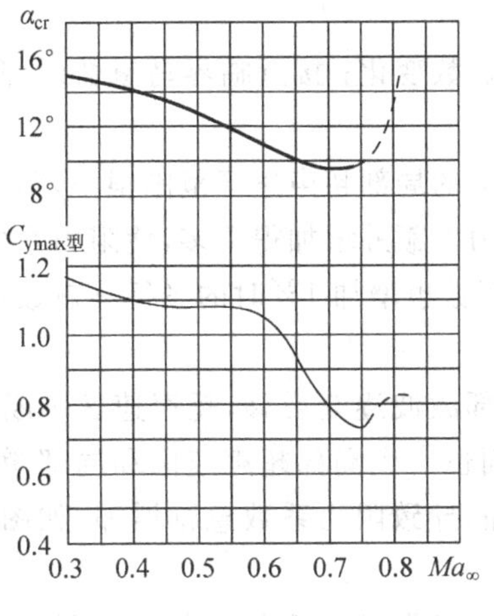

图 6-13　C_{ymax}和 α_{cr}随飞行马赫数的变化

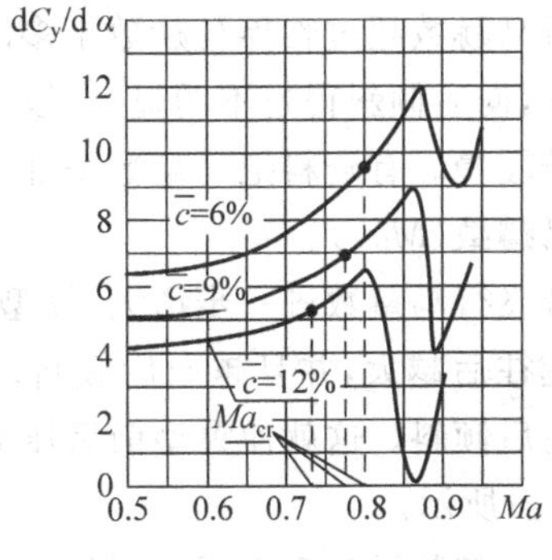

图 6-14　升力系数曲线斜率随马赫数的变化

4. 翼型的跨声速阻力特性

飞行马赫数超过临界马赫数以后，阻力急剧增加。这是因为翼型上下表面出现了局部激波。这种由于出现激波而产生的额外阻力，简称**波阻**。

1) 跨声速飞行时波阻产生的原因

飞行马赫数超过临界马赫数以后，翼型表面出现了局部超声速区和局部激波，局部超声速区内吸力增大，且吸力增加较多的地方位于翼型的中后段，故总的增加的吸力方向向后倾斜，如图 6-15 所示。由于增加的吸力向后倾斜，使翼型前后平行于飞行速度方向的压力差额外增加。这种由于增加的吸力向后倾斜所产生的阻力，是跨声速阶段激波阻力产生的主要原因。

另外，激波与附面层干扰而引起的附面层气流分离，也是激波阻力产生原因之一。λ 激波的激波损失比正激波小，从激波本身引起的压差阻力看，层流附面层的 λ 激波的波阻比紊流附面层的正激波的波阻小。

2）翼型阻力系数随飞行马赫数的变化

在迎角和翼型一定的条件下，在跨声速范围，翼型阻力系数随飞行马赫数的增大一直增加，如图 6-16 所示。

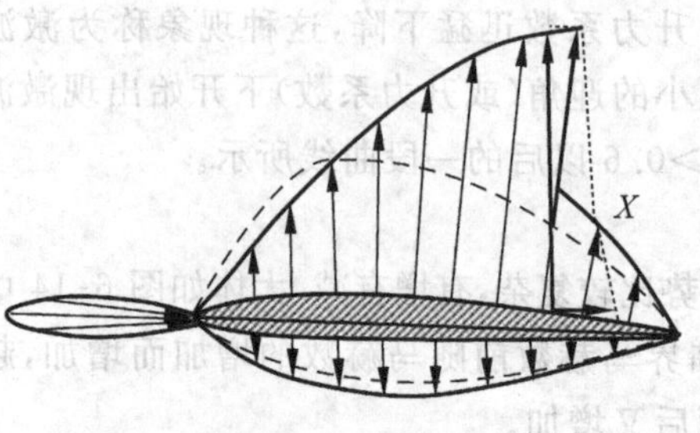

图 6-15　波阻的产生

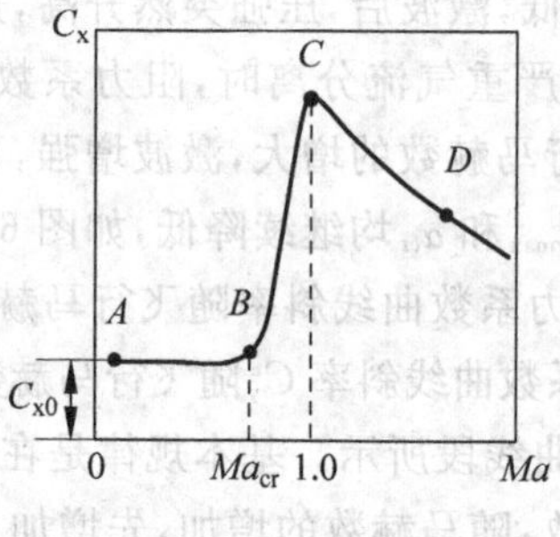

图 6-16　阻力系数随飞行马赫数的变化（α 一定）

在临界马赫数之前，阻力系数基本不随飞行马赫数变化；接近临界马赫数时，阻力系数才稍有增加。

飞行马赫数超过临界马赫数不多时，翼型上表面的局部超声速区范围很小，附加吸力还不是很大，向后倾斜得也不明显，所以，翼型前后压力差额外增加得不多，使阻力系数开始增加得比较缓慢。有资料把马赫数增加 1%时，阻力系数也增加 1%时的飞行马赫数定义为**阻力发散马赫数**（Ma_X）。

随着飞行马赫数进一步增大，翼型上表面的局部激波逐渐后移，超声速区不断扩大，附加吸力越往后越大，并且越向后倾斜；另外，下表面也产生局部超声速区和局部激波，附加吸力也向后倾斜。这就使翼型前后压力差显著增加，导致阻力系数急剧增加，如图 6-16 中曲线 BC 段所示。

飞行马赫数增到 1 附近时，阻力系数达到最大。当翼型出现前缘激波后，阻力系数随马赫数增大而减小，其原因将在后面的 6.1.4 节翼型的超声速空气动力特性介绍中讲述。

3）迎角和翼型表面状况对波阻的影响

由于迎角增大，临界马赫数降低，翼型表面也就更早地出现局部超声速区和局部激波。迎角增大，翼型上表面的吸力增大，且更向后倾斜，致使前后压力差增大，阻力系数增大。这从图 6-17 中不同迎角下的压力分布就可以清楚地看出来。所以，图 6-18 中，大迎角下的阻力系数随飞行马赫数的变化曲线位于小迎角的上方。

翼型表面粗糙，阻力发散马赫数减小，层流附面层提前转捩为紊流附面层，波阻增加，见图 6-19。

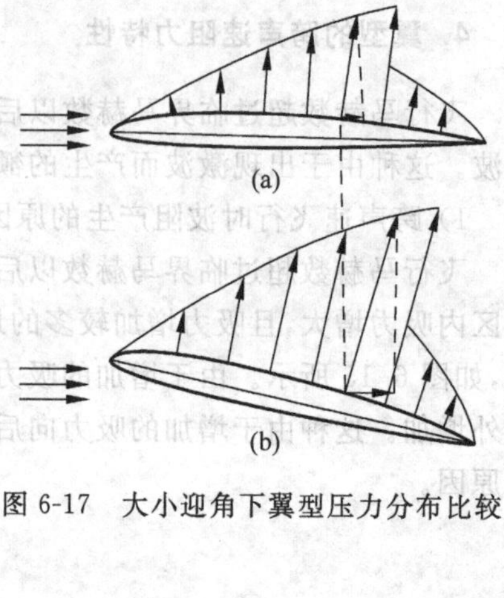

图 6-17　大小迎角下翼型压力分布比较

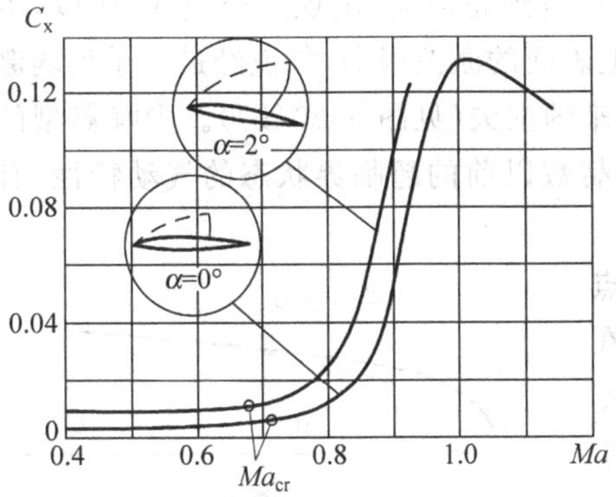

图 6-18　不同迎角下阻力系数随飞行马赫数的变化

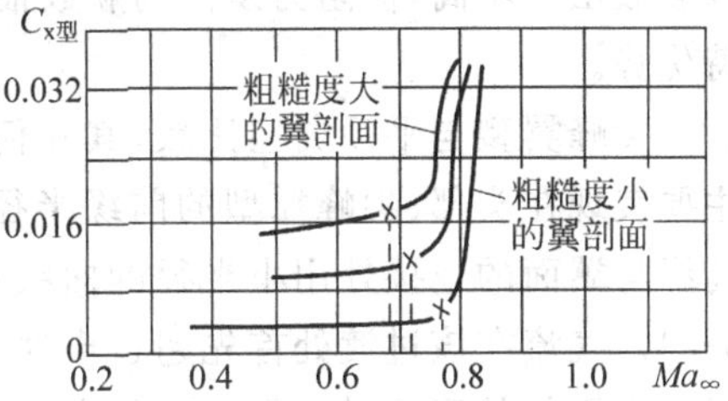

图 6-19　粗糙度对 $C_{x型}$ 的影响

*6.1.3　高亚声速翼型

由于高速飞行中，升力系数的起伏变化和阻力系数的急剧增大，会导致飞机性能变差。为此，近年来发展了一些适用于高亚声速飞机的新翼型，称为高亚声速翼型，现介绍如下。

1. 平顶翼型和尖峰翼型

平顶翼型和尖峰翼型都是常用于跨声速的翼型。所谓"平顶"，并不是指其几何形状(其几何形状恰恰相反)(见图 6-21)，而是指翼型上表面压力分布平坦，没有明显的负压峰。设计目的是为了提高临界马赫数，因而在设计上使翼型上表面具有均匀的压力分布，避免负压峰，使气流流过时均匀加速(见图 6-20(a))。这种翼型，在来流速度、温度相同的条件下，上表面局部流速增加较少，出现等声速点较迟，临界马赫数(Ma_{cr})和阻力发散马赫数(Ma_X)都得以提高。这就是平顶翼型的由来。但实践说明，这种翼型提高临界马赫数的效果有限，超过了临界马赫数，激波的不利影响就会迅速表现出来。

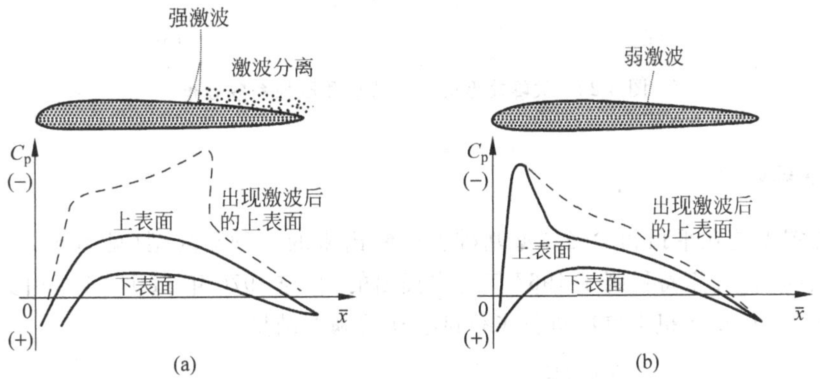

图 6-20　平顶翼型和尖峰翼型

(a) 平顶翼型；(b) 尖峰翼型

为了进一步改善跨声速的性能，除提高临界马赫数外，后又发展到以削弱翼面局部激波为目标，尖峰翼型就是出于这种考虑而提出的。所谓尖峰，是指上表面压力分布在前端具有尖的负压峰(吸力峰)。气流经过翼型前缘很快加速到超声速,出现超声速区,所以,尖峰翼型前部有一个负压峰。但只要翼型形状合理,上表面的激波很弱,气流经过一系列弱激波减速增压,最后减为亚声速,可以避免强激波所带来的损失(见图 6-20(b))。尖峰翼型的临界马赫数虽然不高,但阻力发散马赫数很高,该马赫数以前的超临界状态的气动特性,有其独特优势。

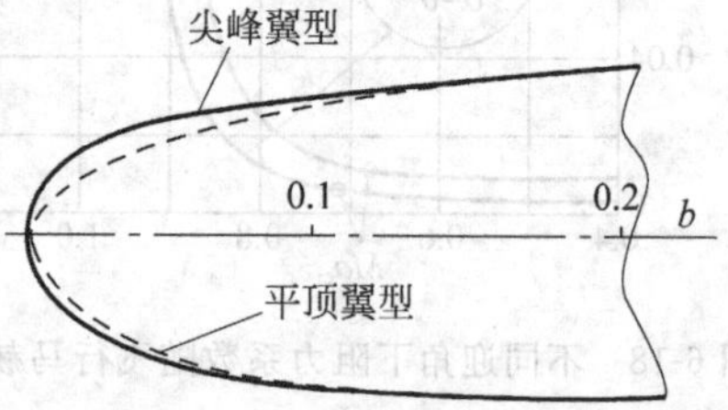

图 6-21　平顶翼型、尖峰翼型头部外形比较

尖峰翼型与平顶翼型比较,其几何外形特点主要表现在头部、尖峰翼型的前缘半径略大。在前缘与翼面的连接处用小半径的曲线过渡,见图 6-21。气流在该过渡处首先超过声速,在前缘附近有尖峰状的吸力峰,形成超声速区,并由此形成一系列的膨胀波,被等声速边界反射成压缩波,适当的表面形状使这些压缩波并不聚焦,而是分散的,见图 6-22(a)。翼面上的超声速气流通过这些弱压缩波逐次减速后,在超声速的后界面上形成很弱的激波,甚至没有激波。这种翼型的亚临界($Ma_\infty < Ma_{cr}$)阻力稍大,Ma_{cr} 也不高,但在超临界马赫数的一段范围内,即便出现激波,也不会强烈地诱发激波分离,所以 Ma_X 较高。平顶翼型的阻力发散马赫数 Ma_X 一般不超过 0.8,而尖峰翼型却可提高到 0.85～0.89。图 6-22(b)是尖峰翼型的压强系数分布图。

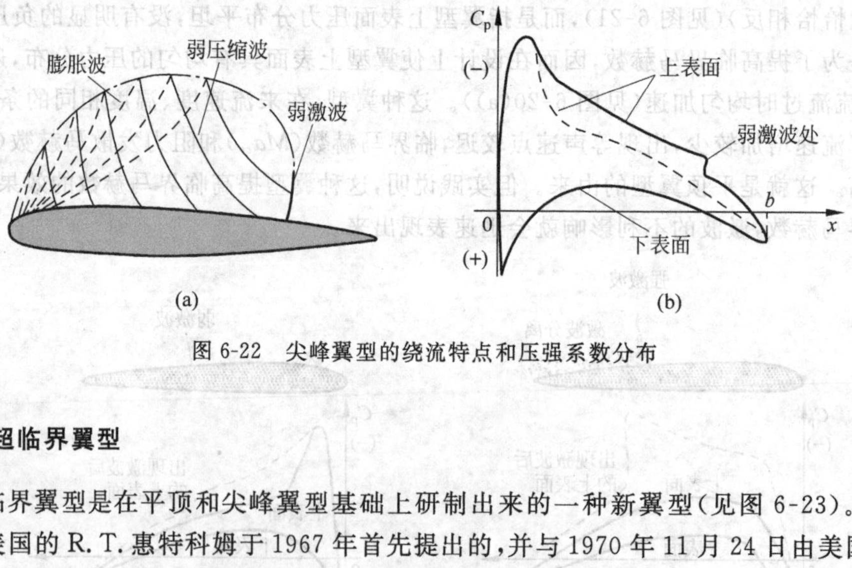

图 6-22　尖峰翼型的绕流特点和压强系数分布

2. 超临界翼型

超临界翼型是在平顶和尖峰翼型基础上研制出来的一种新翼型(见图 6-23)。超临界翼型是美国的 R. T. 惠特科姆于 1967 年首先提出的,并与 1970 年 11 月 24 日由美国国家宇航局在一架 T-2C 型飞机上首次进行飞行试验获得满意结果。

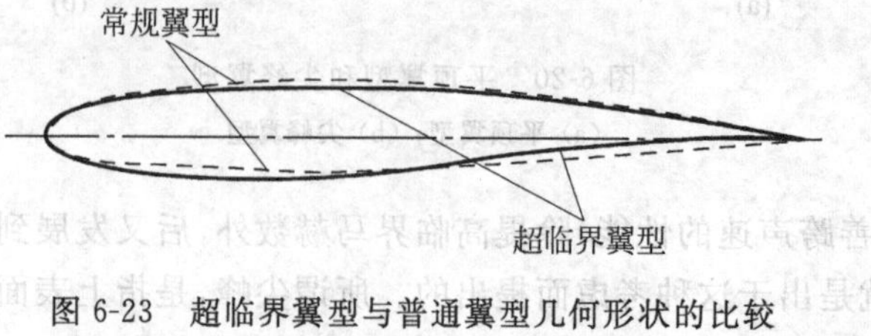

图 6-23　超临界翼型与普通翼型几何形状的比较

与常规翼型相比，超临界翼型外形上具有以下特点：前缘略微钝一点，前缘半径可达2%弦长，消除了前缘的负压峰，使气流不致过早达到声速；上表面比较平坦，使马赫数超过临界马赫数后，流速几乎不再增加；超声速区虽然比普通翼型大，但在弦向上低超声速气流分布较均匀，这样，上表面超声速区激波的伸展范围和强度都较弱，使附面层在该弱激波作用下不致分离，如图 6-24 所示。

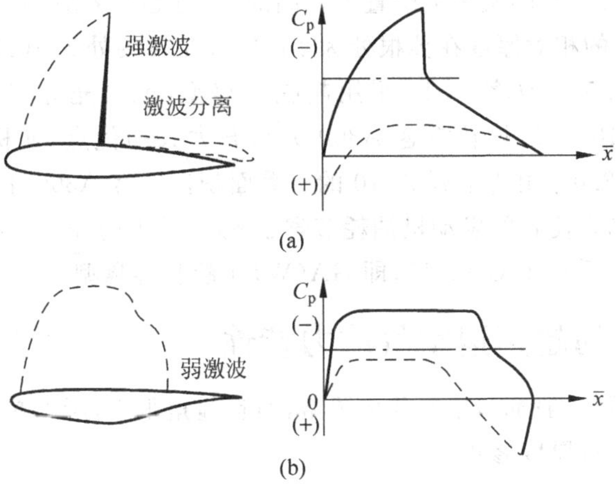

图 6-24 超临界翼型与普通翼型气动特性的比较(C_p 分布)

超临界翼型为了补偿翼型上表面平坦而引起的升力不足，下表面后段有一个向里凹进去的“反曲段”，目的是使后部升力增加，称“后部加载”，用以弥补前段升力不足；后缘上下表面相切，后缘角甚小，可缓和后缘附近的逆压梯度。

因此，超临界翼型在 $Ma_\infty < Ma_{cr}$ 时阻力稍大，但在超临界状态($Ma_\infty > Ma_{cr}$)，虽有激波，但强度不大，有时甚至无激波，从而降低了翼型阻力，并且大大提高了阻力发散马赫数(见图 6-25)，有效地改善了飞机高亚声速范围的气动性能。

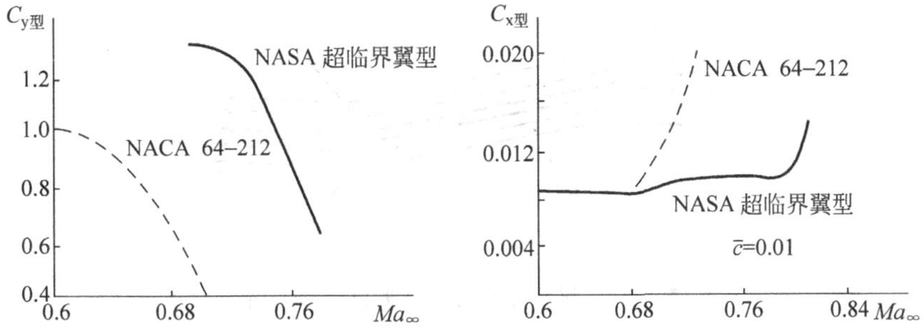

图 6-25 超临界翼型与普通翼型 C_y、C_x 的比较

采用超临界翼型的高亚声速宽体喷气客机，既有利于巡航性能的提高，又能取得综合效益。例如采用了超临界翼型，在满足一定速度要求的条件下就可同时减小机翼的后掠角，增加机翼的展弦比和增大翼型的相对厚度，从而提高了机翼结构强度，加大了机翼内部的储油空间。正因如此，将超临界翼型用于窄体和宽体喷气客机均有发展前途。

超临界翼型在使用中也遇到一些新问题：钝的前缘，使前缘阻力增大；由于超临界翼型的后缘弯度很大，零升力矩 m_{z0}（在飞行力学中介绍）也较常规翼大，增加了飞机的配平阻力；因翼型下表面后部向里凹进，下翼面逆压梯度很大，下表面凸出物（如操纵面铰链）的整流需要精心设计，以防止气动干扰造成气流分离；大弯度薄后缘制造工艺复杂。

在超临界翼型基础上进一步改进而得出的“先进超临界翼型”技术在1987年已趋成熟，并陆续开始在新研制的飞机上看到了它的应用。

波音767和空客A310的机翼都配置了自制的“先进超临界翼型”。波音767的典型巡航马赫数为0.8，机翼的相对厚度在翼根处为15.1%，在翼尖处为10.3%，均较大；而机翼后掠角较小，只有31.5°。空客A310采用超临界翼型，就可充分利用它的厚度大（翼根$\bar{c}=15.2\%$，翼尖$\bar{c}=10.8\%$，均较空客A300大）、升力大的优点，使机翼后掠角仍保持在28°，机翼的展弦比为8.0。由于空客A310的机翼面积比空客A300小了16%，机翼结构重量及阻力均有减小，结果使它的发动机油耗节省了6%，带来的经济效益是可观的。我国自行研制的运-12型飞机采用了GA0417，即GA(W)-1超临界翼型。

6.1.4 翼型的超声速空气动力特性

超声速飞机的机翼一般都采用对称薄翼型，而且迎角很小，所以在计算时可以把它看作一个平板，然后对它进行厚度修正。

1. 平板翼型超声速升阻力的产生

当超声速气流以正迎角流过平板时（见图6-26），在上表面前缘，超声速气流绕外凸角流动，产生膨胀波。气流经过膨胀波后，以较大的速度沿平板上表面等速向后流去。在下表面前缘，气流相当于流过内凹角的壁面，方向内折，产生斜激波。气流经过斜激波后，以较小的速度沿平板下表面等速向后流去。流至后缘，情况正好相反，上表面产生后缘斜激波；下表面产生后缘膨胀波。气流流过斜激波和膨胀波后，以同一方向同一速度流离平板。

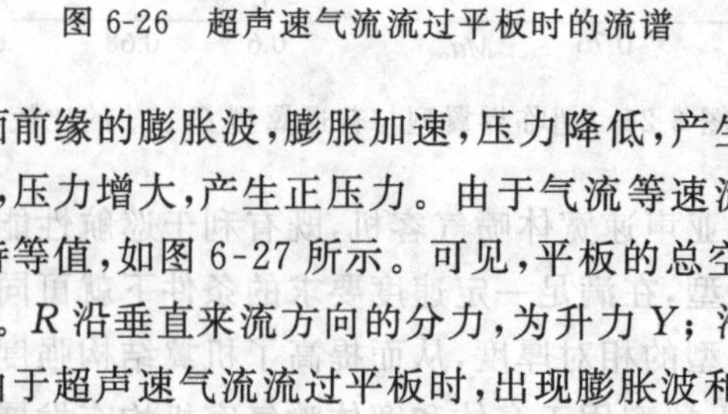

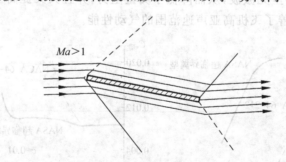

图6-26 超声速气流流过平板时的流谱

气流经过平板上表面前缘的膨胀波，膨胀加速，压力降低，产生吸力。气流经过下表面前缘的斜激波，压缩减速，压力增大，产生正压力。由于气流等速流过平板上下表面，所以，吸力和正压力沿平板保持等值，如图6-27所示。可见，平板的总空气动力 R 作用在平板弦线的中点，并与平板垂直。R 沿垂直来流方向的分力，为升力 Y；沿平行来流方向的分力为阻力。因为这种阻力是由于超声速气流流过平板时，出现膨胀波和激波而产生的，故称为超声速飞行时的激波阻力，简称波阻 X_w。图6-28画出了平板翼型总空气动力系数 C_R 及其两个分力系数 C_y 和 C_{xw}（不计摩擦阻力系数）。

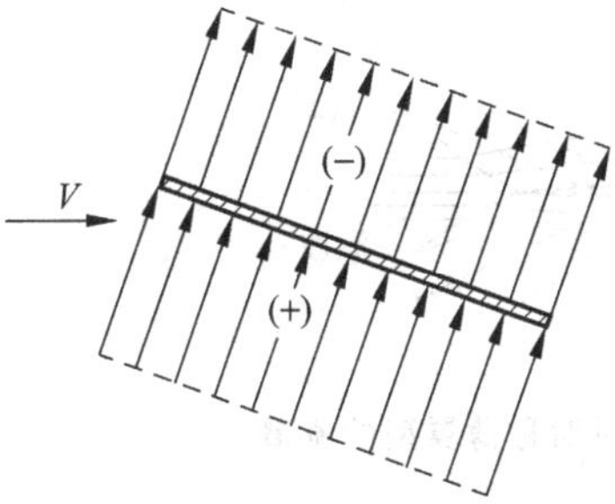

图 6-27　平板上的压力分布

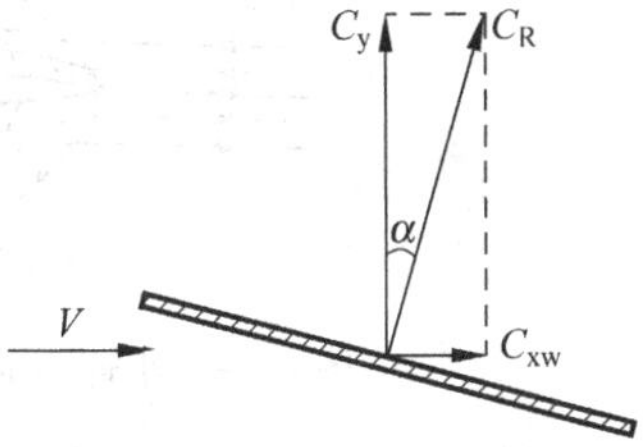

图 6-28　平板上的气动系数

2. 平板翼型超声速升阻力特性

理论和实验都证明，平板翼型在超声速小迎角条件下的升力系数、阻力系数、升力系数斜率随马赫数的变化关系，可用式(6.5)、(6.6)、(6.7)(公式推导见附录 D)作近似计算，即

$$C_y = \frac{4\alpha}{\sqrt{Ma^2 - 1}} \tag{6.5}$$

$$C_{xw} = \frac{4\alpha^2}{\sqrt{Ma^2 - 1}} \tag{6.6}$$

$$C_y^\alpha = \frac{4}{\sqrt{Ma^2 - 1}} \tag{6.7}$$

可见，当飞行马赫数大于 1 时，升力系数、阻力系数和升力系数斜率均随 Ma 的增大而减小。原因是，当飞行马赫数增大时，膨胀波和斜激波都要更向后倾斜。其结果使得上表面膨胀波后的气流压力降低的比例减小，下表面斜激波后的气流压力升高的比例减小。即上下表面压力差增加的程度，也就是升力和波阻增加的程度小于飞行速度的平方比例。若将升力和阻力仍看成与速度成平方比例变化，升力系数和阻力系数则必然减小(见图 6-11 和图 6-16)。

3. 对称薄翼型超声速升阻力的产生

如图 6-29 所示，在小迎角(迎角小于前缘内折角)条件下，超声速气流经过翼型前缘，相当于绕内凹角流动，会产生两道附体斜激波。超声速气流通过斜激波，方向偏转到翼型前缘的切线方向，随后沿翼型表面流动，这相当于绕外凸曲面流动，又会产生一系列膨胀波而连续膨胀加速。从翼型前缘发出的膨胀波，将与前缘激波相交，削弱前缘激波使激波角减小，最后退化为弱扰动波。当上下翼面的超声速气流到达后缘时，由于上下气流指向不一致(二者之差为后缘角)，压力也不相等，故又产生两道斜激波，使汇合后的气流具有相同的指向和压力。后缘激波延伸中，被翼面延伸出来的膨胀波削弱，最后也变成了弱扰动波。

在正迎角条件下，下翼面比上翼面气流转折角大，激波强度强，波后马赫数小，压力大。因而上下翼面产生压力差，压力差总和垂直于远前方来流方向的分力就是升力；而平行于远前方来流方向的分力就是波阻。

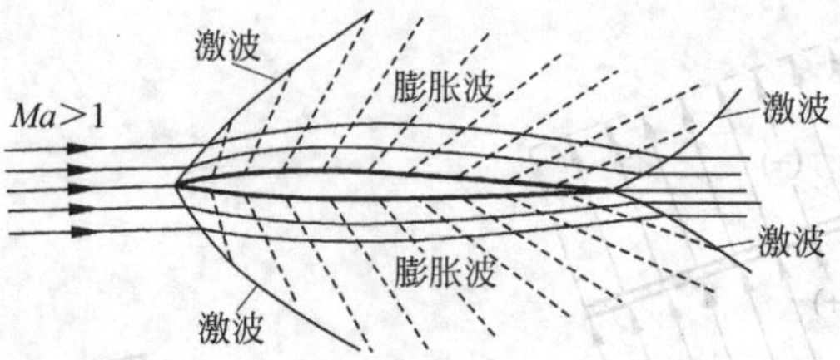

图 6-29 小迎角时超声速气流流过对称薄翼型的流谱

4. 对称薄翼型超声速升阻力特性

对称薄翼型在小迎角条件下的升力系数、阻力系数，可按下式作理论计算。即

$$C_y = \frac{4\alpha}{\sqrt{Ma^2-1}}$$

$$C_{xw} = \frac{4\alpha^2}{\sqrt{Ma^2-1}} + \frac{4K\bar{c}^2}{\sqrt{Ma^2-1}} \tag{6.8}$$

$$\bar{X}_{压} = 0.5$$

从式(6.8)可以看出，对称薄翼型超声速空气动力特性与平板翼型超声速空气动力特性仅差别在波阻系数上。即在翼型很薄，忽略厚度影响时，升力系数只取决于迎角和飞行马赫数，与翼型的相对厚度无关。而相对厚度对波阻的影响却是不能忽略的。

由式(6.8)的前两式，可以推导出下式

$$C_{xw} = C_{x0w} + C_{x1w} = \frac{K\bar{c}^2}{\sqrt{Ma^2-1}} + \frac{\sqrt{Ma^2-1}C_y^2}{4} \tag{6.9}$$

式(6.8)和式(6.9)中的 K 是形状修正系数，翼型形状不同，K 值也不同。双弧形翼型，$K=16/3$；亚声速对称薄翼型，$K=10\sim16$。式(6.9)第一项 $C_{x0w}=K\bar{c}^2/\sqrt{Ma^2-1}$ 为零升波阻系数，与翼型的形状和相对厚度有关，而与升力无关，所以又叫翼型波阻系数，零升波阻也是废阻力的一部分；第二项 $C_{x1w}=\sqrt{Ma^2-1}C_y^2/4$ 称为升致波阻系数，其大小与升力系数有关。由于升力产生而产生的阻力叫升致阻力，它包括诱导阻力和升致波阻。

由式(6.8)还可以看出，对称薄翼型的压力中心位于翼弦中间，并不随飞行马赫数变化。其他翼型的压力中心位置，在超声速阶段也基本不随飞行马赫数变化。这是因为在超声速阶段，翼型上下表面的局部激波均已移至后缘，局部超声速区已无法扩大，在飞行马赫数增大的过程中，翼型上下表面各点的压力均大致按同一比例变化，所以，压力中心的位置也基本不随飞行马赫数变化。

6.1.5 高速飞机的翼型特点

现代高速飞机的翼型具有不同于低速飞机的一些特点，其主要目的是为了提高临界马赫数，延缓局部激波的产生；并在马赫数超过临界马赫数以后，减小波阻。

1. 相对厚度 $\bar{c}$ 小

相对厚度 $\bar{c}$ 减小，翼型上下表面的曲率也随之减小。空气流过翼型表面，流速增加比较缓慢，在同样的飞行速度下，最低压力点处的流速小，临界马赫数得以提高。超过临界马赫数以后，由于翼型表面的曲率减小，局部超声速区的吸力向后倾斜的角度也小，波阻减小，同一马赫数下阻力系数小。图 6-30 表明，相对厚度为 4%和 6%的高速翼型，其临界马赫数显然比相对厚度为 12%和 18%的低速翼型的都高，阻力系数也都小。

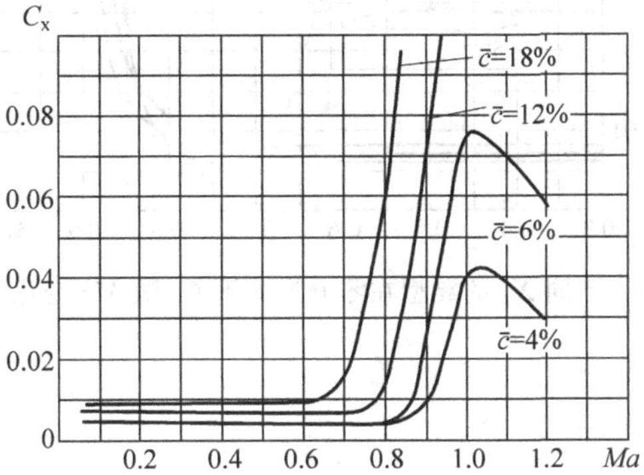

图 6-30 $\bar{c}$ 不同的翼型在零升迎角下 C_x 随 Ma 的变化曲线

2. 相对弯度 $\bar{f}$ 小

相对厚度相同的翼型，若相对弯度小，则接近对称形，其作用和相对厚度小是一样的。图 6-31 画出了三种相对弯度不同的翼型阻力系数随飞行马赫数变化的曲线。从曲线对比中可以看出，相对弯度 $\bar{f}=0$ 时，翼型临界马赫数最高，即阻力系数要在较大的马赫数下才开始急剧增大。

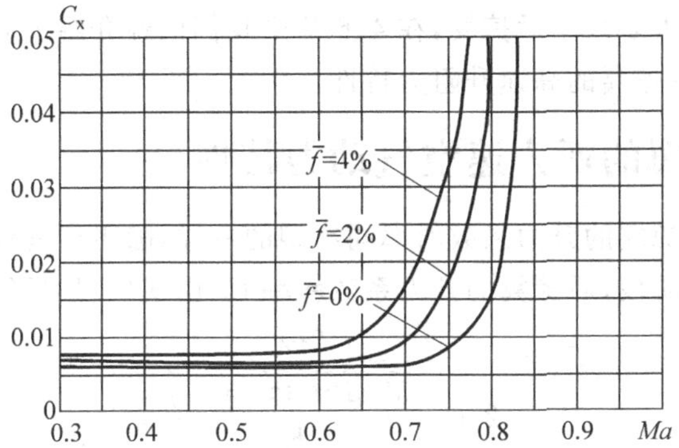

图 6-31 $\bar{f}$ 不同的翼型在零升迎角下 C_x 随 Ma 的变化曲线

3. 最大厚度位置 $\bar{X}_c$ 靠近翼弦中间

低速翼型，最大厚度位置一般位于翼弦的 30%处。高速翼型，最大厚度位置则比较靠后，位于翼弦的 35%～50%处。最大厚度位置后移，使得翼型前段的曲率减小，最低压力点的局部流速减慢，临界马赫数提高，波阻减小，如图 6-32 所示。但最大厚度位置不应过于靠后，否则，将导致阻力系数在超过临界马赫数后急剧增大。

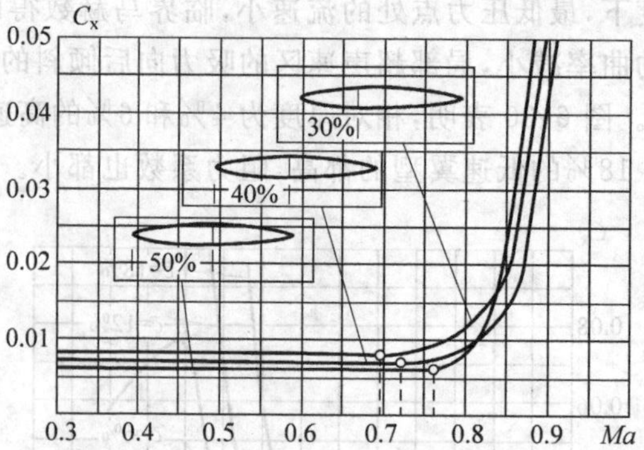

图 6-32　不同 $\overline{X}_c$ 的翼型在零升迎角下 C_x 随 Ma 变化的曲线

4. 前缘半径小

前缘的曲率半径小，即尖前缘，可以减小对迎面气流的阻滞，在超声速飞行中，可减弱前缘激波的强度，降低波阻。

总之，具有这些特点的翼型，适用于高速飞机。但也有不足之处，翼型表面的曲率小，气流增速慢，在同一迎角下所能获得的升力系数也就比较小。这是高速飞机起飞离地速度和着陆接地速度比较大的原因之一。

6.2　后掠翼的高速空气动力特性

前一节分析了翼型的高速空气动力特性，本节将进一步讨论机翼的高速升、阻力特性，目前大、中型民用飞机大多采用后掠翼，在 4.6 节中我们已经介绍了后掠翼的低速升阻力特性。下面我们将介绍后掠翼的高速升阻力特性。

6.2.1　后掠翼的亚声速空气动力特性

在亚声速阶段，后掠翼的升力系数斜率同翼型的一样，随飞行马赫数的增大而增大。根据理论计算，在亚声速阶段，后掠翼的升力系数斜率 C_y^α 由式(6.10)可以得到

$$C_y^\alpha = \frac{2\pi\lambda}{2+\sqrt{\dfrac{\lambda^2(\beta^2+\tan^2\chi_{0.5})}{K^2}+4}} \tag{6.10}$$

式中，λ 为展弦比；$\chi_{0.5}$ 为机翼 1/2 弦线的后掠角；$\beta=\sqrt{1-Ma^2}$；$K=\dfrac{C_{y型}^\alpha}{2\pi}$。

在此阶段，由于空气压缩性的影响，随着飞行马赫数增加，机翼表面产生吸力的地方吸力更大，产生压力的地方压力更大，使得机翼上下表面压力差增大，升力系数斜率增大。另外，在亚声速阶段，升力系数斜率还随后掠角 χ 增大而减小，随展弦比 λ 的增大而增大。因为当展弦比一定时，后掠角增大，它的垂直分速 V_n 减小，导致升力系数斜率减小；而当后掠角一定时，展弦比增大，翼尖涡对机翼上下表面均压作用减弱，致使升力系数斜率增大。

6.2.2　后掠翼的跨声速空气动力特性

1. 后掠翼的临界马赫数

空气流过后掠翼时，其气动特性主要取决于垂直分速，而垂直分速总是小于飞行速度的。所以，在翼型和迎角相同时，当飞行速度增大到平直翼的临界速度时，后掠翼上还不会出现局部流速等于局部声速的等声速点。只有当飞行速度增至更大时，后掠翼上才会出现等声速点，即后掠翼的临界马赫数比相同翼型平直翼的临界马赫数大。后掠角越大，其垂直分速越小，临界马赫数也相应越大。后掠翼的临界马赫数可按下列经验公式估算：

$$Ma_{cr\chi} = Ma_{cr}\frac{2}{1+\cos\chi} \tag{6.11}$$

式中，χ 为前缘后掠角。

例如 $\chi=50°$，若平直翼的临界马赫数为 0.75，则后掠翼的临界马赫数为

$$Ma_{cr\chi} = Ma_{cr}\frac{2}{1+\cos\chi} = 0.75\times\frac{2}{1+\cos 50°} = 0.91$$

计算结果表明，后掠翼的临界马赫数比平直翼的临界马赫数大得多。

2. 后掠翼在跨声速流中的激波系

飞行马赫数大于临界马赫数后，由于后掠翼的翼尖效应，有可能首先在尖翼附近出现局部超声速区，并产生局部激波，称为“翼尖激波”。图 6-33 是前缘后掠角为 50°的后掠翼，在迎角为 4°，飞行马赫数为 0.95 时形成的翼尖激波。其方向几乎与远前方来流方向垂直，但激波强度还比较弱，并随着飞行马赫数的增大而向后缘方向移动。

由于空气流过后掠翼时，流线将左右偏斜呈 S 形，所以，在翼根部分，从上翼面最低压力点往后，流线将偏向机身。当超声速气流流过机翼与机身结合部附近时，将受到机身的阻滞影响，会产生一系列弱扰动波，如图 6-34(a)所示。由于越往后流动越减速，所以，激波角逐渐增大。这些弱压缩波在机翼某处汇合，就形成了具有一定强度的强压缩波，叫后激波。图 6-34(b)是后掠角为 53.3°的后掠翼，在迎角为 2°、飞行马赫数为 1.05 时所形成的后激波。开始形成的后激波，一般位于翼尖激波之前。实验表明，随着飞行马赫数增大，后激波向后缘移动比翼尖激波来得快，会赶上翼尖激波并与之汇合。与此同时，后激波还向翼根发展，强度不断增强。

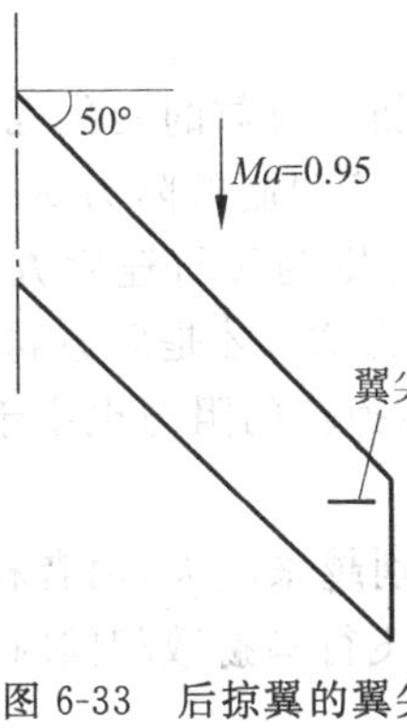

图 6-33　后掠翼的翼尖激波

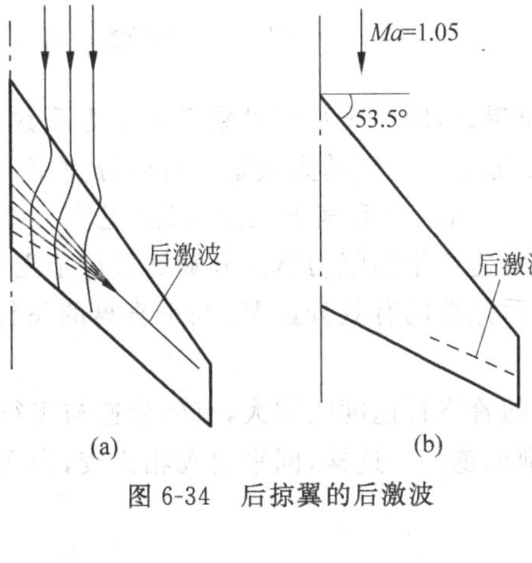

图 6-34　后掠翼的后激波

飞行马赫数进一步增大，在机翼上表面，从翼尖到翼根会相继出现局部超声速区，产生局部激波，称为前激波。图 6-35 表示迎角为 4°时，在不同飞行马赫数下形成的前激波的位置。

飞行马赫数再增大，前激波逐渐向机翼内侧和后缘移动，并与后激波相交，在交点外侧形成一较强的激波，叫外激波，如图 6-36 所示。外激波所在的翼面上将发生较严重的气流分离。

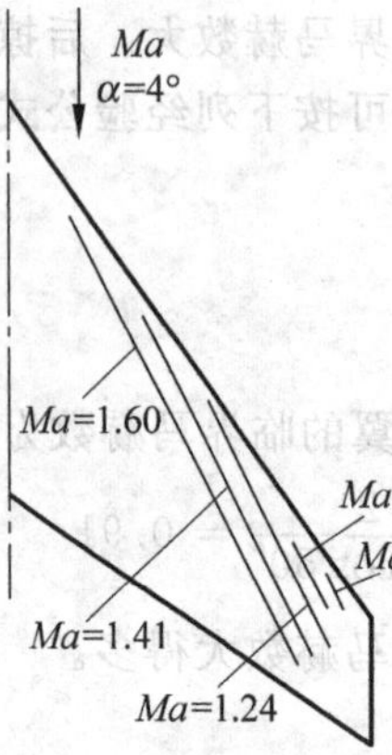

图 6-35　前激波的发展

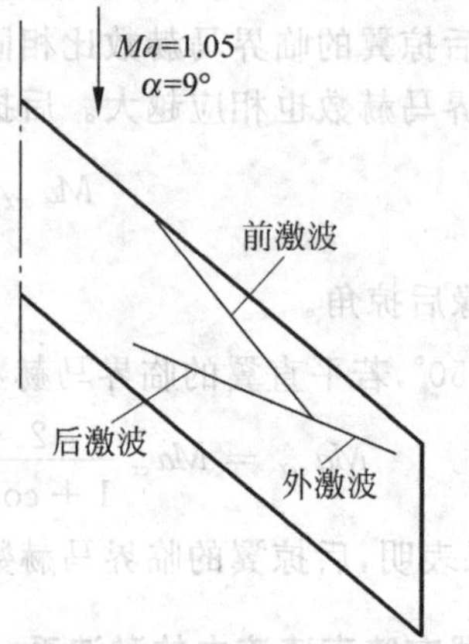

图 6-36　外激波的形成

3. 后掠翼的跨声速阻力特性

飞行马赫数超过临界马赫数而进入跨声速后，即产生波阻，使阻力系数开始急剧增加。但不同后掠角的后掠翼同平直翼相比，阻力系数随 Ma 变化趋势是不同的，如图 6-37 所示。

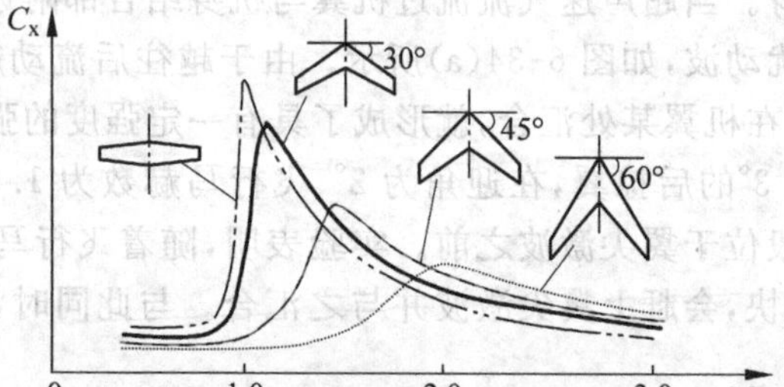

图 6-37　后掠翼的阻力系数随 Ma 的变化

后掠角越大，同一飞行马赫数下的阻力系数越小，阻力系数随马赫数的变化也越缓和。这是因为后掠翼的空气动力决定于有效分速 V_n 的大小。有效分速引起的阻力 X_n，与有效分速 V_n 方向一致，即垂直于机翼前缘（见图 6-38）。而飞机阻力则与飞行速度方向平行。所以，有效分速产生的阻力 X_n，分解到平行于飞行速度方向的分力 X_χ，才是后掠翼的阻力。可见，即使后掠翼的有效分速 V_n 与平直翼的飞行速度相同时，后掠翼的阻力也小于平直翼的阻力。

此外，随着飞行速度的增大，有效分速与飞行速度之间的差别越来越大，两者相对应的马赫数差别也越大。这样，同平直翼相比较，当 Ma_n 与平直翼的飞行马赫数相同时，后掠翼

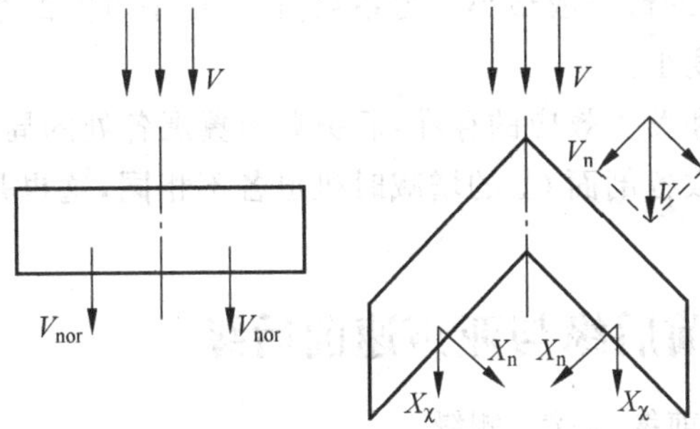

图 6-38 后掠翼的阻力

不仅产生的阻力小，而且对应的飞行马赫数大。所以，阻力系数随马赫数变化的趋势比较缓和。

后掠角越大，上述特点越突出，如图 6-39 所示。

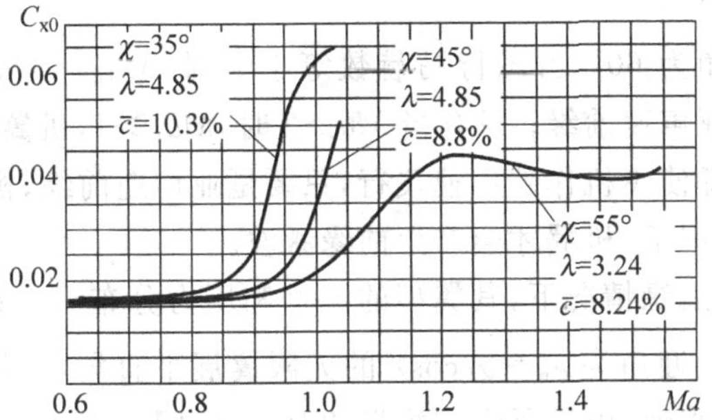

图 6-39 后掠角不同的后掠翼的零升阻力随 Ma 的变化

4. 后掠翼的跨声速升力特性

与平直翼相比，后掠翼的升力系数随 Ma 的变化也比较缓和；后掠角越大，升力系数变化越缓和，如图 6-40 所示。

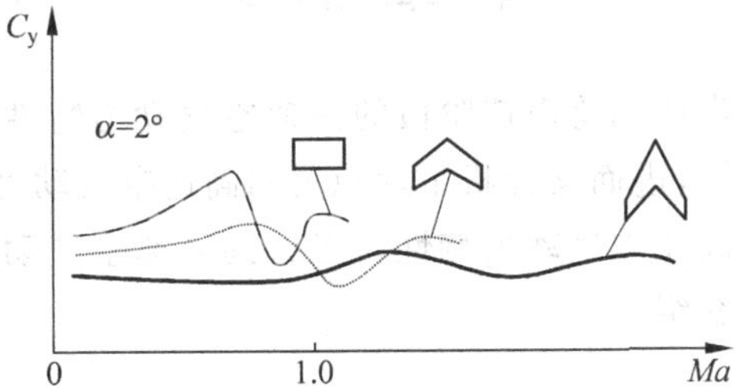

图 6-40 后掠翼的 C_y 随 Ma 的变化

这是因为，一方面后掠翼的临界马赫数比较大，使 C_y 显著增减对应的马赫数增大；另一方面，C_y 在跨声速阶段的增减幅度比较小。只有当有效分速对应的马赫数(Ma_n)同平直翼取得最大或最小升力系数的马赫数相等时，后掠翼的 C_y 才达到最大或最小。这时后掠翼的升力与平直翼处于最大或最小升力系数情况下的升力相等，但飞行马赫数却比平直翼大得多，因此，折算出后掠翼的最大或最小升力系数值，要比平直翼的小。即一定迎角下，后掠翼的 C_y 随 Ma 增减的幅度小。

此外，由于翼根效应和翼尖效应的存在，后掠翼沿翼展各处的局部超声速区和局部激波的产生和发展不一致，导致各剖面 C_y 的增减时机也各不相同，这也是造成后掠翼 C_y 随 Ma 变化缓和的原因。

6.2.3 超声速前后缘与亚声速前后缘

机翼的边界可划分为前缘、后缘、侧缘。

空气流过后掠翼，如果来流相对于前缘的垂直分速(V_n)小于声速($Ma_n<1$)，则该前缘称为亚声速前缘；反之，$Ma_n>1$，则该前缘称为超声速前缘。如果 $Ma_n=1$，则称声速前缘。同理，后缘也可以按此划分。

对于后掠翼飞机来说，是超声速前缘还是亚声速前缘，取决于来流马赫数和后掠角 χ 的大小，因为 $Ma_n=Ma\cos\chi$。

例如，某飞机后掠角为 60°，当飞行马赫数等于 2 时，$Ma_n=Ma\cos\chi=1$，为声速前缘；$Ma<2$ 时，$Ma_n<1$，为亚声速前缘；只有当 $Ma>2$ 时，$Ma_n>1$，机翼才为超声速前缘。

理论和实践证明，即使飞机作超声速飞行，只要是亚声速前缘，机翼不会产生前缘激波，只有在超声速前缘的情况下，机翼才会产生前缘激波。

后掠翼在超声速前后缘情况下，其翼型的流谱和压力分布具有超声速的特点。升力特性同来流马赫数为 Ma_n、迎角为 $\alpha_n=\alpha/\cos\chi$ 的无限翼展平直翼(二维翼)的升力特性一样。但就实际机翼(三维翼)来说，由于翼尖和翼根的存在，使同一迎角下机翼上下表面压力差减小，即升力和升力系数减小。后掠翼与翼型在超声速流中升力系数、波阻系数随马赫数的变化趋势是一样的，也是随马赫数的增大而减小。不同的是由于后掠翼的升力、阻力主要取决于有效分速 V_n 对应的马赫数(Ma_n)，所以，同一马赫数下的升力系数、波阻系数小，从而使升力系数、波阻系数随马赫数增大而减小的趋势也比较缓和。

本章小结

本章从介绍翼型的亚声速和跨声速阶段的高速空气动力特性入手，并针对几种有代表性的翼型做了较深入的探讨，进而又分析了后掠翼的高速空气动力特性，并着重分析了亚声速和跨声速阶段后掠翼的高速空气动力特性。考虑到高速空气动力内容的完整性，对超声速部分的内容也做了简要介绍。

复习与思考

1. 画图分析空气的压缩性对翼型表面的压力分布有何影响。为什么？
2. 翼型的亚声速空气动力有哪些主要特性？
3. 什么临界马赫数？其大小与哪些因素有关？其数值能否大于1？临界马赫数与临界速度有什么区别？

4. 画图分析翼型局部激波的形成原因和发展规律。

5. 飞机上一旦出现激波，就说明飞机就一定超过声速了吗？

6. 画出示意图说明翼型的升力系数随马赫数如何变化。为什么？

7. 翼型的压力中心在跨声速阶段随马赫数如何变化？

8. 画出翼型的阻力系数随马赫数如何变化。为什么？进一步分析跨声速阶段阻力系数随马赫数急剧增大的原因。

9. 后掠角对亚声速的升、阻力特性(升、阻力系数，最大升力系数、临界迎角、升力系数曲线斜率)有什么影响？

10. 后掠角对临界马赫数有什么影响？对升、阻力系数变化有什么影响？

11. 后掠翼与平直翼的跨声速升、阻力特性对比有何特点？

12. 机翼的亚声速前缘和超声速前缘有什么区别？

13. 有人说："飞机大马赫数飞行时，速度很大，飞机不容易失速"，对吗？为什么？

14. 已知某飞机质量为 5 400kg，机翼面积为 22.6m^2，零升迎角为 0°，当飞行马赫数为 0.6 时的升力系数斜率为 0.006 9/(°)，求在 50 000m 高度(ρ=0.736 1kg/m^2，c=321m/s)飞机作平飞时的迎角和升力系数。

拓展阅读

超声速客机

20 世纪 50 年代末自从进入喷气式客机时代，波音 707、DC-8 等喷气式客机趋于成熟后，国际民航界就不断追求飞行速度的提升，超声速运输机市场前景十分乐观，飞机制造公司和设计师又把注意力放到超声速客机身上。如果民航客机能够实现超声速飞行，将大大缩短长途飞行的时间。20 世纪 60 年代初，英国和法国开始联合研制协和超声速客机，美国也开始研制波音 2707 和洛克希德 2000 超声速客机(无果而终)。但是超声速客机的命运并不像亚声速客机那样一帆风顺。经过了近 20 年的努力，只有两款超声速客机曾在航线上使用过。这就是英法联合研制的协和式飞机和苏联的图 144 飞机。

协和式飞机(Concorde)是由英国和法国联合研制的一种四发超声速客机(见图 6-41)。协和式客机采用无水平尾翼布局，为了适应超声速飞行，机翼采用三角翼，机翼前缘为 S 形。三角翼的特点为失速临界点高，飞行速度可以更快，且能有效降低超高速飞行时的抖动等问题。协和式飞机前机身细长，这样既可以获得较高的低速仰角升力，有利于起降，又可以降低超声速飞行时产生的阻力，有利于超声速飞行。由于机头过于细长，飞行员在起降时由于高仰角导致视线会被机头挡住，为了改善起降视野，机头设计成可下垂式。协和式飞机共有四台涡轮喷气发动机。最大飞行马赫数可达 2.04。最大载重航程 5 000km。客座数为 100～140 座。

1969 年，第一架协和超声速客机诞生，并于 1976 年 1 月 21 日投入商业飞行。协和式超声速客机是世界上率先投入航线上运营的超声速商用客机。协和式飞机一共只生产了 20 架。由于经济性差，载客量偏小，运营成本较高以及噪声问题，最终也只有英国航空公司和法国航空公司使用协和式飞机投入跨越大西洋的航线运营。

图 6-41　协和号超声速客机

不幸的是 2000 年 7 月 25 日，法国航空公司的一架协和式飞机在巴黎戴高乐机场起飞后两分钟起火坠毁，机上 100 名乘客，9 名机组成员全部遇难，地面另有 4 名受害者。到 2003 年，尚有 12 架协和式飞机进行商业飞行。2003 年 10 月 24 日，协和式飞机执行了最后一次飞行，全部退役。

苏联的超声速客机研制晚于协和式飞机，但首次试飞却早于协和式。20 世纪 60 年代初，当苏联得悉美国、西欧准备研制超声速客机后，仓促上马研制超声速客机。由图波列夫设计局研制的图 144 在外形上与协和式飞机非常相近(见图 6-42)。图 144 与协和式飞机一样采用下单翼结构、双三角翼型、无平尾、可下垂的机头，四台发动机也分别下挂在机翼下侧。图 144 的巡航马赫数为 2.35，最大航程 6 500km，载客 140 人。这些指标都优于英法联合研制的协和式飞机。图 144 的设计方案于 1965 年 9 月在苏联公开展出。1968 年 12 月 31 日，第一架原型机制成并进行了试飞，创下了一项世界纪录。经过大约 3 年的试飞，图 144 进行了重大的改动，并于 1973 年投入批生产。估计图 144 及其改进型共生产了 16 架。

图 6-42　图 144 超声速客机

同样不幸的是 1973 年 6 月 3 日，图 144 在参加巴黎国际航空展览时，突然坠毁，机上人员全部遇难。根据当时的报道，参展的图 144 已经试飞过 100 余次，飞行时间约 300h。在此次航展上，该机共进行了两次飞行表演，且都是在协和式飞机表演之后进行的。6 月 3 日的飞行则是为 35 万观众进行的公开表演。在表演中，图 144 曾三次穿场而过，在最后一次穿场飞行时，按计划应表演低空、低速飞行，飞行高度在 100m 左右。此时飞机放下了起落架，垂下机头整流罩，并放下前置操纵面，像一只大鸟掠过机场，然后开始爬升。当飞机爬升到1 500m时，突然机头低下来，机腹左侧出现闪光。当飞机的俯冲角拉平到45°时，左翼断裂。飞机翻了个身，随后整个飞机在空中解体。飞机主体坠落在距机场几千米外的村庄里，砸死了几个人，毁坏了15家农宅，6名机上人员全部死亡。

图144的坠毁是超声速客机第一次发生的重大事故。这一事件使苏联推迟了该机交付民航使用的时间表。直到1976年12月，图144才开始在国内航线上使用，主要是用来进行货运和邮运。1977年11月，图144在莫斯科到阿拉木图的航线上定期运载旅客。大约在百余次飞行之后，又因发生事故而暂停了飞行。1979年苏联生产出图144的改进型图144D，采用新型涡轮风扇发动机。它在经济性、噪声等方面都有很大改进，在1981年投入航线使用。但后来因苏联民航当局认为成本过高、运行收益不大，没有继续发展使用。

前述两款超声速客机似乎都是以悲剧的形式收场的，但人类对客机速度的追求远未到此结束，随着航空科技的飞速发展，我们有充足的理由相信，在不久的将来，安全可靠、经济舒适的超声速客机一定会重新出现在蓝天上。

第7章

螺旋桨空气动力特性

本章关键词

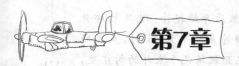

螺旋桨(propeller)　　　　　　桨叶迎角(angle of attack for the propeller blade)
前进比(advance ratio)　　　　负拉力(negative-thrust)

空气螺旋桨的作用是把航空发动机的有效功率转换为拉力。螺旋桨的空气动力除了拉力以外,还包括旋转阻力,它是发动机带动螺旋桨旋转时产生的。由于螺旋桨一般都安装在机身或机翼前部,因此我们把这种前进的动力称为螺旋桨的拉力。活塞式飞机前进的动力全部由螺旋桨拉力提供;而涡轮螺旋桨飞机前进的动力大约90%由螺旋桨拉力提供,其他10%左右由涡轮喷气发动机产生的推力所提供。

螺旋桨工作的好坏,直接关系其产生拉力的大小,对飞机的飞行性能以及飞行安全影响极大。为帮助飞行员正确使用螺旋桨,本章着重分析螺旋桨空气动力的产生及其变化规律,介绍有关螺旋桨的功率、效率、负拉力以及螺旋桨的副作用等内容。

7.1　螺旋桨一般介绍

了解螺旋桨的几何形状和运动特点,进一步掌握螺旋桨桨叶迎角的变化情况,是分析螺旋桨空气动力产生和变化规律的基础。

7.1.1　螺旋桨的几何参数

常见的空气螺旋桨主要由桨叶、桨毂及桨叶变距机构等组成,如图 7-1 所示。**桨毂**是连接桨叶和发动机轴的装置,**桨叶**是用来产生空气动力的,每具螺旋桨一般由 2~4 片桨叶组成。桨叶的平面形状很多,如图 7-2 所示,目前使用较多的有普通形(见图 7.2(a))、矩形(见图 7.2(b))和马刀形(见图 7.2(c))等。桨叶的剖面形状与翼型相似,前后桨面分别相当于机翼的上、下表面,如图 7-3 所示。螺旋桨旋转时,桨尖所画出圆的直径,叫**螺旋桨直径**(D)。该圆的半径,叫螺旋桨半径(R)。由螺旋桨旋转轴线至某一剖面的距离,叫该**剖面的半径**(r),比值 r/R 叫**相对半径**($\bar{r}$)。

桨叶剖面前缘与后缘的连线,叫**桨弦**(b)或**桨叶宽度**,如图 7-3 所示。桨叶宽度与螺旋桨直径之比(b/D),叫**桨叶相对宽度**($\bar{b}$)。

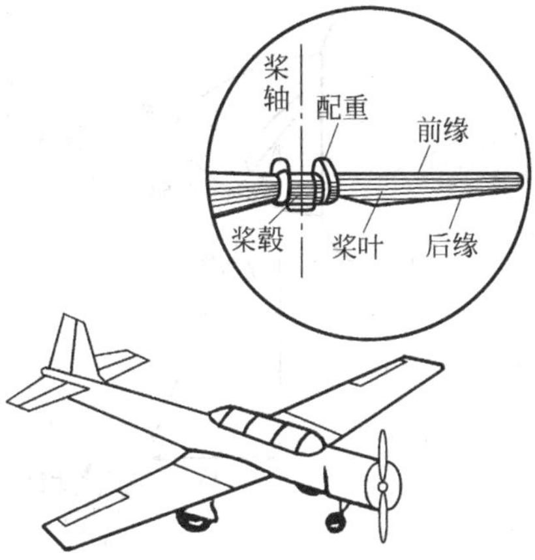

图 7-1　螺旋桨的组成

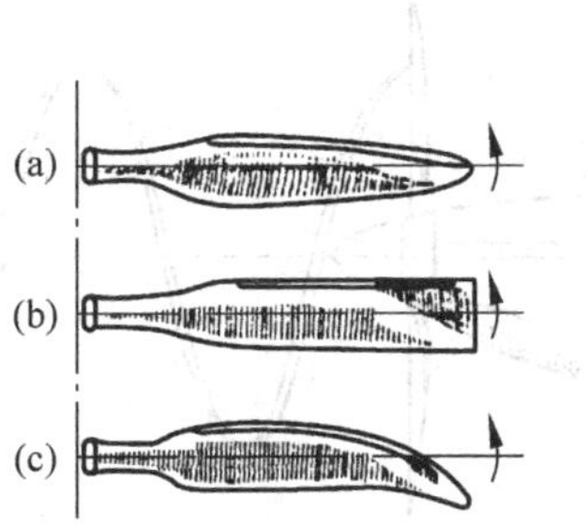

图 7-2　桨叶的平面形状

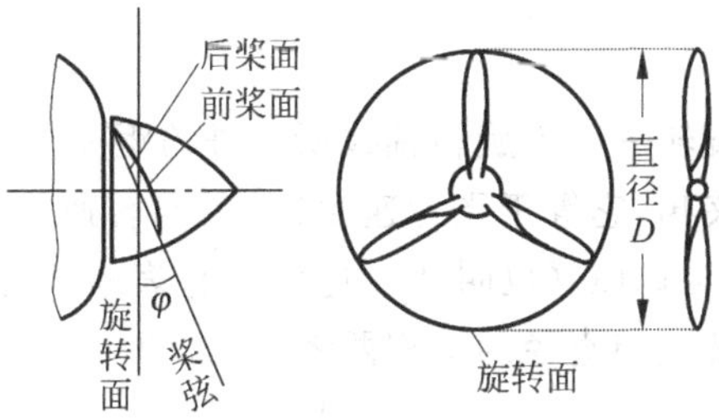

图 7-3　螺旋桨的直径、旋转面和桨叶角

桨叶旋转时所画的平面，叫**旋转面**，它与桨轴垂直。桨弦与旋转面之间的夹角，叫**桨叶角**(φ)。桨叶角不能改变的螺旋桨，叫**定距螺旋桨**；桨叶角能够改变的螺旋桨，叫**变距螺旋桨**。现代飞机一般都使用自动变距螺旋桨。

桨叶剖面的最大厚度，叫该剖面的**桨叶厚度**(c)。桨叶厚度与该剖面的桨弦之比(c/b)，叫**桨叶厚弦比**($\bar{c}$)。

7.1.2　螺旋桨的运动参数

1. 桨叶剖面的合速度(W)

飞行中，螺旋桨的运动是一面旋转，一面前进的。桨叶上每一点的运动轨迹，都是一条螺旋线，如图 7-4 所示。因此，桨叶各剖面都具有两个速度：一是**前进速度**(V)，即飞机的飞行速度；二是因旋转而产生的圆周速度，或叫**切向速度**(U)，其大小决定于螺旋桨的转速和各剖面的半径，即

$$U = 2\pi rn \tag{7.1}$$

式中，n 为螺旋桨转速，r/s。

切向速度与前进速度的合速度，叫**桨叶剖面的合速度**(W)，写成矢量形式就是 $\boldsymbol{W}=\boldsymbol{U}+\boldsymbol{V}$，见图 7-5。

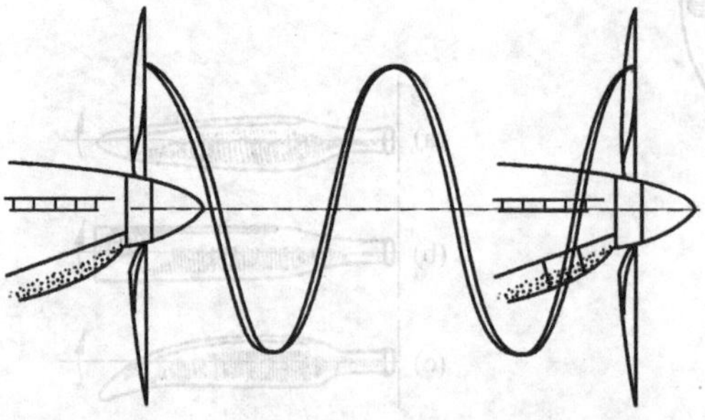

图 7-4　桨叶上某一点的运动轨迹

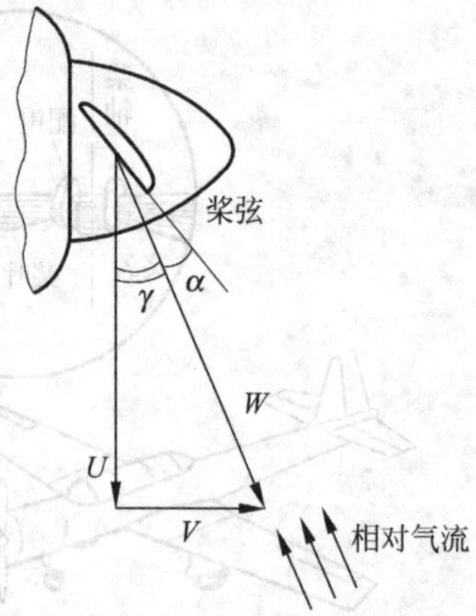

图 7-5　桨叶剖面的合速度和相对气流

2. 前进比(λ)

螺旋桨在空气介质中旋转一圈沿旋转轴线所前进的距离,称为**螺旋桨的进距**,若忽略桨叶轴线和飞行速度之间的夹角,它等于飞行速度(m/s)与转速(r/s)之比,即 V/n。螺旋桨进距与螺旋桨直径之比,叫**前进比**(λ)(也叫相对进距),它表示桨叶剖面的合速度方向。前进比是飞行速度同螺旋桨的转速与直径的乘积两者之比,即

$$\lambda = \frac{V}{nD} \tag{7.2}$$

桨叶合速度与旋转面之间的夹角以 γ 表示,称为桨叶相对气流的入流角(或称前进角),有

$$\tan\gamma = \frac{V}{U} = \frac{V}{2\pi\lambda n} = \frac{r}{\pi} \tag{7.3}$$

可见,当速度(V)增大、或转速(n)减小或螺旋桨的直径(D)减小时,前进比(λ)增大,而前进比越大,入流角 γ 也大,说明合速度的方向偏离旋转面越多;反之,前进比越小,说明合速度的方向越接近旋转面。

3. 桨叶迎角(α)

桨叶剖面相对气流方向与桨弦之间的夹角,叫**桨叶迎角**(α),如图 7-5 所示。桨叶迎角是随桨叶角、飞行速度和转速的改变而变化的。

桨叶迎角的大小可由下式确定

$$\alpha = \varphi - \gamma = \varphi - \arctan\left(\frac{\gamma}{\pi}\right) \tag{7.4}$$

1) 桨叶迎角随桨叶角的变化

如图 7-6 所示,当飞行速度和转速一定时,桨叶迎角随桨叶角增大而增大,随桨叶角减小而减小。

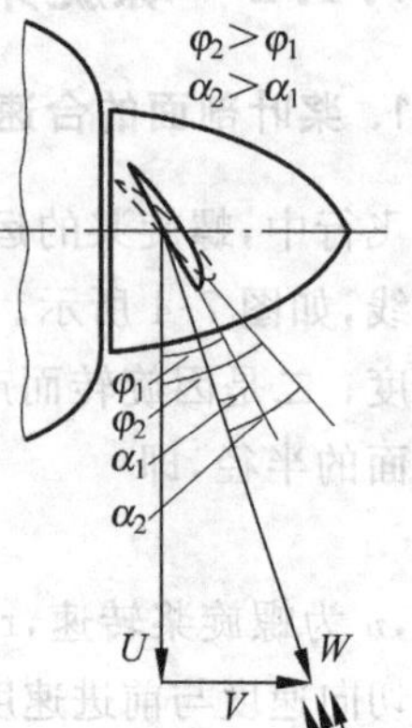

图 7-6　桨叶迎角随桨叶角的变化

2) 桨叶迎角随飞行速度的变化

如图 7-7 所示，在桨叶角和转速不变的情况下，桨叶迎角随飞行速度增大而减小，随飞行速度减小而增大。飞行速度增大到一定程度，桨叶迎角可能减小为零，甚至变为负值。

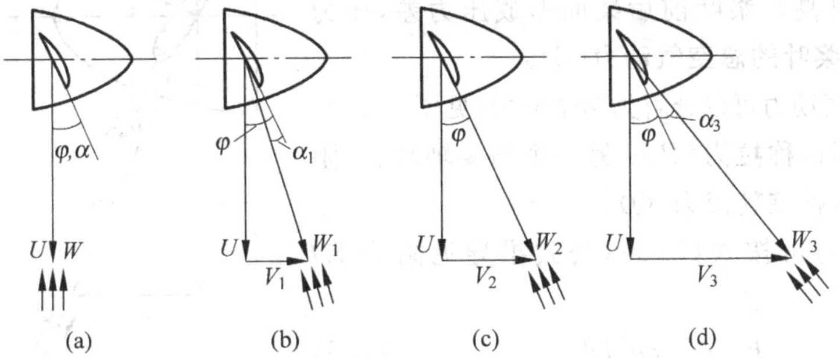

图 7-7 桨叶迎角随飞行速度的变化

(a) $V=0, \alpha=\varphi$; (b) $V_1>0, \alpha_1<\varphi$; (c) $V_2>V_1, \alpha_2=0$; (d) $V_3>V_2, \alpha_3<0$

3) 桨叶迎角随转速(切向速度)的变化

如图 7-8 所示，在桨叶角和飞行速度一定的情况下，桨叶迎角随转速(切向速度)增大而增大，随转速(切向速度)减小而减小。

此外，随着剖面半径的加大，桨叶迎角也会变大，这对螺旋桨的正常工作是不利的(见图 7-9)。为了使桨叶各剖面的迎角基本相等，通常把桨叶做成扭转的，即从桨根到桨尖，桨叶角是逐渐减小的，如图 7-10 所示。对于几何扭转的桨叶，通常用 $r=0.75R$ 处桨叶剖面的桨叶迎角代表整个桨叶的桨叶角。

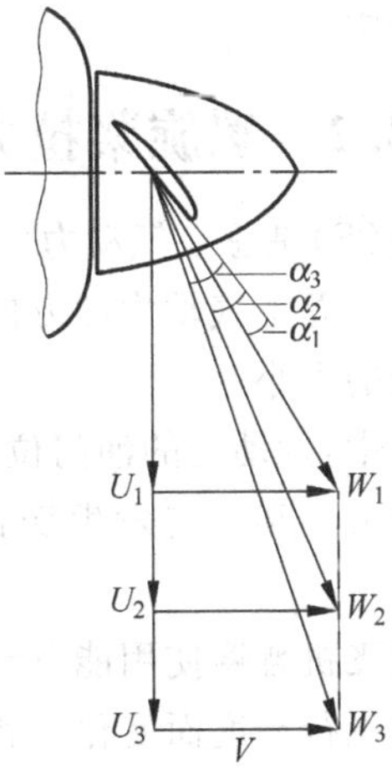

图 7-8 桨叶迎角随切向速度的变化

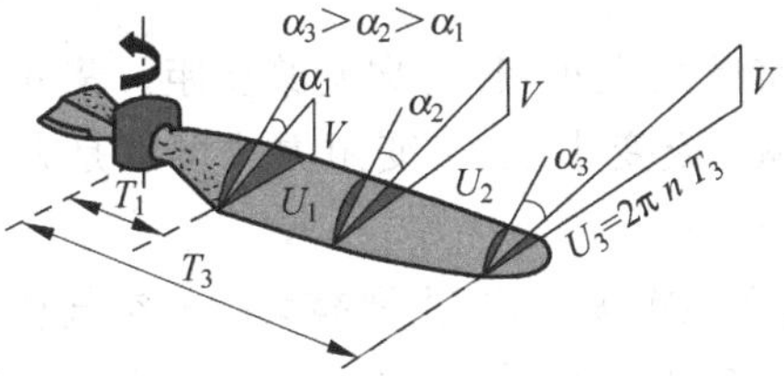

图 7-9 桨叶(无扭转)迎角随切向速度的变化

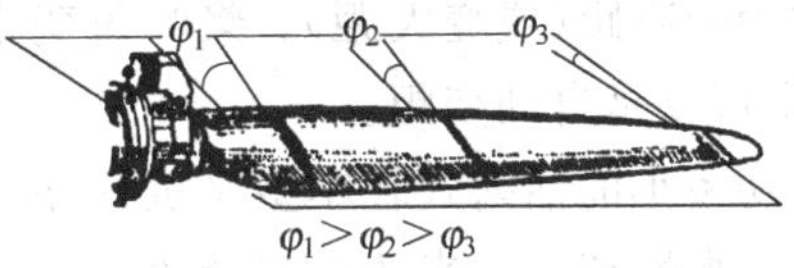

图 7-10 桨叶的扭转

7.2 螺旋桨的拉力

7.2.1 螺旋桨拉力的产生

螺旋桨的总拉力由各个桨叶的拉力之和所构成。因为螺旋桨桨叶的剖面形状与机翼剖面相似，所以螺旋桨产生拉力的道理，也和机翼产生升力的道理基本相同。如图 4-14 所示，相对气流流过桨叶的前桨面，就像流过机翼上表面一样，流管变细，流速加快，压力降低；相对气流流过桨叶的后桨面，就像流过机翼下表面一样，流管变粗，流速减慢，压力升高。桨叶前后桨面形成压力差，压力差的总和就是**桨叶的总空气动力**(R)。

桨叶总空气动力可以分解为两个分力(见图 7-11)：一个与桨轴平行，称**拉力**(P)；另一个与桨轴垂直，阻碍螺旋桨旋转，称**旋转阻力**(Q)。

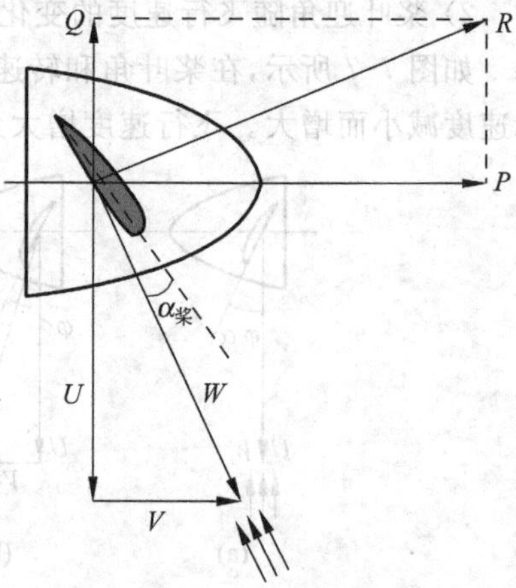

图 7-11　桨叶的空气动力

螺旋桨拉力可按式(7.5)(公式推导见附录 E)计算：

$$P = C_{\mathrm{P}}\rho n^2 D^4 \qquad (7.5)$$

式中，C_{P} 为拉力系数，它综合表示了桨叶迎角、合速度方向、桨叶形状及数目等因素对拉力的影响，其大小由实验确定。

7.2.2　螺旋桨拉力在飞行中的变化

拉力(P)是总空气动力(R)的一个分力。拉力的大小不仅取决于总空气动力的大小，而且还取决于总空气动力的方向。正常运动的螺旋桨，其桨叶迎角、合速度的大小和方向都会影响拉力的大小。

飞行中，发动机的油门位置、转速、飞机的飞行速度和高度的变化，都会引起桨叶迎角、合速度的大小和方向发生变化，从而使拉力变化。本节分析拉力随上述 4 种因素变化的规律。

现代飞机普遍使用能自动保持转速不变的恒速螺旋桨。因此，拉力主要随飞行速度、油门位置和飞行高度而变化。我们先介绍螺旋桨的变距。

1. 螺旋桨的变距

变距螺旋桨在飞行中随飞行条件变化能改变桨叶角大小，称为螺旋桨变距。桨叶角变大称为变高距(或变大距)；桨叶角变小称为变低距(或变小距)。变距方式可以是人工变距，也可以是自动变距。

功率小的活塞式轻小型飞机，一般没有专门的变距操纵机构，主要靠桨叶的空气动力和配重的惯性离心力来改变桨叶角。空气动力力矩使桨叶变低距，见图 7-12。配重的惯性离心力矩使桨叶变高距，见图 7-13。前者大于后者，桨叶角减小；后者大于前者，桨叶角增大。其转速大小取决于油门位置：油门加大，转速增高；油门收小，转速降低；油门不变，转速基本不变。这种变距螺旋桨称为气动式变距螺旋桨。

功率较大的活塞式发动机飞机，设有专门的变距操纵机构——**调速器**，它靠液压力或电动力来改变桨叶角。这种飞机在操纵台上除油门杆外还设有变距杆，既可人工变距，也可自动变距，以改变或保持螺旋桨的转速。例如，前推变距杆，桨叶角减小，称“**变小距**”，此时桨叶迎角及旋转阻力减小，转速增高；反之，后拉变距杆，桨叶角增大，称“**变高距**”，此时桨叶迎角和旋转阻力增大，转速降低。如果不动变距杆，在油门位置、飞行速度或飞行高度改变

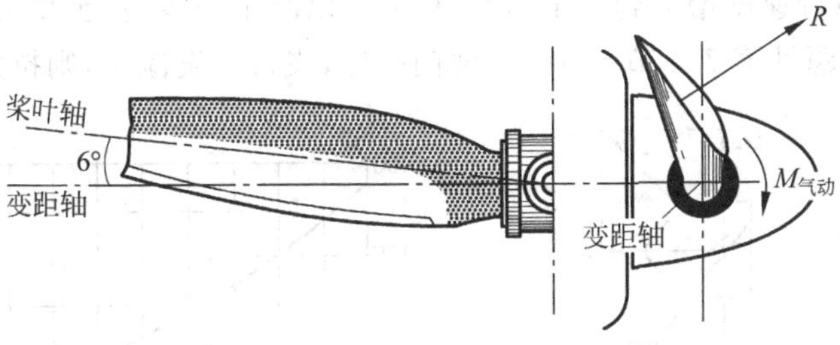

图 7-12 螺旋桨的空气动力矩

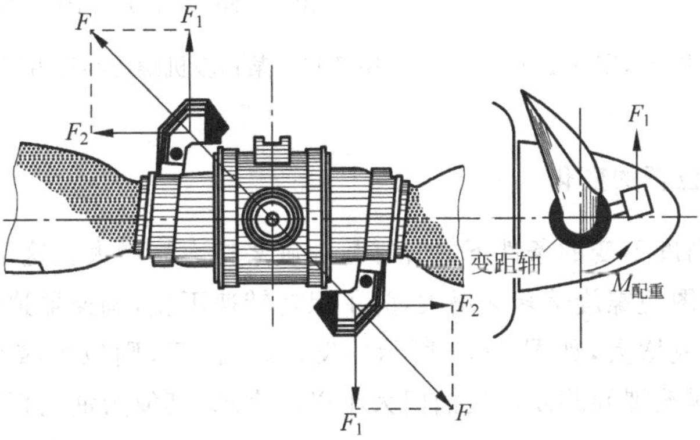

图 7-13 螺旋桨的配重惯性离心力矩

时，调速器能根据转速变化的趋势自动调整桨叶角的大小，以保持转速恒定不变。这种变距螺旋桨也叫**恒速螺旋桨**。

涡轮螺旋桨飞机一般只有一个工作转速，在操纵台上一般没有变距杆，只装“限动”和“顺桨”电门。正常飞行中，当油门、飞行速度或飞行高度改变时，调速器自动调整桨叶角的大小，保持正常的恒定工作转速。有的涡轮螺旋桨飞机，也装有变距操纵机构(螺旋桨变距杆)。

下面以恒速螺旋桨为例分别阐述螺旋桨拉力随飞行速度、油门和飞行高度变化的基本原理。

2. 拉力随飞行速度的变化

飞行速度和螺旋桨拉力之间是互相联系和互相制约的。这种关系表现在两个方面：一是拉力直接决定着飞行速度的大小，比如增大速度，通常都要增大拉力；二是飞行速度改变以后，又反过来引起拉力的大小发生变化，例如，在油门位置、飞行高度不变的条件下，随着飞行速度的增大，拉力逐渐减小。下面主要分析拉力随飞行速度变化的原因和规律。

在油门位置和飞行高度不变的情况下，飞行速度增大，如桨叶角不变，则桨叶迎角势必减小，螺旋桨旋转阻力会减小，使转速增大。为保持转速不变，调速器将迫使桨叶角增大。当桨叶角增大到旋转阻力恢复到原来大小时，转速恢复原来大小，桨叶角停止增大(见图 7-14)。在新的条件下，因为桨叶合速度方向更加偏离旋转面，桨叶总空气动力进一步偏离桨轴，为保持转速，旋转阻力会不变，即 $Q_1=Q_2$，结果拉力减小了。飞行速度越大，拉力也相应越小

(见图 7-15)。当飞行速度增大到一定程度，拉力可以减小到零，甚至变为负拉力(关于涡轮螺旋桨的负拉力问题见第 7.4 节)；反之，油门一定，飞行速度减小，则拉力增大。

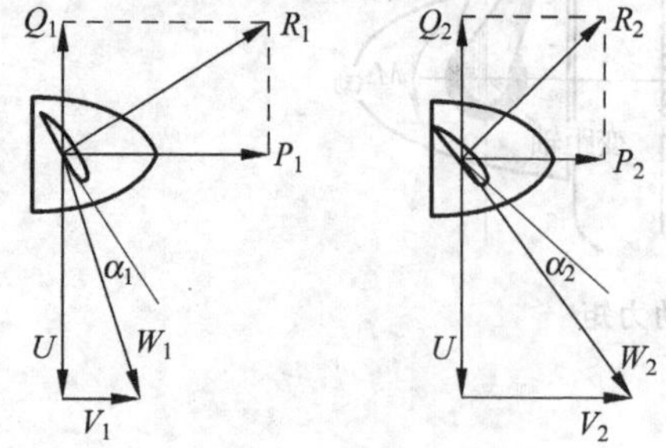

图 7-14　拉力随飞行速度的变化

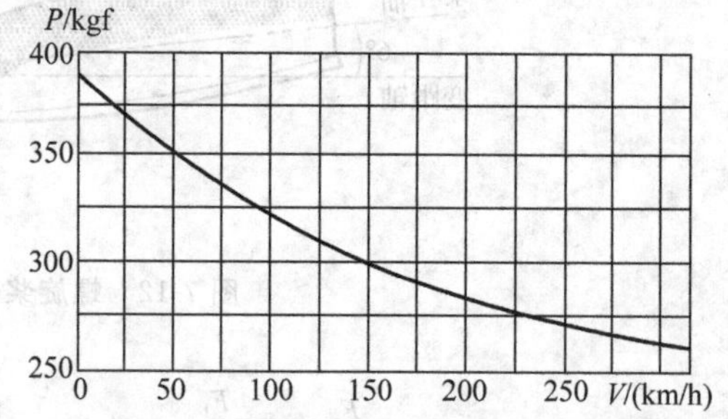

图 7-15　某初教机螺旋桨拉力随飞行速度的变化曲线

3. 拉力随油门位置的变化

在飞行速度和高度不变的条件下，加油门，螺旋桨拉力将增大。这是因为，加油门，发动机有效功率提高，力图使螺旋桨转速增大，为了保持转速不变，调速器迫使桨叶变大距，使得桨叶迎角增大，拉力就增大，如图 7-16 所示。反之，收油门，则拉力减小。从图 7-17 可看出，改变油门度数(涡轮螺旋桨发动机油门大小以度表示，其值为油门杆转动角度读数)拉力变化的情形。

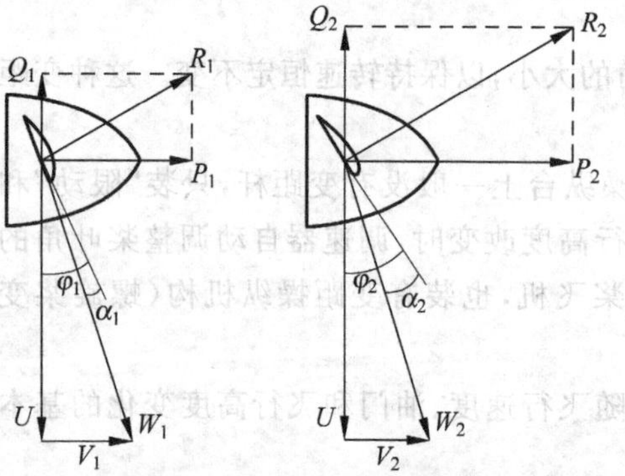

图 7-16　螺旋桨拉力随油门位置的变化原理

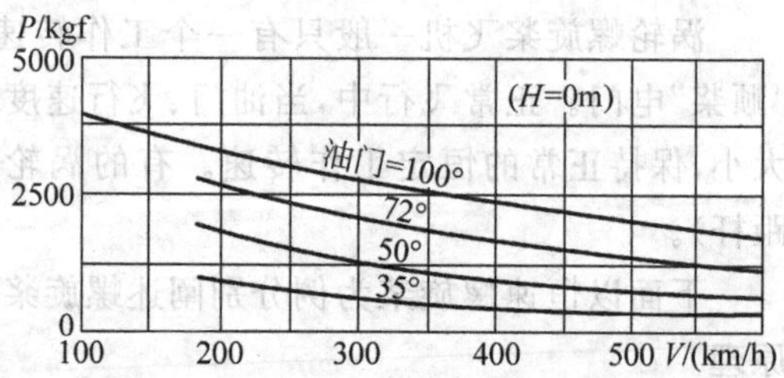

图 7-17　某飞机不同油门位置下的拉力曲线

4. 拉力随飞行高度的变化

飞行高度改变，空气密度变化，发动机有效功率发生变化，即使飞行速度和油门位置不变，拉力也会发生变化。

对于吸气式活塞发动机来说，随着飞行高度的升高，发动机有效功率一直降低，所以螺旋桨的拉力也一直减小，如图 7-18 所示。

对于增压式活塞发动机来说，在额定高度以下，高度升高，发动机有效功率增大，拉力也就增大。在额定高度以上，高度升高，发动机有效功率减小，拉力也减小。在额定高度上，拉力最大，如图 7-19 所示。

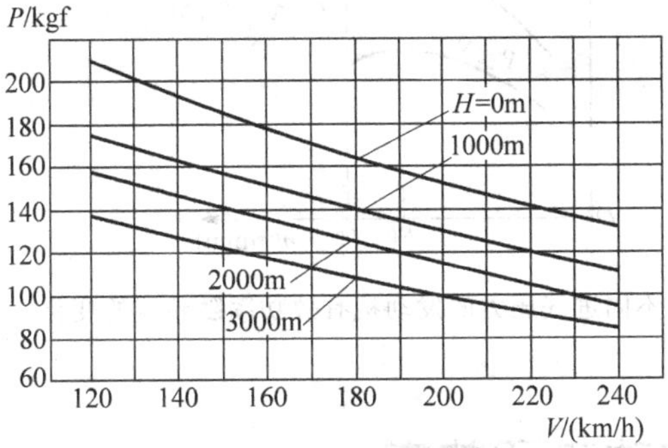

图 7-18 某吸气式发动机在不同高度的拉力曲线

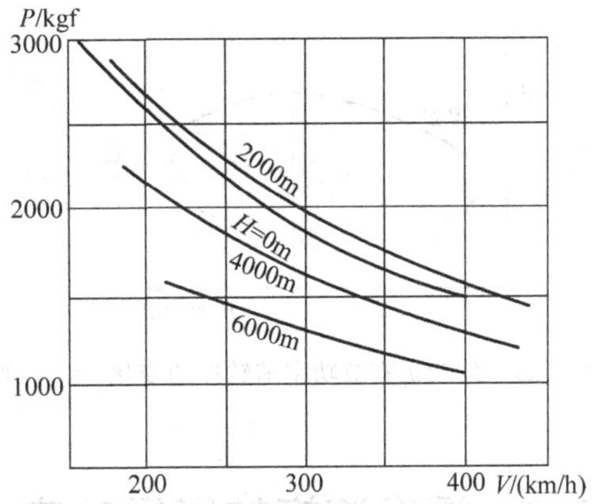

图 7-19 某飞机单台(增压式)发动机在不同高度时的拉力曲线

对于涡轮螺旋桨发动机来说，在功率限制高度以下，因当量功率(涡轮螺旋桨发动机的总功率，叫**当量功率**，它等于涡轮传给螺旋桨的轴功率与喷气推进功率折合成螺旋桨轴功之和)保持基本不变，故拉力随高度增加而减小不明显。在功率限制高度以上，发动机当量功率随高度增加而减小，所以拉力显著下降，如图 7-20 所示。

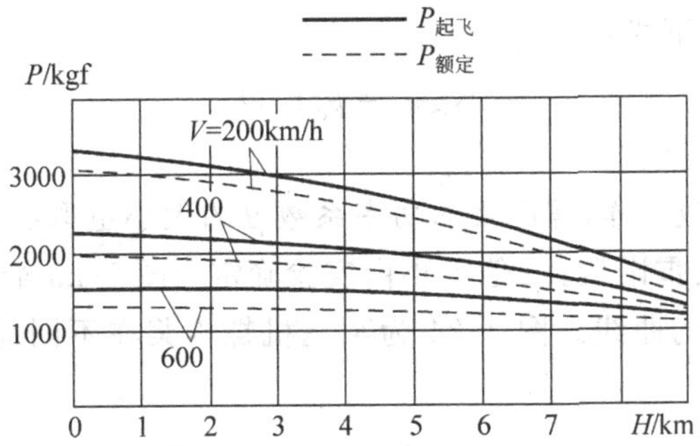

图 7-20 某(涡桨式)飞机全拉力随高度的变化

5. 拉力随转速的变化

对于活塞式飞机，油门位置一定，操纵变距杆改变转速时，拉力大小也要改变。

由活塞发动机原理得知，在进气压力一定(即油门一定)的条件下，只有用某一个转速工作(如图 7-21 中的 n_1)，发动机的有效功率才最大。在小于这一转速的范围内，增大转速，发动机的有效功率是增大的；而在大于这一转速的范围内，增大转速，发动机的有效功率是减小的。

值得注意的是，活塞式发动机，进气压力不同(即油门位置不同)，获得最大有效功率的转速也不同，进气压力越大，这一转速越大。如图 7-22 所示，$P_{进气2} > P_{进气1}$，$n_2 > n_1$。这就是说，进气压力越大，获得最大拉力的转速也越大。因此在大进气压力的情况下，把转速增至额定转速，拉力能增大；而在小进气压力的情况下，把转速增至额定转速，拉力不仅不增大，反而减小。

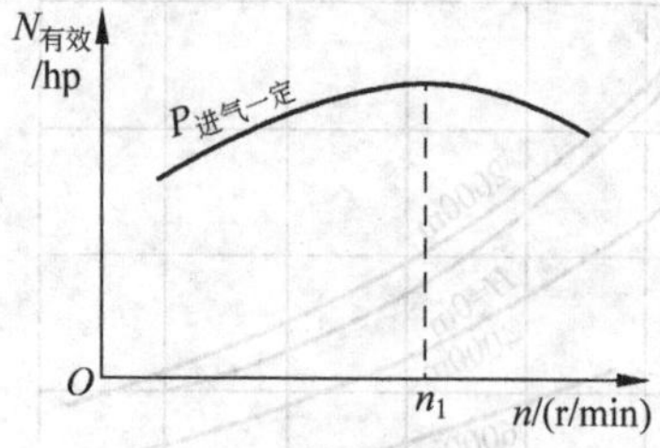

图 7-21　发动机有效功率随转速的变化

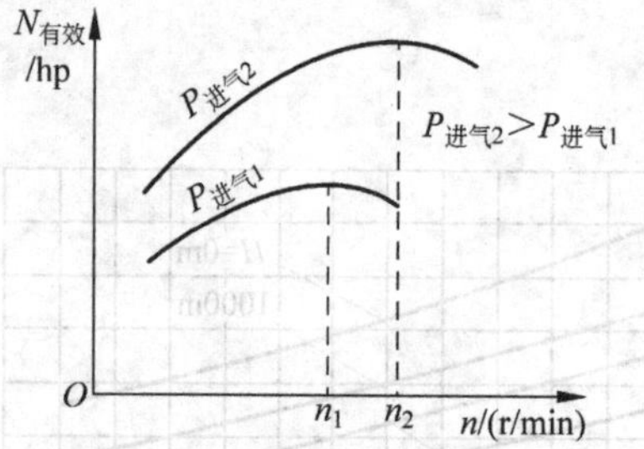

图 7-22　不同进气压力的发动机有效功率随转速的变化

7.3　螺旋桨旋转所需功率、有效功率和效率

7.3.1　螺旋桨旋转所需功率

带动螺旋桨旋转所消耗的功率，叫**螺旋桨旋转所需功率**($N_{桨需}$)。设螺旋桨旋转阻力力矩为 M，由力学原理可知，转动螺旋桨所需消耗的功率为

$$N_{桨需} = M\omega \tag{7.6}$$

式中：ω 为螺旋桨旋转时角速度，$\omega=2\pi n$(rad/s)。

可以证明 $N_{桨需}$ 满足下式：

$$N_{桨需} = \beta\rho n^3 D^5 \tag{7.7}$$

式中：β 为螺旋桨功率系数。

同螺旋桨的拉力系数一样，螺旋桨的功率系数 β 的大小也取决于桨叶角、前进比、桨叶的形状、飞行马赫数以及雷诺数。β 值大小由实验确定。图 7-23 给出了不同桨叶角下功率系数 β 随前进比 λ 变化的曲线。图 7-24 为某飞机螺旋桨在不同前进比下，β 随 φ 变化的曲线。

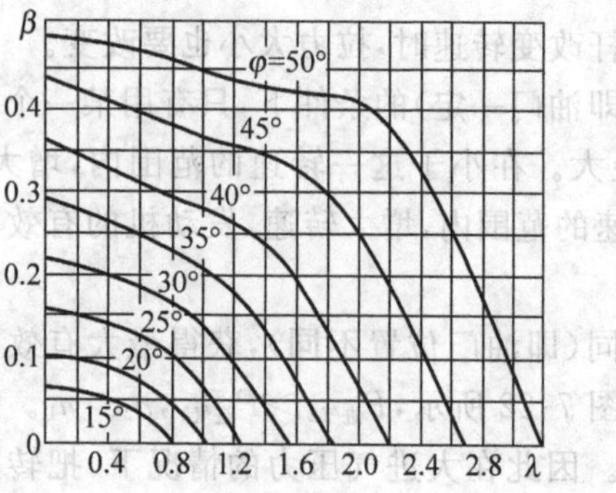

图 7-23　某螺旋桨的 β-λ 曲线

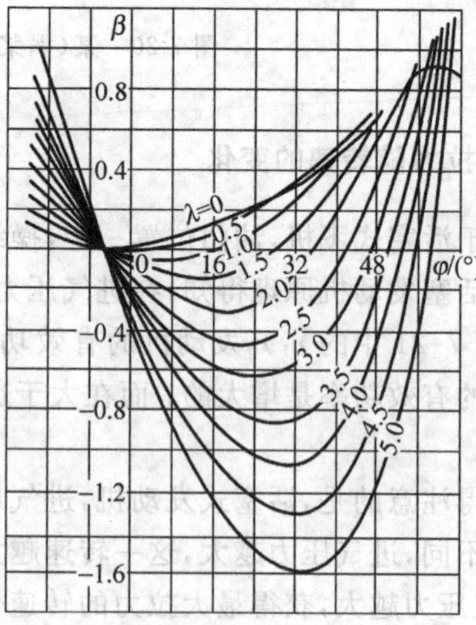

图 7-24　某螺旋桨的 β-φ 曲线

7.3.2 螺旋桨有效功率

螺旋桨飞机的飞行性能，直接与螺旋桨的有效功率有关。因此，对什么是螺旋桨的有效功率及螺旋桨有效功率在飞行中怎样变化应该有所了解。

1. 螺旋桨的有效功率

螺旋桨产生拉力拉着飞机前进，对飞机做功。每秒钟内螺旋桨对飞机所做的功的多少，就是**螺旋桨有效功率**($N_{桨}$)。其大小可用下式计算：

$$N_{桨} = \frac{PV}{75} \tag{7.8}$$

式中：$N_{桨}$ 为螺旋桨的有效功率，hp；P 为螺旋桨拉力，kgf；V 为飞行速度，m/s。

由上式看出，螺旋桨的有效功率决定于拉力和飞行速度，拉力和飞行速度改变，螺旋桨的有效功率也将改变。

2. 螺旋桨有效功率随飞行速度的变化

当油门位置、发动机转速和飞行高度一定时，飞行速度改变，螺旋桨拉力随之改变，螺旋桨的有效功率也随之改变。螺旋桨有效功率随飞行速度的变化规律是：在小于某一飞行速度范围内，螺旋桨有效功率随飞行速度的增大而增大；在大于某一飞行速度的范围内，螺旋桨有效功率则随飞行速度的增大则减小，如图 7-25 曲线所示，此曲线叫螺旋桨有效功率曲线。

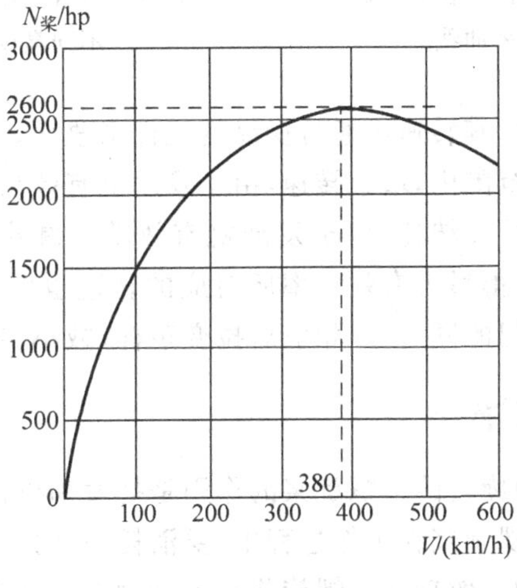

图 7-25 螺旋桨有效功率随飞行速度的变化

3. 螺旋桨有效功率随油门位置、转速和飞行高度的变化

在飞行速度不变的情况下，螺旋桨有效功率仅随拉力变化，而拉力又随油门位置、转速和飞行高度变化，故螺旋桨有效功率随油门位置、转速和飞行高度的变化规律与拉力随油门位置、转速和飞行高度的变化规律相同。

图 7-26 是某飞机在飞行高度和转速不变的情况下，不同油门位置的螺旋桨有效功率曲

线。从图中看出，油门位置越大，螺旋桨有效功率和螺旋桨拉力越大，所以螺旋桨有效功率也就越大。

图 7-27 是某装有增压式活塞式发动机的飞机在不同高度上的螺旋桨有效功率曲线。从图中得知，在额定高度 2 000m 以下，高度增加，由于发动机有效功率增大，螺旋桨有效功率增大；在额定高度 2 000m 以上，高度增加，由于发动机有效功率减小，故螺旋桨有效功率减小。

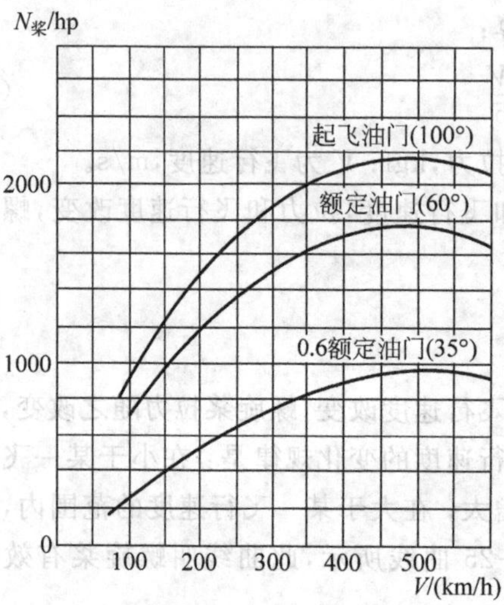

图 7-26 某飞机在不同油门位置下的螺旋桨有效功率曲线

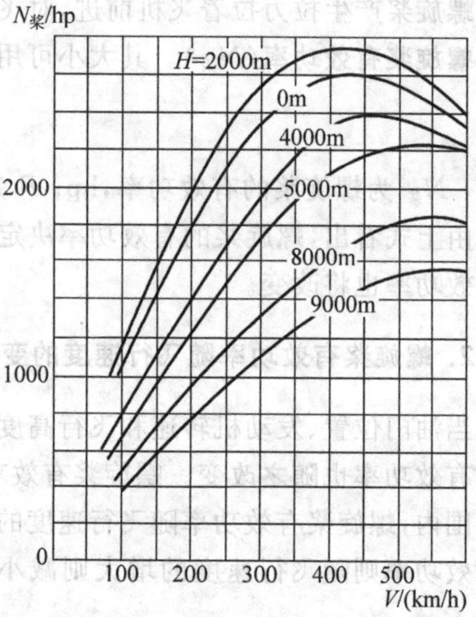

图 7-27 装有增压器活塞式发动机的某飞机在不同高度上螺旋桨有效功率曲线

对于活塞式螺旋桨飞机，其转速可通过操纵变距杆来改变。在油门、高度和飞行速度一定的情况下，在一定的转速范围内，增大转速，由于发动机有效功率增大，故螺旋桨有效功率增大；超过某一转速后，再增大转速，由于发动机有效功率减小，故螺旋桨有效功率减小。活塞式发动机，油门越大，获得最大有效功率所对应的转速也就越大。因此，要想使螺旋桨有效功率尽可能大，在收油门的同时，应相应后拉变距杆，减小转速。

7.3.3 螺旋桨效率

螺旋桨是由发动机带动旋转的。螺旋桨的作用是把发动机传给桨轴的功率转变成使飞机前进的推进功率。但是，螺旋桨在工作过程中，要消耗一部分发动机功率，因此，螺旋桨的有效功率总是小于发动机的有效功率。螺旋桨有效功率与发动机有效功率之比，叫**螺旋桨效率**(η)，即

$$\eta = \frac{N_{桨}}{N_{有效}} \tag{7.9}$$

式中：$N_{有效}$为发动机有效功率。

螺旋桨效率是衡量螺旋桨性能优劣的重要标志。螺旋桨效率高，表明发动机有效功率损失少，螺旋桨的性能好。现代螺旋桨效率最高一般可达 90%。

螺旋桨等速旋转时，发动机有效功率与螺旋桨旋转所需功率相等，即

$$N_{有效} = N_{桨需}$$

故螺旋桨效率又可写为

$$\eta = \frac{N_{桨}}{N_{桨需}} = \frac{C_P \rho n^2 D^4 V}{\beta \rho n^3 D^5} = \frac{C_P V}{\beta n D} = \frac{C_P}{\beta}\lambda \tag{7.10}$$

可见，螺旋桨效率等于拉力系数与功率系数之比乘以前进比。

对飞行员来说，了解螺旋桨效率在飞行中变化的规律，充分发挥螺旋桨的性能，是很重要的。因此，以下将着重分析飞行中螺旋桨效率的变化。

1. 螺旋桨效率随前进比的变化

在桨叶角一定的条件下，螺旋桨效率随前进比的变化如图 7-28 所示。图中表明，前进比过大或过小。螺旋桨效率都很低。只有在某一前进比，才能获得最高的螺旋桨效率。这个前进比，叫**有利前进比**。

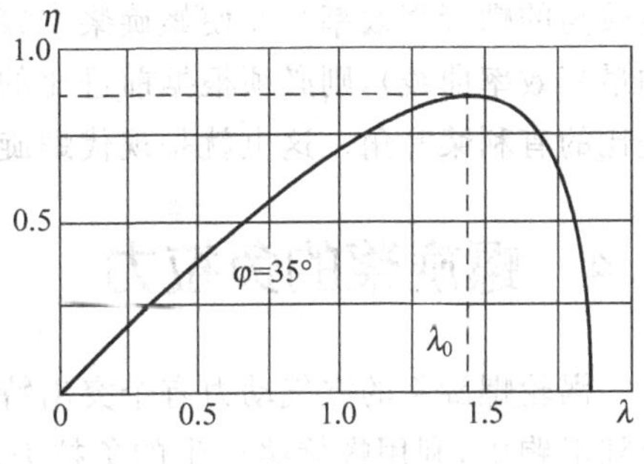

图 7-28　某螺旋桨效率曲线

为什么前进比过大或过小螺旋桨效率都不高呢？因为前进比过小，螺旋桨直径和转速都不变的条件下，即飞行速度很小，虽然螺旋桨的拉力很大，但螺旋桨有效功率却很小，因此螺旋桨效率很低；反之，前进比过大，也就是飞行速度很大，此时，桨叶空气动力的方向非常靠近旋转面，螺旋桨的拉力和有效功率很小，故螺旋桨效率也很低。

2. 螺旋桨效率随桨叶角的变化

在前进比一定的情况下，桨叶角过大或过小，螺旋桨效率都很低；只有在某一桨叶角下，螺旋桨效率才较高。这个桨叶角，叫**有利桨叶角**。因为桨叶角过小，桨叶迎角也过小，螺旋桨的拉力和有效功率很小，所以螺旋桨效率很低；反之，桨叶角过大，桨叶迎角很大，此时因旋转阻力迅速增大，故螺旋桨效率也很低。那么，究竟用多大的桨叶角才能获得较高的螺旋桨效率呢？这要根据前进比的大小而定。如图 7-29 所示，前进比越大，能获得较高效率的桨叶角(即有利桨叶角)也越大。

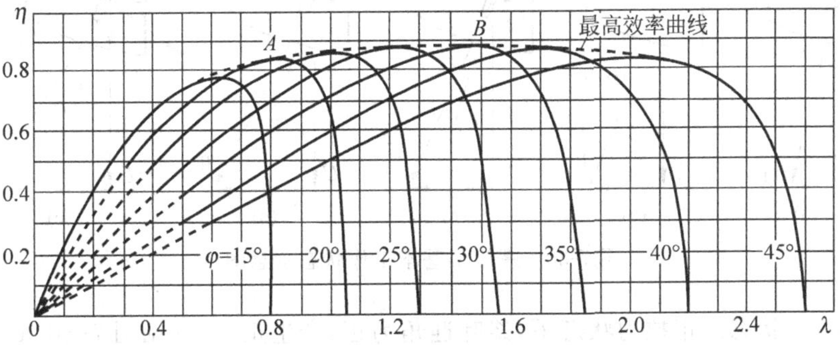

图 7-29　不同桨叶角的螺旋桨效率曲线

3. 如何提高螺旋桨效率

飞行中,使用的转速不同,与之相对应的相对进距和桨叶角也不同,因而螺旋桨的效率也不同。一般活塞式变距螺旋桨飞机,是在使用额定转速和额定油门作大速度平飞时,螺旋桨效率最高。因此,为了保持活塞式螺旋桨飞机的螺旋桨效率,在减小飞行速度时,除收小油门、减小进气压力外,还应拉变距杆,相对地减小转速,使桨叶角仍处于较有利的范围内;反之,在增大飞行速度时,不仅应加油门,增大进气压力,还应前推变距杆,相应地增大转速。至于涡轮螺旋桨飞机,因螺旋桨只有一个工作转速,所以螺旋桨效率只能随飞行速度变化。

综上分析可知:如果桨叶角固定在较小位置不变,那么只能在较小的前进比范围内获得较高的螺旋桨效率。要使螺旋桨在较大前进比范围内都能保持较高的效率(如图 7-25 中的最高效率曲线),则必须根据前进比的增减,相应地改变桨叶角,使其大小恰好等于各个前进比的有利桨叶角。这也就是现代螺旋桨之所以采用变距螺旋桨的道理。

7.4 螺旋桨的负拉力

涡轮螺旋桨的空气动力有个突出特点,就是在一定的条件下,螺旋桨会产生负拉力。在着陆滑跑中,利用螺旋桨产生的负拉力,可以缩短着陆滑跑距离;但在空中飞行时,一旦产生大的负拉力,就会使飞机急剧减速,并严重破坏飞机的平衡,甚至威胁飞行安全。了解负拉力的产生及变化规律,对于正确使用动力装置,保证飞行安全有着重要意义。

本节将首先介绍螺旋桨的基本工作状态,然后着重分析在飞行中发动机正常工作和停车时,负拉力产生的原因及变化规律。

7.4.1 螺旋桨的基本工作状态

根据螺旋桨空气动力特点,可以将螺旋桨的工作状态分为以下 5 种,如图 7-30 所示,图中各矢量方向均指螺旋桨桨叶转至图示瞬间位置时的矢量方向。

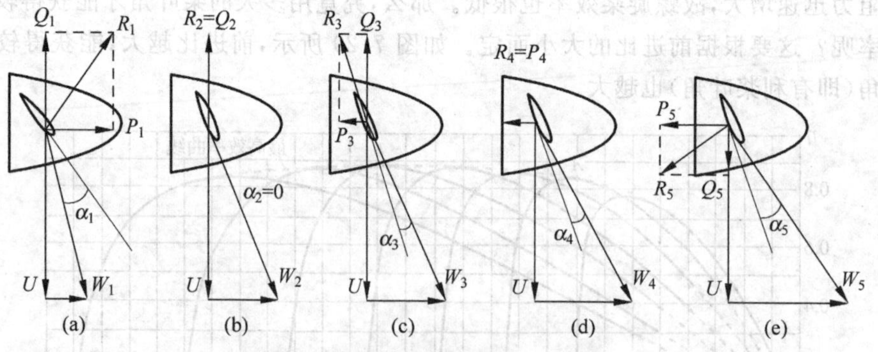

图 7-30 螺旋桨基本工作状态示意图

(1) 正拉力状态。正拉力状态下,桨叶迎角为正,产生正拉力(见图 7-30(a)),螺旋桨由涡轮带动旋转。

(2) 零拉力状态。在这种状态下,桨叶迎角很小,螺旋桨的总空气动力 R_2 同旋转面一致,只起旋转阻力作用($Q_2=R_2$),拉力等于零,螺旋桨仍由涡轮带动旋转,如图 7-30(b)所示。

(3) 制动状态。在这种状态下，桨叶迎角极小或为负迎角，前桨面的压力大于后桨面的压力，空气动力 R_3 指向后上方(见图 7-30(c))。此时，R_3 平行于桨轴的分力指向后方，形成负拉力 P_3；垂直于桨轴的分力 Q_3 仍然阻止螺旋桨旋转，所以螺旋桨仍由涡轮带动转动。

(4) 自转状态。在这种状态下，空气动力 R_4 同桨轴平行，指向后方(见图 7-30(d))，全部起负拉力作用($R_4 = P_4$)，旋转阻力等于零。这种状态下，螺旋桨不是靠涡轮带动旋转，而是靠自身的惯性旋转，因此，又称为惯性转动状态。

(5) 风转(车)状态。见图 7-30(e)，在这种状态下桨叶负迎角较大，空气动力 R_5 指向后下方，其平行于桨轴的分力 P_5 仍为负拉力；而垂直桨轴的分力 Q_5 变为和螺旋桨旋转的方向一致，成了推动螺旋桨继续沿原来转动方向旋转的动力。这种状态和风车相似，所以称为风转(车)状态。

在风转状态下，由于螺旋桨是自动旋转的，所以，自转转速包括风车状态下的转速。螺旋桨在风车状态下恒速转动时，负旋转阻力迫使螺旋桨旋转的功率(叫风车功率)，正好同发动机压缩器等部件转动所需要的功率互相平衡。

7.4.2　发动机正常工作时产生的负拉力

从螺旋桨的基本工作状态可知，螺旋桨的负拉力仅在桨叶迎角很小或变为负值时产生。飞行中，如果发动机和螺旋桨的工作都正常，在下述几种情况下也会产生负拉力：

(1) 在油门位置不变的情况下飞行速度过大；

(2) 收油门过多或收油门时忽视外界大气温度；

(3) 螺旋桨桨叶结冰。

下面我们将分别作以介绍。

1. 速度增大产生负拉力的原因

飞行中在保持油门位置一定的情况下，随着飞行速度的增大，螺旋桨调速器为保持转速不变，迫使桨叶角增大，但此时桨叶迎角却逐渐减小，因而桨叶空气动力不断减小并逐渐靠近旋转面(见图 7-31(a)、(b))，当飞行速度增大到一定程度，桨叶空气动力与旋转面平行，此时，螺旋桨处于“零拉力状态”(见图 7-31(c))。如果飞行速度进一步增大，调速器在保持转速不变的情况下，迫使桨叶迎角进一步减少，甚至形成负迎角，桨叶空气动力指向旋转面的后方，螺旋桨产生负拉力(见图 7-31(d))。

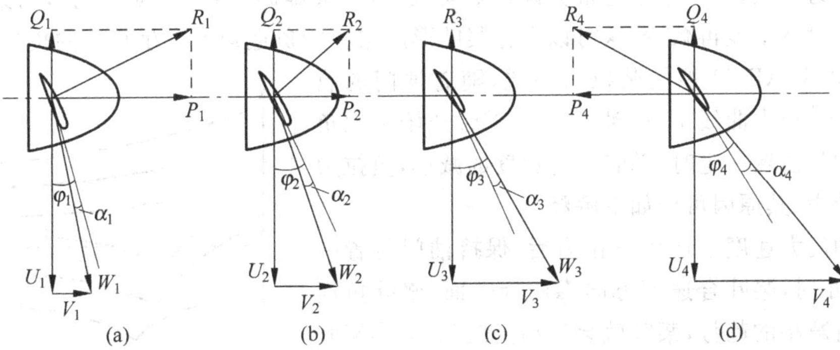

图 7-31　飞行速度增大时负拉力的产生

如果不减少发动机的供油量，则负拉力仅在速度大大超过最大允许速度时才会产生，这种情况在飞行中是不允许出现的。

2. 收油门过多负拉力的产生原因

飞行中螺旋桨的工作状态和拉力的大小，首先决定于发动机的功率大小，而发动机的功率又取决于油门的大小。应当注意的是，对于装有恒速螺旋桨的飞机来说，飞行中发动机转子和螺旋桨的转速都是恒定的，转速与油门大小无关。

图 7-32 概略地画出了在飞行速度和高度不变的情况下，涡轮功率 $N_{涡}$ 和增压器及其他附件旋转所需的功率 $N_{压}$ 与油门大小关系。从图上可以看出，在上述条件(V、ρ、n 均为常数)下，增压器及其他附件旋转所需功率与油门大小无关，而涡轮功率却随油门增大而增大。当油门为 0°时，涡轮功率最小，且小于增压器旋转所需功率；当油门最大时，涡轮功率最大，这时，发动机的有效功率最大，螺旋桨是在最大正拉力状态下工作的。涡轮功率与增压器旋转所需功率之差，叫**涡轮剩余功率**，又叫**轴功率**。在图 7-32 中，涡轮功率曲线与增压器旋转所需功率曲线之间的部分，就是涡轮剩余功率。

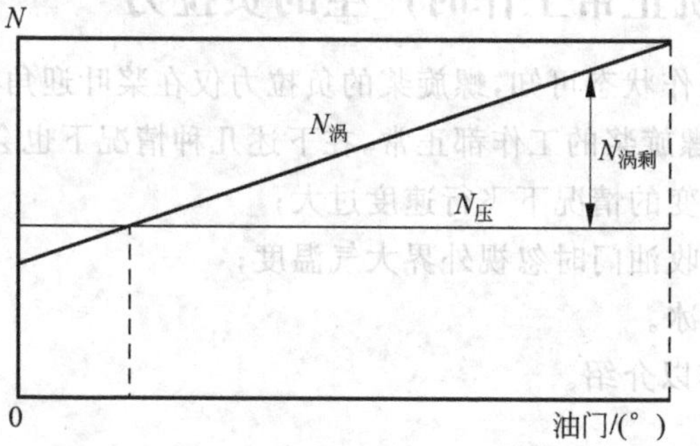

图 7-32 涡轮功率和压缩器及其他附件旋转所需功率与油门大小的关系

在飞行速度不变的情况下收小油门，涡轮功率随之减小，这时，为了维持转速不变，调速器控制桨叶角和桨叶迎角逐渐减小以减小桨叶旋转阻力，保证旋转轴上的力矩平衡。在油门从最大减小到 0°的过程中，螺旋桨要经历如图 7-26 所示的 5 种状态。

如上所述，收油门过多，调速器控制桨叶角迅速减少，桨叶角不断减小，桨叶迎角也相应减小，以至桨叶迎角变为负值，桨叶总空气动力指向后桨面方向，从而形成负拉力。为了防止出现负拉力过大，螺旋桨上通常会设置限动机构，如果螺旋桨在“限动”位置，当桨叶角减小到限动角时就不能再减少，这可以避免桨叶形成很大的负迎角而产生很大的负拉力。

图 7-33 为 AB-72 螺旋桨拉力曲线，随着油门的收小，拉力减小，拉力曲线下移，油门小于 6°后开始出现负拉力。在油门位置一定时，随着飞行速度的减小，负拉力先增大后减小，其原因可作如下解释。

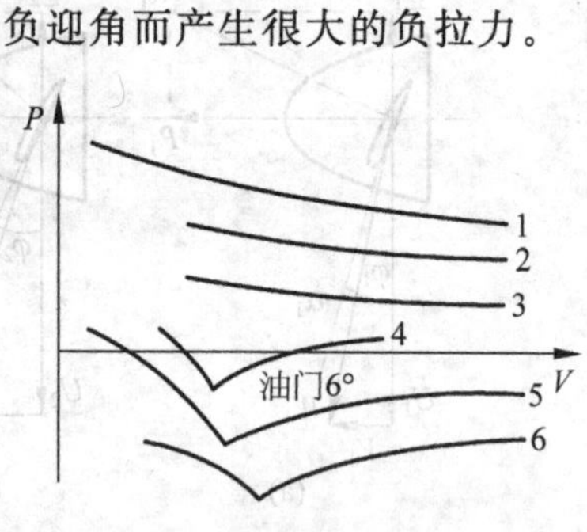

图 7-33 AB-72 螺旋桨拉力曲线

在小油门大速度下产生负拉力后，保持油门位置一定，速度减小时，桨叶合速度方向靠向旋转面，桨叶负迎角和转速有减小的趋势，桨叶就会自动变低距，减小桨叶角，保持转速不变。速度减小，桨叶变低距后，桨叶负迎角增大，前后桨面压力差增大，总空气动力 R 靠向桨轴，故在保持旋转阻力一定的情况下，负拉力增大(见图 7-34)。飞行速度减到某一数值(如某飞机油门 6°时，该值约 300km/h)，桨叶变低距达到了限动位置($\varphi_{限动}$)，例如某飞机 $\varphi_{限动}=19°$，负拉力达到最大值。这时的飞行速度是调速器能控制转速的最小飞行速度，称为调速器控制速度($V_{控制}$)。飞行速度继续减小，桨叶不再变低距，桨叶角停留在 $\varphi_{限动}$ 上，桨叶负迎角将随速度的减小而减小，总空气动力 R 靠向旋转面，负拉力减小，旋转阻力增大转速下降。速度减小到一定程度(例如某飞机 3°油门时为 100km/h)后，桨叶迎角变为正值，螺旋桨由产生负拉力变为产生正拉力。

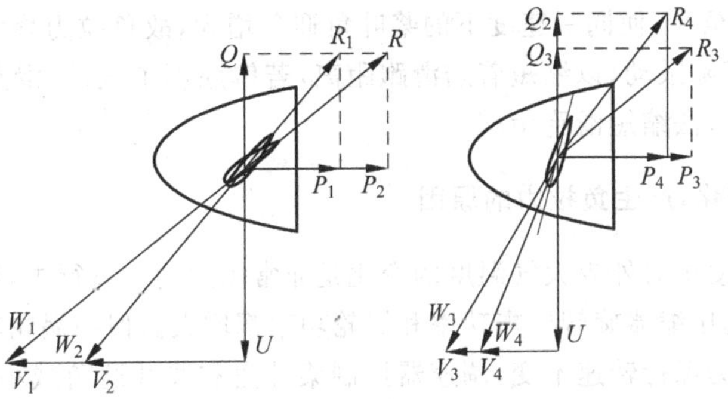

图 7-34　$V<V_{控制}$时负拉力随速度的变化

可见，负拉力随速度变化的具体规律是：$V>V_{控制}$，速度减小，负拉力增大；速度达到 $V_{控制}$时，负拉力最大；$V<V_{控制}$，速度减小，负拉力减小，速度减到一定程度后，变为正拉力。

从图 7-33 可知，负拉力随油门位置的变化，在油门 6°时仅在较小的速度范围内产生负拉力，其值较小；随着油门继续减小，负拉力在较大的速度范围内产生，同一速度下的负拉力增大，调速器控制速度增大。这是由于油门越小，恒速螺旋桨为保持转速不变，桨叶需要变低距越多，使同一速度下的桨叶角越小，正桨叶迎角也就越小或负桨叶迎角越大。所以在 $V>V_{控制}$时，负拉力开始产生的速度越大，桨叶角达到限动位置的速度 $V_{控制}$ 越大；$V<V_{控制}$ 后，负拉力变为正拉力的速度越小。

为了防止在飞行中由于油门过小产生负拉力，在发动机的油门操纵系统中装有可调锁键限动器。锁键限动器位置相当于保证飞机在飞行中不产生负拉力的最小供油量的油门杆位置。飞行中，除了着陆飞机已接地，或在高空进行应急下降之外，都不允许收油门过卡销，否则，涡轮功率急剧下降，负拉力可能达到很大数值。着陆目测过高，也绝对不允许用负拉力进行修正。

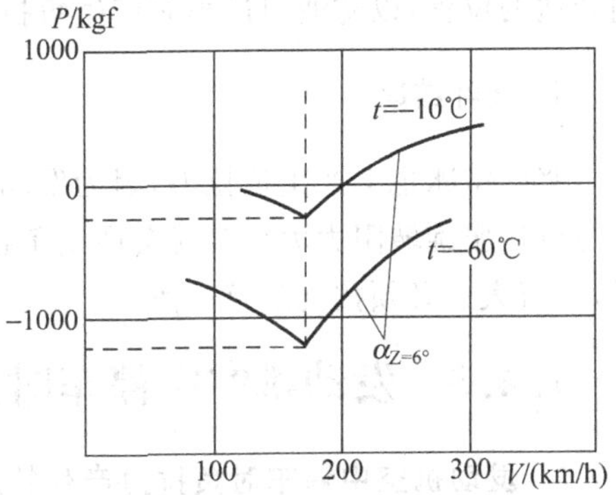

图 7-35　负拉力随气温的变化(油门 6°)

涡轮螺旋桨飞机的螺旋桨都装有桨叶中间限动器，其作用是防止空中停车或误将油门收过卡销产生过大的负拉力。

图 7-35 给出了某飞机 6°油门，大气温度为 −10℃和 −60℃的负拉力曲线。从图中可知负拉力随气温的变化规律，气温越低，负拉力越大。

为了避免在着陆前的下滑中产生负拉力，转入下滑前，飞行员应询问着陆机场的气温，将锁键限动器调到相应的位置上。某飞机不同气温下的锁键限动器位置见表 7-1。

表 7-1 某飞机不同气温下的锁键限动器位置

外界温度/℃	60～－10	－11～－20	－21～－30	－31～－40	－41～－50	－51～－60
空中小油门/(°)	13	15	17	19	21	23

在小油门下，飞行速度小于调速器控制速度后，解除限动，负拉力增大。因为解除限动后，桨叶角从 19°降至 8°，使同一速度下的桨叶负迎角增大，故负拉力增大。所以，飞机着陆放下前轮后，要求解除限动，以缩短着陆滑跑距离，若解除不了限动，滑跑距离将明显增长，这时可采用关车的方法缩短滑跑距离。

3. 大气温度变化，产生负拉力的原因

涡轮螺旋桨发动机对外界大气温度的变化是非常敏感的。飞行中，如果大气温度降低，空气流量增大，引起压缩器旋转所需功率和涡轮功率都增大。但因涡轮功率增大得慢一些，所以轴功率减小。为保持转速不变，调速器控制桨叶角和桨叶迎角减小。如果气温降低很多，加上油门较小，就可能出现涡轮功率稍大甚至小于压缩器旋转所需功率的情况，此时，为保持转速不变，调速器将控制桨叶形成负迎角，产生负拉力，甚至用螺旋桨的风车功率帮助涡轮带动压缩器。

如果外界大气温度升高，也同样可能产生负拉力。因为气温升高，空气流量减小，压缩器旋转所需功率和涡轮功率都要减小；并在气温高于 25℃的情况下，为了保持涡轮前燃气温度不致过高，燃油调节器自动减小供油量，致使涡轮功率进一步降低，在油门较小时，甚至低于压缩器旋转所需功率。这种情况下，调速器就控制桨叶形成负迎角和产生负拉力，用螺旋桨的风车功率来弥补涡轮功率的不足。

可见，飞行中，无论大气温度降低还是升高都可能产生负拉力，气温变化越大，负拉力也越大。特别是在小油门的情况下，很容易因气温改变而产生负拉力。为了避免在下滑着陆前产生负拉力，必须按外界气温的变化调整过渡锁的位置。因此，在着陆前，飞行员应根据着陆机场的气温，确定空中小油门(空中允许使用的最小油门)的度数，及时将锁键限动器调到合适的位置，以防油门过小而产生负拉力，影响飞行安全。

4. 桨叶结冰

桨叶结冰也会产生负拉力，因为发动机功率要克服增加了的螺旋桨旋转阻力力矩，当其不足以克服旋转阻力力矩时就会产生负拉力。因此一般飞机上的螺旋桨都有防冰和除冰装置，飞行人员必须按规定及时使用。

7.4.3 发动机空中停车时产生的负拉力

1. 发动机空中停车时负拉力产生的原因

发动机在空中停车后，涡轮所产生的扭力矩会很快消失，转速一旦有下降趋势，螺旋桨调速器就会使桨叶变低距，减小桨叶角。如果不顺桨，桨叶角将减小到使桨叶迎角变为负迎角，螺旋桨呈风车工作状态，产生负拉力和负旋转阻力，由负旋转阻力带动发动机压缩器等部件旋转。这时发动机和螺旋桨的转速等于或小于平衡转速。

2. 自转转速随飞行速度和桨叶角的变化

1）自转转速随飞行速度的变化

自转转速随速度的变化如图 7-36 所示。当速度大于螺旋桨自转状态的调速器控制速度（例如，某飞机为 396km/h）时，螺旋桨在调速器的控制下自转，发动机、螺旋桨保持恒定转速（例如，某飞机为分别为 15 800r/min 与 1 300r/min），桨叶角随着速度的减小而减小；当速度小于调速器控制速度后，桨叶角停留在中间限动位置，保持桨叶角（某飞机为 19°）不变，成了定距螺旋桨，自转转速随速度减小而迅速下降。图中下边一条曲线为桨叶处于最低距位置（某飞机为 $\varphi=8°$）的 n-V 曲线，其自转转速值比桨叶处于中间限动位置时的相应值小。

2）自转转速随桨叶角的变化

图 7-37 是某螺旋桨自转转速随桨叶角的变化曲线。从图中可以看出，在同一飞行速度下，桨叶角大于或小于 22°～23°，自转转速都要减小。这是因为，在同一飞行速度下，桨叶角过大，桨叶迎角会显著减小，引起负旋转阻力迅速降低，导致自转转速减小；桨叶角过小，桨叶在旋转方向的迎风面积显著减小，也会引起负旋转阻力迅速降低，导致自转转速减小；当空中解除限动，桨叶角变到最小值（8°）时，自转转速也达到最小。

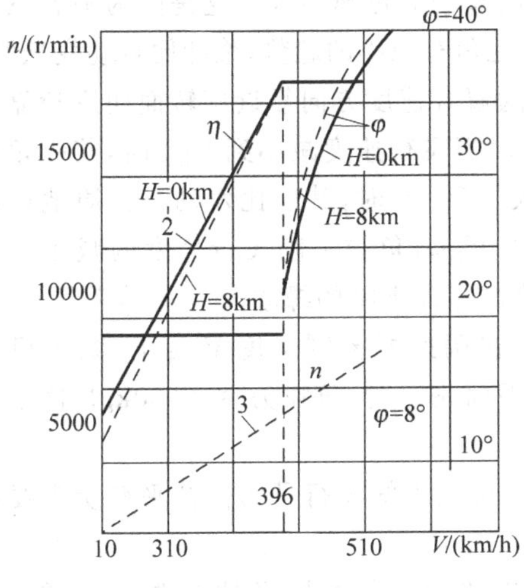

图 7-36　自转转速随停车速度的变化

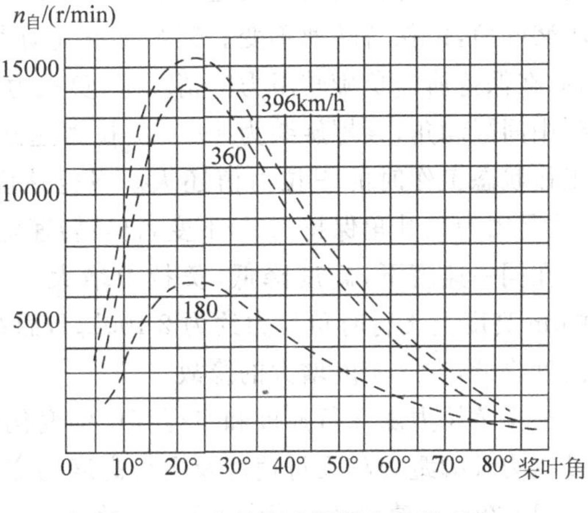

图 7-37　自转转速随桨叶角的变化

3）发动机停车不能顺桨时负拉力随飞行速度和飞行高度的变化

发动机空中停车，顺桨装置全部发生故障，不能顺桨时，负拉力随飞行速度和飞行高度变化的情况如图 7-38 所示。

从图中可以看出：负拉力随飞行速度变化的曲线与小油门时相比，既有相同之处，又有不同之处。相同之处是变化规律相似，都是随速度减小，负拉力先增大而后减小；不同之处是，停车自转时，同一速度下的负拉力值大，最大负拉力及调速器控制速度变大，负拉力随速度的变化率大，这时螺旋桨全部处于风转状态，不会产生正拉力。具体变化情况是，飞行速

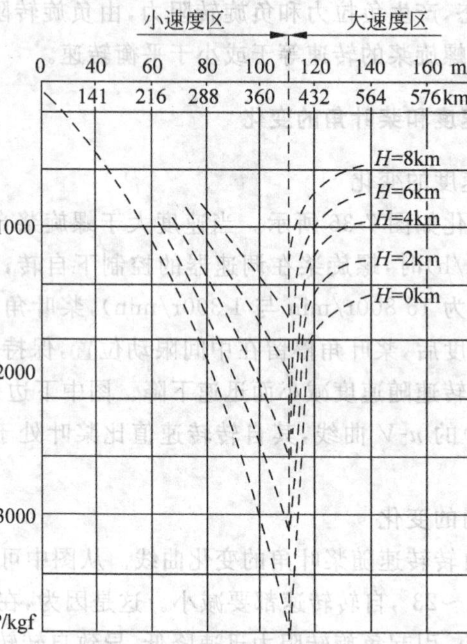

图 7-38　停车不能顺桨时负拉力随飞行速度和飞行高度的变化

度大于调速器控制速度 $V_{控制}$ 时，负拉力随飞行速度的减小而迅速增大。这是因为随着飞行速度的减小，桨叶合速度方向逐渐靠近旋转面，桨叶迎角有减小的趋势，桨叶便自动变低距，减小桨叶角，以保持转速不变。桨叶总空气动力 R 随着合速度方向靠近旋转面而逐渐靠近桨轴，在保持所需负旋转阻力的情况下，负拉力增大。当飞行速度减小到 $V_{控制}$ 时，桨叶角减小到中间限动角（某螺旋桨为 19°），负拉力达到最大。$H=0$ 时，其值比发动机在原地以起飞工作状态工作时的正拉力值还大。飞行速度小于 $V_{控制}$，负拉力随飞行速度的减小而降低，这是因为桨叶角保持（19°）不变，自转转速随速度减小而下降的缘故。

在同一速度下，高度降低，负拉力增大。例如，在调速器控制速度 $V_{控制}$ 下，某飞机在 6 000m 高度上飞行时负拉力约为 2 100kgf，而在海平面飞行时，负拉力达 3 800kgf，这是由于高度降低，空气密度增大的缘故。

根据负拉力随飞行速度和飞行高度的变化规律，可以推知飞行员为保持平衡所需要的驾驶盘力及脚蹬力随飞行速度及飞行高度的变化规律是：

（1）在同一高度上飞行，当飞行速度大于 $V_{控制}$ 前，飞行速度减小，负拉力增大，所需驾驶盘力和脚蹬力增大；飞行速度达 $V_{控制}$ 时，负拉力最大，所需驾驶盘力和脚蹬力也最大；飞行速度小于 $V_{控制}$ 后，飞行速度减小，负拉力减小，所需驾驶盘力和脚蹬力减小。

（2）在同一飞行速度下，高度降低，负拉力增大，所需驾驶盘力和脚蹬力增大，并在接近地面时达到最大。

根据所需驾驶盘力及脚蹬力随飞行速度及飞行高度变化的特点，当一台发动机在高空大速度下停车，全部顺桨系统失效不能顺桨时，应尽可能地在较高的高度上把速度减小到 $V_{控制}$ 以下，避免在低空通过 $V_{控制}$ 这个负拉力最大的速度，以减小保持方向平衡的困难。

4）发动机停车不能顺桨时负拉力随时间的变化

发动机在飞行速度小于调速器控制速度 $V_{控制}$ 停车而螺旋桨不能顺浆时，螺旋桨的转速、桨叶角和拉力随时间的变化如图 7-39 所示。

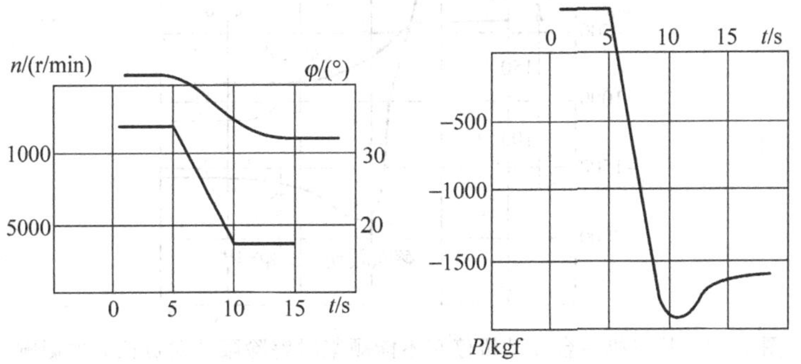

图 7-39 某飞机发动机停车后，桨叶角、转速和负拉力随时间的变化（低空、标准大气条件，$V=260\text{km/h}$）

从图中可以看出，在发动机停车后的 5～7s 之内，调速器使桨叶变低距，减小桨叶角，直至限动角。发动机转速在停车后 2～3s 内缓慢减小，在 12～15s 后减到与停车飞行速度相适应的自转转速。螺旋桨拉力在停车 2～3s 后，急剧减小到零，而转为负拉力；在 5～7s 左右，负拉力值达到最大；随后，负拉力又有所减小，达到该飞行高度和飞行速度所对应的负拉力值。

发动机停车后，在短时间内所产生的最大负拉力，叫动负拉力。经过一段时间后，所达到的同该飞行速度和飞行高度相适应的负拉力，叫静负拉力。在飞行中，动负拉力比静负拉力更有害。这不仅是因为动负拉力比静负拉力大，而且，还因为动负拉力一般在 5～10s 内出现，足以严重破坏飞机的侧向平衡。

动负拉力之所以比静负拉力大，是因为发动机停车后，桨叶角减小很快，而转速减小慢，当桨叶角减至限动位置时，转速尚未达到相应的稳定自转转速，还在继续减小。

飞机的飞行速度越接近 $V_{控制}$，发动机停车时出现的静负拉力和动负拉力越大，飞机向停车发动机一边的偏转和倾斜越剧烈。

如果发动机在飞行速度大于 $V_{控制}$ 的范围内停车，出现负拉力的情况与上述情况相似，但转速保持平衡转速不变，桨叶角停留在大于中间限动角但小于停车前桨叶角的某一角度上。

5）解除限动对负拉力的影响

当发动机停车时的飞行速度大于调速器控制速度时，由于调速器的作用能保持平衡转速不变，在一定的速度下解除限动后，桨叶角仍保持比中间限动角大的某一角度不变，所以负拉力保持不变。但在减速过程中，通过调速器控制速度时，由于已解除限动，桨叶角减小过程中不受中间限动器的限制，将继续减小直至最小桨叶角（某螺旋桨为 8°）。这样使对应于控制速度的最大负拉力增大，向停车发动机一边偏转、倾斜的力矩加大，飞行员需要用更大的蹬舵力和压杆力才能保持飞机的平衡。

若飞行速度小于调速器控制速度，解除限动后，转速减小，负拉力将减小，如图 7-40 中虚线所示。

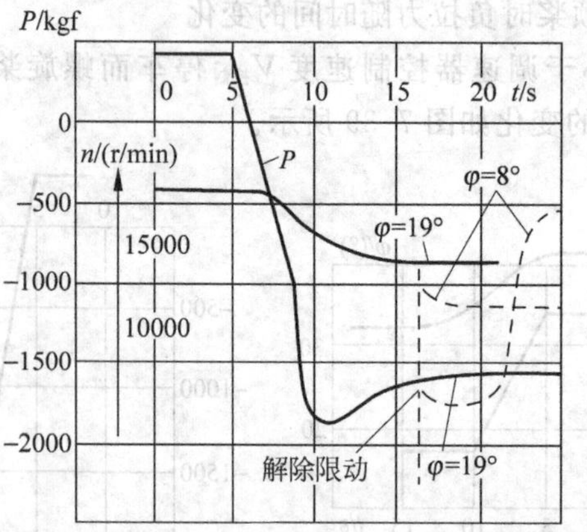

图 7-40　某飞机一台发动机停车不能顺桨时解除限动对负拉力的影响

从图中可知，解除限动后的几秒钟，负拉力暂时有所增大，然后迅速下降，稳定后负拉力仅是未解除限动前的 50%左右。这是由于解除限动，桨叶角很快减到 8°，而自转转速尚未减到相应数值，所以负拉力暂时增大，以后随着自转转速的减小，负拉力又迅速减小。

根据以上分析，发动机停车不能顺桨时，速度大于 $V_{控制}$ 时，不宜解除限动；速度小于 $V_{控制}$ 时，解除限动可以减小负拉力。当停车速度大于 $V_{控制}$ 时，应先减小速度，方可解除限动。

6）发动机停车时，顺桨过程中拉力和转速的变化

飞行中，在发动机停车的情况下，克服负拉力危险影响的唯一可能的办法，就是要在飞机平衡遭到破坏之前，迅速将螺旋桨顺桨。所谓顺桨，就是在发动机空中停车后，通过专门机构将桨叶角增大到 90°左右。这样，可以消除风车现象，减小负拉力和避免损坏发动机。因此，所有涡轮螺旋桨飞机，不仅配备人工顺桨系统，而且还有自动顺桨系统。

参看图 7-41，图中实线表示自动顺桨时，桨叶角、拉力和转速随时间的变化。可以看出，5～10s 后，停车发动机基本上停止旋转（n 从 15 100r/min 基本上减小到零）。桨叶角开始在调速器的作用下有所减小，随后在顺桨装置的作用下，迅速增大，大约在 6～7s 后，桨叶角增至最大值（92.5°），拉力在最初瞬间急剧减小；随后因为桨叶角增大而转速尚未降低下来，拉力又有所增大；桨叶角接近顺桨位置时，由于转速显著下降，拉力又逐渐减小；螺旋桨快要停止旋转时，拉力减小到零并转为不大的负拉力（为 30～50kgf）。图 7-41 中的虚线表示人工顺桨时桨叶角、拉力和转速随时间的变化。可以看出，发动机停车后，桨叶角在调速器作用下，先迅速减小，直到中间限动位置；随后，在人工顺桨装置的作用下，迅速增大到顺桨时的最大值。当桨叶角减小时，拉力迅速减小，并产生较大的负拉力；当桨叶角增大时，负拉力又迅速减小下来，并在短时间内产生一定的正拉力；螺旋桨停止旋转后，正拉力又减小到零，并转为不大的负拉力。使用人工装置顺桨时，是在停车2～3s 开始产生负拉力的，所以发动机停车后，开始顺桨时间不应迟于 3～5s，以防止负拉力过大。

7）空中起动回桨过程中拉力的变化

所谓**回桨**就是使桨叶退出顺桨位置。

飞行中发动机停车时，一般禁止空中起动。只有当发动机完全良好，因机组人员操纵错

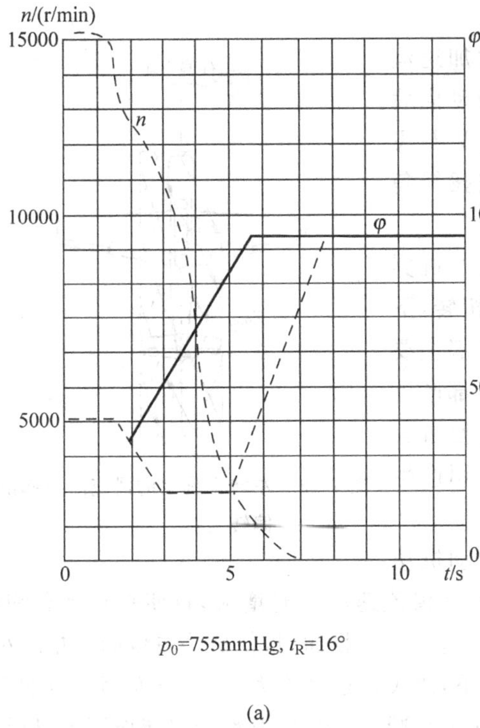

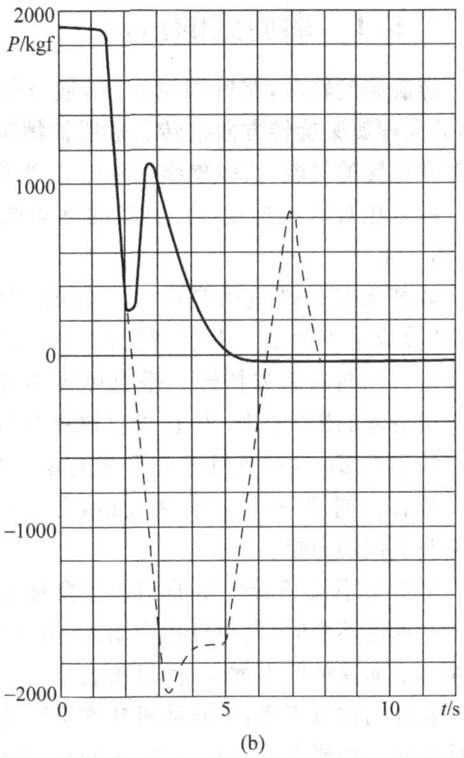

图 7-41 在自动顺桨和人工顺桨过程中,桨叶角、拉力和转速随时间的变化

误而停车和进行专门空中起动训练或试飞时,才允许按规定进行空中起动。

空中起动前,油门应在 0°,螺旋桨处在限动位置。起动时,先将起动电门扳到"起动"位置,然后进行回桨。在回桨过程中,当桨叶角减小到一定程度,形成一定的负迎角时,螺旋桨就会在负旋转阻力的作用下带动压缩器等部件加速旋转,同时产生负拉力。当转速上升到15%～18%时,停止回桨,桨叶在其离心力作用下继续变小距。发动机起动后,随着涡轮功率的增大,转速逐渐增大,负拉力逐渐减小到零,并转为正拉力。

空中起动时负拉力的大小,与起动时的飞行高度、速度有关。起动时的速度越接近调速器控制速度或高度越低,则负拉力越大。例如,规定某飞机起动的飞行表速不超过 300km/h,飞行高度 6 000m 以下。起动过程中拉力的变化将破坏飞机的平衡。应注意根据飞机状态的变化趋势保持好平衡。

7.5 螺旋桨的副作用

螺旋桨在工作过程中,除了能产生拉着飞机前进的拉力外,还会产生一些副作用,给飞机的正常飞行带来一些不利影响。

螺旋桨的副作用主要包括螺旋桨的滑流、螺旋桨的进动、螺旋桨的反作用力矩和气流斜吹现象等,本节将分别分析它们的产生原因和对飞行的影响。

7.5.1 螺旋桨的滑流

螺旋桨旋转时，桨叶拨动空气，使空气向后加速流动，并向螺旋桨旋转方向扭转。这股被螺旋桨拨动向后加速和扭转的气流，叫**螺旋桨的滑流**。滑流速度 V 与飞机远前方相对气流速度 V_{∞} 之间的夹角叫**滑流扭转角**（见图 7-42）。

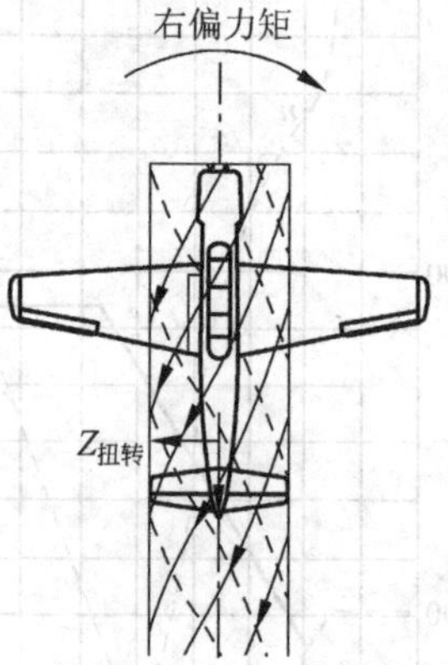

图 7-42 左转螺旋桨的滑流所引起的偏转力矩

如某飞机的螺旋桨是向左旋转的，滑流流过机翼时，被分成上下两层。上层滑流自右向左后方扭转，下层滑流自左向右后方扭转。垂直尾翼和机身尾部主要受上层滑流的影响。所以，在垂直尾翼和机身尾部产生向左的侧力 $Z_{扭转}$，对飞机重心形成右偏力矩，迫使机头向右偏转。同理，右转螺旋桨飞机，滑流扭转作用产生使机头左偏的力矩。

螺旋桨滑流扭转作用的强弱主要取决于发动机功率。在速度不变时，发动机功率增大，滑流扭转角和滑流速度同时增大，致使垂直尾翼和机身尾部上向左的侧力增大，使机头右偏的力矩增大。反之，收油门，使机头右偏的力矩减小。

在油门位置不变，即发动机功率不变的条件下，当飞行速度增大时，一方面因动压增大，要使偏转力矩增大，而滑流扭转角变小，又使偏转力矩减小，所以，滑流的扭转作用可以近似认为不随飞行速度变化。

飞行中，为了消除滑流的影响，对于左转螺旋桨飞机来说，加油门时，需要适当蹬左舵，产生方向操纵力矩，抵消右偏力矩，保持方向平衡；反之，收油门时，应适当回左舵。在油门不动而飞行速度增大时，由于方向操纵力矩增大，需减小蹬舵量以保持方向平衡。反之速度减小时，需加大蹬舵量。例如，某飞机为左转螺旋桨，在起飞加油门时，滑流会产生较大的右偏力矩，此时飞行员应相应蹬左舵，以保持滑跑方向。但随着速度增大又需相应减小左舵量，这是因为随着速度的增加，滑流的扭转力矩变化不大，但蹬舵产生的操纵力矩会增加。

此外，在飞行中，加减油门改变发动机功率，因滑流速度变化将导致水平尾翼的升力变化，破坏飞机的俯仰平衡。因此，还应当推拉驾驶杆，克服这一影响。

总之，在飞行中，螺旋桨滑流不仅影响飞机的方向平衡，还影响飞机的俯仰平衡。其影响随油门的加大而增强，随油门的收小而减弱。为了克服这一影响，应在改变油门位置时，操纵杆舵进行修正。

由于发动机一般装在机翼上，当发动机工作时，部分机翼因受到螺旋桨滑流的影响使气流速度加快，升力系数和阻力系数相应增大。比如有的飞机受滑流影响的机翼面积约占机翼总面积的 30%，升力系数和阻力系数均可增加 15%左右。因为升力系数和阻力系数基本按同样比例增加，所以升阻比保持不变。

飞行速度越小或油门越大，受滑流影响的那一部分机翼的气流速度增加比例越大，升力系数与阻力系数的增量也就越大。由于同一迎角的升力系数在大油门时比小油门时大，所以用同一迎角作直线飞行的所需速度，大油门时比小油门时小，例如某螺旋桨飞机质量 20t，起飞中，滑流作用可使滑跑距离缩短 100～200m。因此对螺旋桨飞机来说，对其飞行性能进行分析和计算时，必须考虑油门(螺旋桨滑流)的影响。

7.5.2　螺旋桨的进动

对于螺旋桨飞机来说，飞行时，高速旋转的螺旋桨，当受到外力矩作用改变其桨轴方向时(例如当飞机俯仰转动或偏转时，即改变螺旋桨转轴方向时)，会由于螺旋桨的陀螺效应而产生陀螺力矩使机头同时绕另一个轴转动，这种现象叫**螺旋桨进动**。例如，某飞机为左转螺旋桨，飞行员拉杆力图使机头上仰时，飞机就会向左进动(偏转)，如图 7-43 所示。

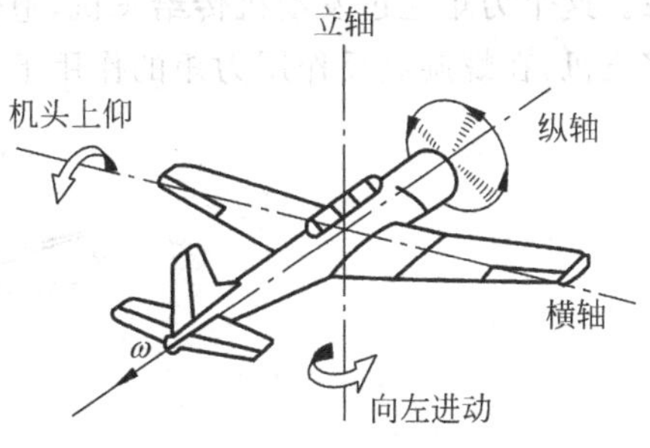

图 7-43　螺旋桨(左转)的进动

螺旋桨陀螺力矩的大小，可用下式计算：

$$M_{进} = J\Omega\omega \tag{7.11}$$

式中：$M_{进}$ 为陀螺力矩，N·m；J 为发动机和螺旋桨转动惯量，$kg \cdot m^2$；Ω 为螺旋桨旋转角速度，1/s；ω 为飞机俯仰转动和偏转角速度的合角速度，1/s。

由式(7.11)可以看出，飞行条件一定时，即 J、Ω 一定时，$M_{进}$ 正比于 ω。也就是说飞机转动越快，陀螺力矩越大，进动作用越强。螺旋桨的进动方向，可由以下两种方法加以判断。

(1) 绘图法。如图 7-44 所示，画一圆圈，表明螺旋桨旋转方向；从圆心向外画箭头指向机头转动方向。该箭头指到圆周上那一点的切线速度方向，就是飞机进动方向。右转螺旋桨飞机的进动方向，与左转螺旋桨的相反。

(2) 手示法。如图 7-45 所示，左转螺旋桨用左手，右转螺旋桨用右手，手心面向自己(以座舱位置为准)，以四指代表机头转动方向，伸开的大拇指方向，就是螺旋桨的进动方向。

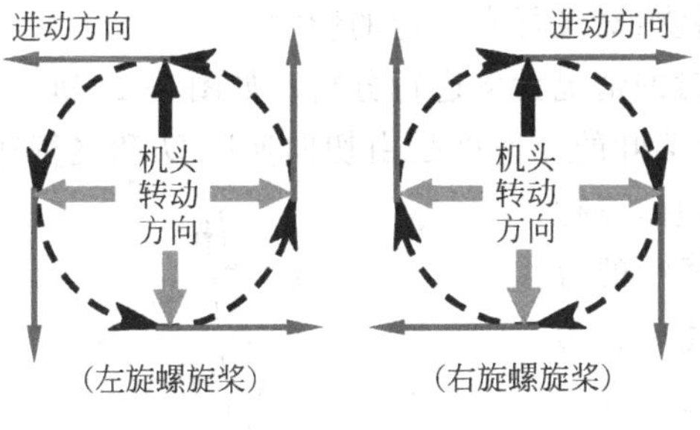

图 7-44　画图判断螺旋桨进动的方向

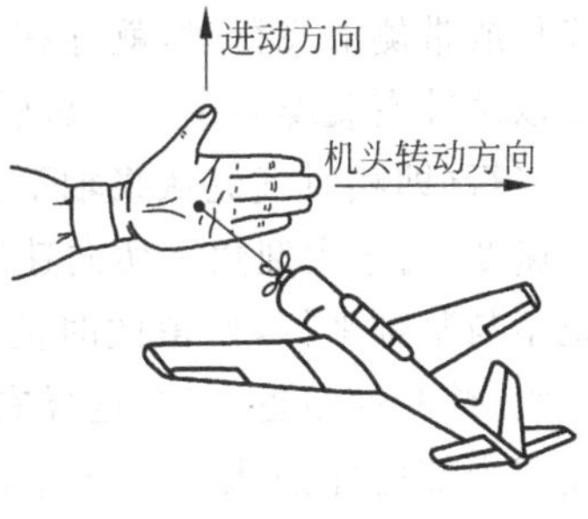

图 7-45　左手判断左转螺旋桨进动的方向

由上述可见，飞行中，飞机发动机和其他转动部件，在飞机转动时都会产生陀螺力矩使飞机进动。例如，左转螺旋桨飞机在作斤斗飞行时，飞机不断地上仰转动，此时螺旋桨的陀螺力矩使机头向左偏转。为防止机头左偏，飞行员应相应地蹬右舵修正。这里还应该指出，不仅螺旋桨飞机有进动，喷气式飞机的发动机转子也能产生陀螺力矩使飞机进动，从而也会给机动飞行带来影响。

7.5.3 螺旋桨的反作用力矩

螺旋桨在转动中，旋转阻力对桨轴形成的力矩，称为螺旋桨的**反作用力矩**，也叫**扭矩效应**。这个力矩通过发动机传给飞机，迫使飞机向螺旋桨转动的反方向倾斜。例如，左转螺旋桨飞机，在螺旋桨反作用力矩的作用下，会使飞机向右倾斜，如图 7-46 所示。

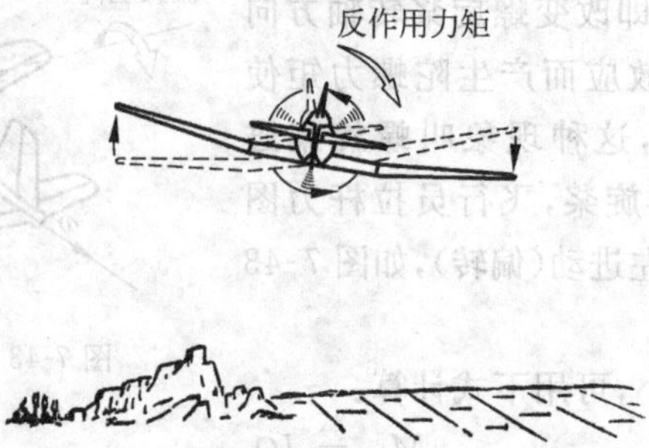

图 7-46 螺旋桨的反作用力矩

恒速螺旋桨反作用力矩的大小，正比于发动机功率，功率越大反作用力矩越大。

为了克服螺旋桨反作用力矩对飞行的影响，有的飞机调整重心位置，使重心偏出对称面一定距离，利用飞机升力对重心的滚转力矩，抵消一部分反作用力矩的作用。

因为反作用力矩的大小随发动机功率而变，所以，在加减油门的同时，还需要相应地压杆修正反作用力矩的影响。

7.5.4 气流斜吹现象

飞行中，由于飞行员要经常改变飞机的飞行状态，使得相对气流方向与桨轴方向不平行，此时相对气流斜着吹向螺旋桨，这种现象叫做**气流斜吹**，也叫**螺旋桨因素**。例如，在大迎角下飞行或带侧滑飞行时，就存在明显的气流斜吹，对飞行有一定的影响。

现以两叶右旋螺旋桨桨叶旋转到水平位置时的情况为例进行分析。如图 7-47 所示，大迎角下飞行(即相对气流从桨轴下方吹来)，流过桨叶的合速度是由切向速度 U 和飞行速度 V 的合速度，由于大迎角下切向速度不与桨轴垂直，飞行速度也不与桨轴平行，使得此时流经下沉(右)桨叶的合速度变大、桨叶迎角也增加，这样右边桨叶所产生的拉力和旋转阻力都比左边大。上扬桨叶(左)的情况正好相反，左右两侧桨叶的拉力差对飞机重心形成左偏力矩，使飞机有向左偏趋势，两桨叶的旋转阻力之和垂直于桨轴方向，这个力叫做螺旋桨侧力 $Q_{桨}$，螺旋桨侧力方向向上对飞机重心形成上仰力矩，如图 7-48 所示。

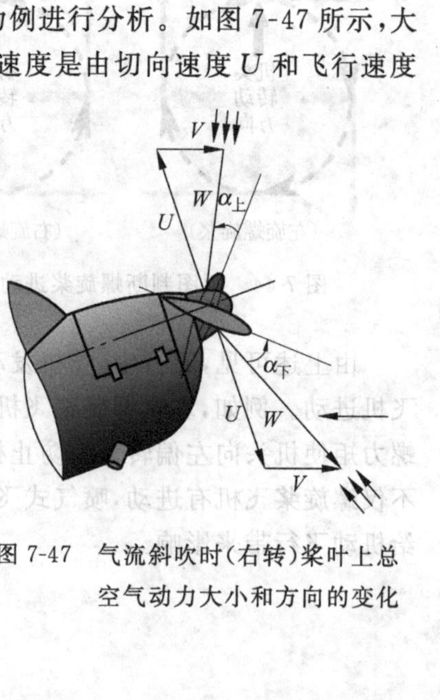

图 7-47 气流斜吹时(右转)桨叶上总空气动力大小和方向的变化

需要说明的是，螺旋桨的转动方向不同，所产生的偏转力矩方向是不同的，但所产生的侧力力矩的方向却是相同的。

当相对气流从桨轴侧方(即飞机带侧滑的情况)吹来

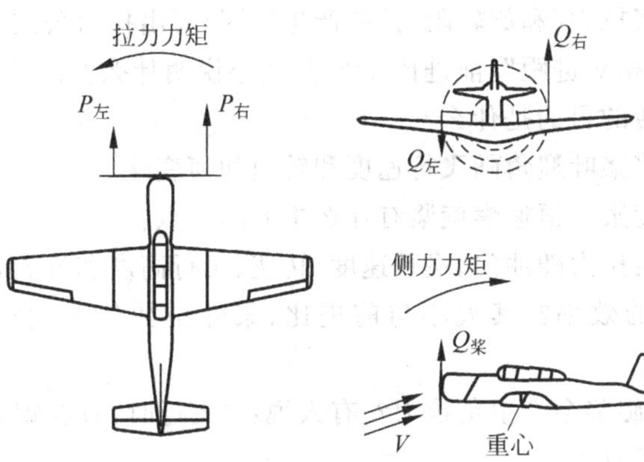

图 7-48 气流斜吹时(右转)螺旋桨拉力力矩和侧力矩的产生

时,螺旋桨也会产生拉力力矩和侧力力矩,只是力矩的方向会随气流斜吹的方向不同而不同。

上述表明,飞行中,螺旋桨在气流斜吹的情况下,各桨叶的空气动力不对称,产生拉力力矩和侧力力矩,从而影响飞机俯仰姿态的保持和方向的保持。在不带侧滑的直线飞行中,螺旋桨气流斜吹对飞行的影响,与飞行速度有直接关系。例如,右旋螺旋桨飞机,在低速飞行中,螺旋桨气流斜吹造成飞机左偏的趋势就比速度大时更明显,这是由于速度小时迎角较大,气流方向与桨轴方向间的夹角也较大。相反,随着飞行速度增大,迎角减小,螺旋桨斜吹减弱,飞机偏转的趋势也相应减弱。

以上我们分别学习了螺旋桨的 4 种副作用:螺旋桨的进动、反作用力矩、滑流和气流斜吹现象。在一定条件下,这些影响是一致的和相互加强的,但在另一些条件下,它们又是相反的和相互抵消的。在某些情况下,某一种副作用的影响是主要的,而在另一些情况下,另一种副作用的影响又跃居主导地位。飞行状态变化大时,螺旋桨副作用的影响也有明显变化。因此,在实际飞行中应根据当时的飞行状态,及时操纵飞机以克服螺旋桨副作用带来的不利影响。

本章小结

本章介绍了螺旋桨的外形特征及运动参数,分析了螺旋桨是如何产生拉力的,螺旋桨拉力在飞行中的变化,以及螺旋桨的拉力和有效功率随飞行速度、油门位置、转速和飞行高度的变化规律。同时,本章还分析了螺旋桨的负拉力是如何产生的,并探讨了螺旋桨的副作用问题。

复习与思考

1. 画图说明螺旋桨的主要运动参数有哪些?

2. 螺旋桨的桨叶角和桨叶迎角分别是什么?二者有何关系?螺旋桨的桨叶迎角大小与哪些因素有关?

3. 画图说明螺旋桨拉力(和旋转阻力)的产生原因,写出拉力公式。

4. 何谓螺旋桨的"相对进距"(前进比λ)? 其大小说明什么?

5. 螺旋桨桨叶扭转的目的是什么?

6. 画图说明螺旋桨桨叶迎角随飞行速度和转速如何变化。

7. 什么是恒速螺旋桨? 恒速螺旋桨有什么主要的优点?

8. 分别说明螺旋桨拉力随油门、飞行速度、转速、飞行高度和气温各是如何变化的。

9. 什么是螺旋桨的效率? 其大小与前进比、桨叶角如何变化? 如何提高螺旋桨的效率?

10. 什么情况下螺旋桨会产生负拉力? 有人说:"飞行时,只要螺旋桨转动就不会产生负拉力",对此,你有何看法?

11. 在发动机正常工作的情况下,如果气温过大或螺旋桨结冰,螺旋桨也会产生负拉力,原因各是什么?

12. 螺旋桨有哪些副作用? 它们对飞行都有什么影响? 油门、转速和飞行速度对哪些副作用有影响?

13. 在什么情况下螺旋桨会产生负拉力? 发动机工作正常时螺旋桨也会产生负拉力吗?

14. 什么是螺旋桨的进动? 其影响因素及其判断方法有哪些?

拓展阅读

竹蜻蜓

竹蜻蜓是我国古代一大发明(见图7-49)。从对大自然中蜻蜓飞翔的观察中受到启示,公元前500年中国人制成了会飞的竹蜻蜓,双手夹住竹柄一搓,然后手一松,竹蜻蜓就会飞上天空,旋转好一会儿后,才会落下来。这种简单而神奇的玩具,曾令西方传教士惊叹不已,将其称为"中国螺旋"。

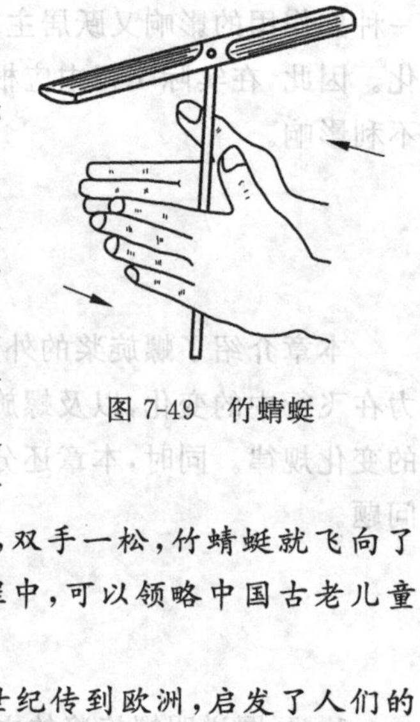

图7-49 竹蜻蜓

竹蜻蜓由两部分组成:一是竹柄,用一根竹片削成长20cm、直径4~5mm的竹竿(柄);二是"翅膀",用一片长18~20cm、宽2cm、厚0.3cm的竹片,中间打一个直径4~5mm的小圆孔,用于安装竹柄。在小孔两边的竹片上各削一个斜面(两个翅膀的斜面必须形状相同、角度相反,才能保持稳定飞行,这是最关键的),以起到竹蜻蜓随空气漩涡上升的作用。翅膀做好后,将竹柄插入其小孔中。玩时,用双手掌夹住竹柄,快速一搓,双手一松,竹蜻蜓就飞向了天空。当升力减弱时才落到地面。在制作和玩耍竹蜻蜓的过程中,可以领略中国古老儿童玩具的趣味和科学技术的奥妙。

竹蜻蜓2 000多年来一直是中国孩子手中的玩具。在18世纪传到欧洲,启发了人们的思路,被誉为"航空之父"的英国人乔治·凯利一辈子都对竹蜻蜓着迷。他的第一项航空研究就是在1796年仿制和改造了"竹蜻蜓",并由此悟出螺旋桨的一些工作原理。他的研究推动了飞机研制的进程。

竹蜻蜓的叶片和水平旋转面之间有一个倾角，这个倾斜角度有的还是可以调整的。当旋翼旋转时，旋转的叶片将空气向下推，形成一股强风，而空气也给竹蜻蜓一个向上的反作用力——升力，这个升力随着叶片的倾斜角而改变，倾角大升力就大，倾角小升力也小。当升力大于竹蜻蜓的重量时，竹蜻蜓便可向上飞起。

17 世纪中国苏州巧匠徐正明，用心琢磨小孩儿玩的竹蜻蜓，想制造一个类似蜻蜓的直升飞机，并且想把人也带上天空。经过 10 多年的钻研，他造出了一架直升飞机。它有一个竹蜻蜓一样的螺旋桨，驾驶座像一把圈椅，依靠脚踏板通过转动机构来带动螺旋桨转动，试飞时，它居然飞离地面一尺多高，还飞过一条小河沟，然后落下来。直至 20 世纪 30 年代，德国人根据“中国螺旋”的形状和原理发明了直升机的旋翼。

在中国晋朝(265—420 年)，葛洪所著的《抱朴子》一书有这样的记述：“或用枣心木为飞车，以牛革结环剑，以引其机。或存念作五蛇六龙三牛、交罡而乘之，上升四十里，名为太清。太清之中，其气甚罡，能胜人也。”其中的“飞车”被一些人认为是关于竹蜻蜓的最早记载，并认为该玩具通过贸易传入欧洲。在欧洲一幅 1463 年的圣母圣子像中出现了竹蜻蜓的形象。

世界上第一架飞机的发明人——莱特兄弟小的时候，父亲给他们买了一个能飞的竹蜻蜓，兄弟俩十分喜欢，并开始仿制不同尺寸的竹蜻蜓，从此，兄弟俩的一生与飞行结下了不解之缘。后来，莱特兄弟发明了飞机，其动力装置的重要组成部分——空气螺旋桨发明的灵感就来自于竹蜻蜓。

第8章

非常规气动布局飞机气动特点简介

本章关键词

变后掠翼(variable sweep wing)
无尾式布局(tailless aerodynamic configuration)
前掠翼(forward sweep wing)
鸭式布局(canard configuration)
飞翼(flying wing)

飞机气动布局主要是指飞机的外部形状,包括各主要部件的形状及相互搭配关系,通常指机翼、平尾、垂尾等的形状与布置。气动布局与飞机的用途有着直接的关系,不同的气动布局适合于不同的用途。

飞机设计首先要在气动性能上满足设计要求。全机的气动性能取决于各受力面的形状、尺寸和它们之间的相互位置。常规气动布局飞机一般为机身上为固定机翼、尾翼(水平尾翼垂直尾翼)在机翼之后;机翼是飞机主要的受力面,它是产生升力的主要部件,而平尾、立尾等是辅助承力面,主要用于保证飞机的稳定性与操纵性。现代飞机的气动布局种类众多,根据机翼和各辅助翼面的相对位置及辅助面的数量,目前常见的非常规气动布局飞机的形式主要包括:

(1) 变后掠翼布局;
(2) 鸭式布局;
(3) 无尾或飞翼布局;
(4) 前掠翼布局。

这些飞机的气动布局形式都有各自的特点和优缺点,本章将分别介绍其主要特点。

我们见到的多数飞机的布局是机身中部布置固定的平直翼或后掠翼或三角翼,机身后部布置垂直尾翼和水平尾翼,称为常规气动布局。但是,也有一些飞机打破了这种常规的布局,并且各有特点。例如,可变后掠翼飞机、无水平尾翼或鸭式前翼布局飞机等。本章将对这些飞机的主要气动特点作一简要介绍。

8.1 可变后掠翼飞机

在高速飞机的设计时,有一个两难的矛盾:要想提高飞行马赫数,就必须选择大后掠角、小展弦比的机翼,以降低飞机的激波阻力,但此类机翼在亚声速状态时存在机翼前缘升力不足的缺点使升力较小,而且后掠角越大、升力系数越低,同时诱导阻力较大,由于空气动力效率不高，使得飞机在起飞、着陆空速限制等指标上都不理想，使滑跑距离较长。在常规设计中不得不选用适中的后掠翼，因此限制了飞机性能的发挥。要同时满足飞机对超声速飞行、亚声速巡航和短距起降的要求，解决此矛盾的办法之一，是在飞行中根据需要可改变机翼后掠角大小，因而出现了变后掠翼飞机。通过改变外翼后掠角以改变整个机翼的展弦比，用不同的后掠角去适应不同的飞行状态，以此来获取最佳的气动特性。比如，可变后掠翼在起飞、着陆和低速飞行时，使用较小的后掠角，使机翼前缘升力增加，机翼效率提高，而高亚声速和超声速飞行时使用大后掠角，提高飞机的加速性能和高速飞行能力。

对变后掠翼的研究，始于 20 世纪 40 年代，但直到 60 年代，才设计出实用的变后掠翼飞机。一般的变后掠翼的内翼段是固定的，外翼同内翼用铰链轴连接，通过液压助力器操纵外翼前后转动，以改变外翼段的后掠角和整个机翼的展弦比。通过机翼后掠角变化，使飞机在低速和高速飞行中获得理想的机翼前缘升力。

后掠角的变化可以人工操纵的，也可以是自动的，随飞行马赫数的变化改变到最合适的后掠角。变后掠翼飞机最小后掠角一般不小于 20°，最大不超过 80°。目前国外已有多种超声速歼击机、强击机和轰炸机的机翼是可变后掠翼，如图 8-1 和图 8-2 所示。

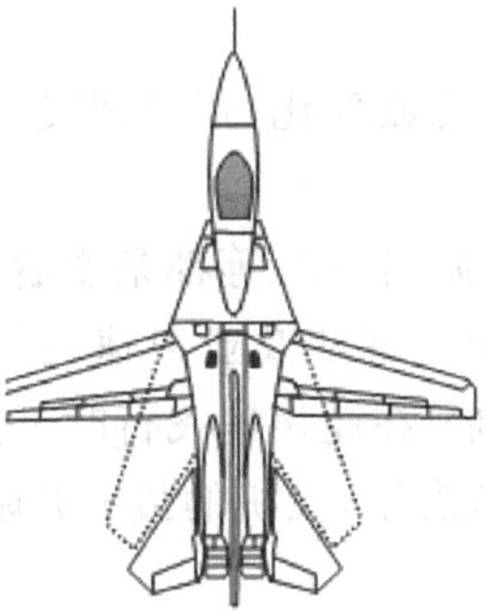

图 8-1 （美）F-111 可变后掠翼飞机

图 8-2 （俄）Mig-23 变后掠翼战机

下面主要介绍可变后掠翼飞机的主要优点。

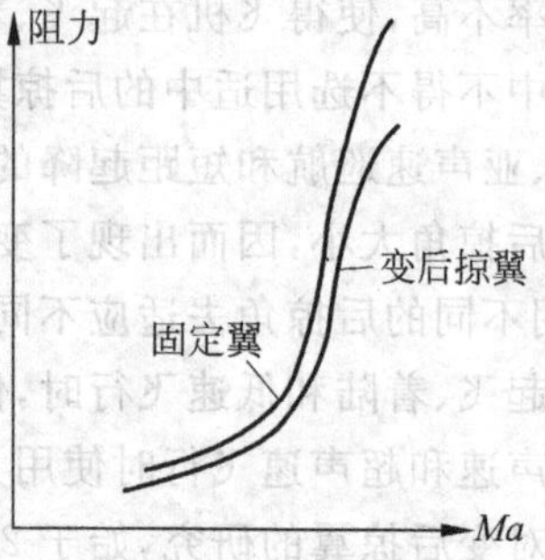

图 8-3 可变后掠翼对飞机阻力的影响

1. 总阻力较小

高速飞行中，零升阻力占机翼阻力的主要成分，诱导阻力退居次要。这时，变后掠翼处于最大后掠角位置，因而零升阻力较小。同样条件下最大速度可增加。

在低速飞行中，诱导阻力的比重加大。这时变后掠翼处于最小后掠角位置，展弦比较大，因而机翼阻力也较小，见图 8-3。

2. 最大可用升力系数较大

低速飞行中，变后掠翼处于小后掠角大展弦比状态，升力线斜率较大，同时机翼前、后缘增升装置效率也较高，因而，机翼最大可用升力系数较大，这就改善了飞机机动性，提高起飞、着陆性能，减小最小飞行速度。

3. 最大升阻比较高

我们知道，后掠角一定时，机翼的最大升阻比随飞行马赫数变化，亚声速飞行时最大升阻比较大而超声速飞行时较小。

例如美国的 F-111(见图 8-1)、F-14，俄罗斯的 Mig-23(见图 8-2)等都是变后掠翼飞机。F-111 的后掠角可在 16°～72.5°范围内变化，在起飞时为 16°，着陆及亚声速飞行时为 26°，此时机翼都处于大展弦比和小后掠角位置，最大升阻比较高；在超声速飞行时可选用 72.5°以下的适当后掠角，以获取较好的升阻特性。不同后掠角状态下，飞机的最大升阻比随马赫数变化如图 8-4 所示。

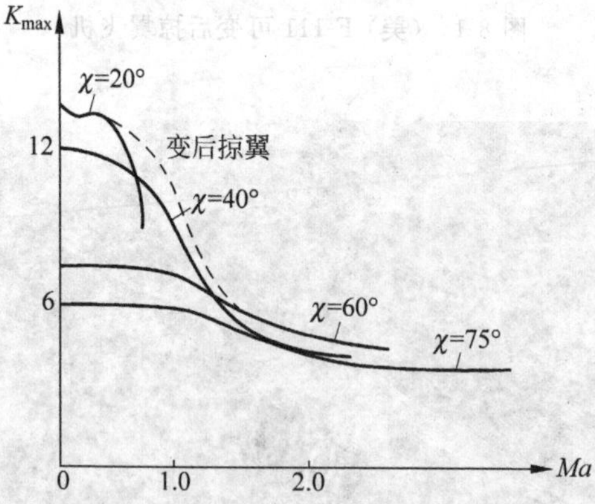

图 8-4 可变后掠翼对飞机阻力的影响

可见，与固定翼相比，变后掠翼飞机，能够在不同飞行马赫数下都保持最佳数值，能得到较高的升阻比，这对提高航程和航时以及飞行性能的发挥都是有利的。

由于可变后掠翼飞机设计复杂，增加了结构的复杂性与固定件的数量，使可靠性降低，操纵也非常麻烦，故障率也比较高，同时生产成本和维护费用成几何倍数的增加，从而造成付出多于回报。另外由于增加了机身重量，使飞机的有效负载减少，灵活性降低；且机翼悬挂点减少，限制了飞机的载荷、外型、隐身等一系列性能的提高。

由于可变后掠翼结构和操纵系统复杂，不大适合轻型飞机使用。

不过，就算其有以上这些问题存在，无法掩盖其机动性能上的强大优势。

除此以外，现代飞机的设计还通过采用双三角设计、鸭翼、跨声速面积率曲线设计、大边条设计、翼身融合技术等现代技术可以很好地弥补后掠翼的不足，使飞机获得非常好的性能，而避免了可变后掠翼飞机的诸多不足。

8.2 鸭式布局飞机

自从1903年莱特兄弟发明第一架飞机以来，飞机设计师们通常将飞机的水平尾翼和垂直尾翼都放在机翼后面的飞机尾部，这种布局是现代飞机最普遍采用的气动布局，因此称为常规布局。但在“二战”中，苏联已经发现如果将水平尾翼移到主翼之前的机头两侧，就可以用较小的翼面来达到同样的操纵效能，而且前翼和机翼可以同时产生升力，而不像水平尾翼那样，平衡俯仰力矩多数情况下会产生负升力。早期的鸭式布局飞机看起来像一只鸭子，放在机翼前面的小翼称为前翼，或称鸭翼，“鸭式布局”由此得名（见图8-5）。采用鸭式布局的飞机在正常飞行状态下并没有多少优越性，但是当飞机需做大强度的机动（如上仰、小半径盘旋等）动作时，飞机的前翼和主翼上都会产生强大的涡流，由于两股涡流之间的相互耦合后使其增强，合理利用前后翼间脱体涡的有利干扰，产生比常规气动布局更大的升力。瑞典在研制自己的国土防空战斗机时，特别强调飞机的机动性和短距离起飞、着陆性能，经过多种方案选择，研制的战斗机多数是鸭式布局。以色列的幼狮战斗机在经过仿制法国幻影V和改进之后，加装可拆卸的前翼，使得飞机的机动格斗性能大为增强。目前，出自欧洲国家之手的“三代半”战斗机几乎都是鸭式布局，像EF-2000台风、法国阵风、瑞典JAS-39鹰狮，包括中国的歼10（见图8-6），等等，无一例外都采用了鸭式布局。后面要讲到的前掠翼飞机如美国的X-29和俄罗斯的S-37也都采用了鸭式布局。

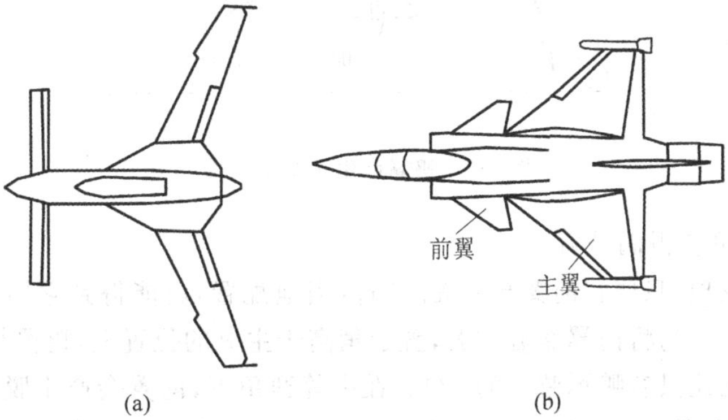

(a) (b)

图8-5 鸭式飞机

(a) 轻型鸭式飞机；(b) JAS-39鸭式飞机

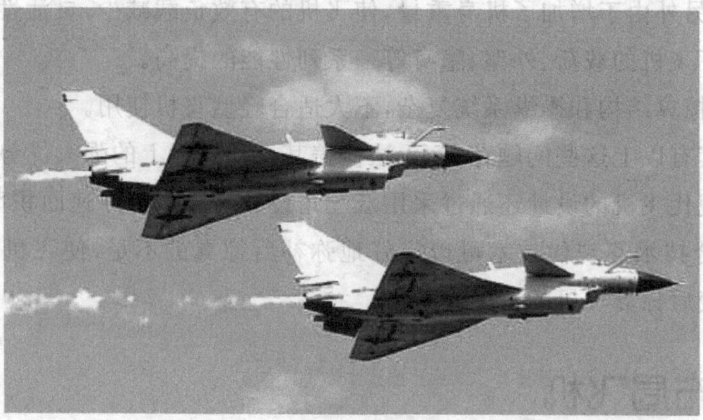

图 8-6 歼 10 战斗机(中国)

1. 鸭式布局飞机在气动方面的主要优点

1) 可得到正的配平升力

常规布局飞机为了俯仰平衡,水平尾翼需要产生负升力(称为挑式结构,即机翼升力不仅要平衡飞机重量,还要克服平尾的负升力),从而削弱了飞机总升力。鸭式布局飞机正好相反,前翼提供正的配平升力(称为抬式结构,即前翼与主翼共同平衡飞机重量),增大了飞机总升力,如图 8-7 所示。另外,由于前翼承受了一部分载荷,减小了机翼承受的载荷,因而机翼面积可减小,结构重量可减轻。

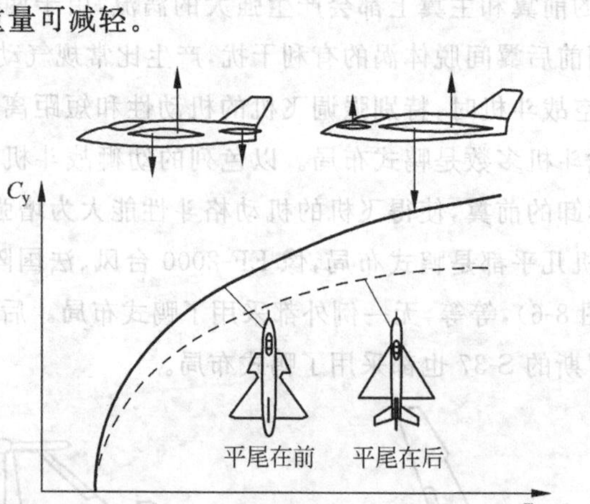

图 8-7 鸭翼产生正配平升力

2) 近距耦合可获得涡升力

近些年研究发现,只要将前翼与主翼之间恰当地配置,就能得到它们的有利干扰,这种配置称为**近距耦合**。它将前翼靠近主翼,置于稍高于主翼的位置上,鸭翼与主翼之间的垂直距离和水平距离往往只有鸭翼弦长的 1/4。在中等迎角下,前翼会产生脱体涡,脱体涡流经机翼上表面,降低主翼上表面的压力,使其产生附加的涡升力。当然,涡升力的优势在小迎角是不明显的。这说明,现代战斗机利用近距耦合鸭式布局是适宜的。

3）配平阻力较小

鸭式布局在阻力上的优势来自两方面：一是由于增加了涡升力，在机翼上产生相同升力的条件下，诱导阻力随之减小；二是由于平衡时前翼提供正升力，增加了总升力，飞机的配平阻力随之减小。当然，与无尾飞机相比，前翼会增加零升阻力，见图8-8。

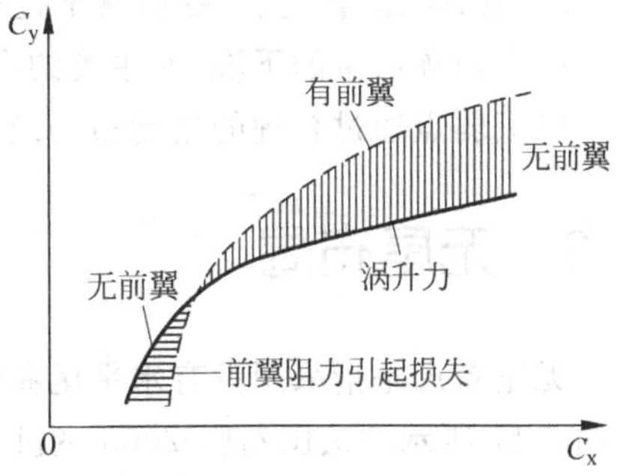

图8-8 有、无前翼的极曲线比较

4）抗螺旋能力强

由于前翼处于机翼的上洗流流场中，大迎角飞行时前翼迎角较大，如果前翼作为操纵面，偏转后提供配平升力，则前翼的迎角比机翼的迎角大得更多。因此，鸭式布局飞机总是前翼比机翼先发生气流分离，前翼升力减小，要机头“下俯”，这就减小了机翼迎角，防止飞机失速，减小了飞机进入螺旋的危险。一些轻小型飞机也采用鸭式布局，这是一个重要原因。

5）前翼操纵效能高

前翼由于不受机翼干扰，故其操纵效能比位于机翼后的水平尾翼高。

2. 鸭式布局的弱点

1）俯仰操纵性差，附加阻力大

近距耦合鸭式布局用前翼作为操纵面，虽然可以得到正的配平升力，但力臂短，操纵力矩小；另外，操纵前翼的偏转角和飞机迎角增量方向相同，但前翼的实际迎角较大，如图8-9所示。迎角过大，会引起前翼首先失速，配平升力下降，削弱俯仰操纵。而且，前翼经常处于大迎角状态，对应的配平阻力也较大。

2）大迎角削弱方向稳定性

鸭式布局飞机在侧滑中，前翼的尾涡有可能作用在垂直尾翼上，使垂直尾翼侧滑的一面压力降低，引起扩大侧滑角的方向力矩，削弱方向稳定性，如图8-10所示。但也有可能利用前缘涡的有利干扰，减弱这个缺点。

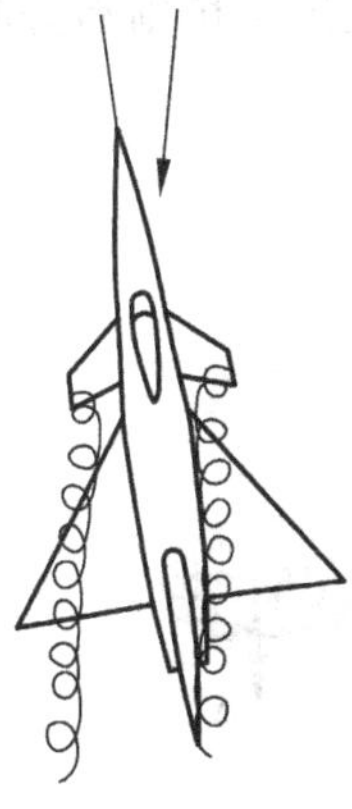
图8-9 前翼涡流对垂尾的影响

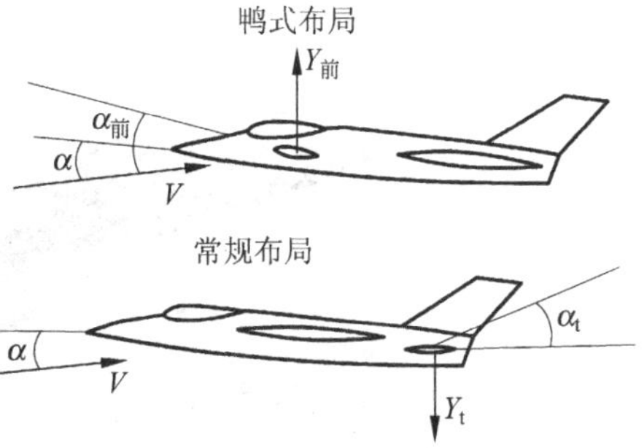

图8-10 前翼的实际迎角大

3）主翼在前翼之后，受前翼干扰较大

由于前翼产生的下洗，使主翼的有效迎角减小，升力减少。

以上弱点通过合理的气动布局及其他自动控制设备的应用，逐渐得到了解决。

8.3 无尾布局

无尾布局是指采用没有水平尾翼的气动布局形式，目前有多种战机采用这种布局形式，如图 8-11 所示的法国幻影-2000 飞机。此外，英法联合生产的大型民航超声速客机协和号和苏联的图 144 也采用无尾气动布局(见第 6 章的拓展阅读)。

图 8-11 (法国)幻影-2000 飞机

飞机上没有水平尾翼，怎样保证飞机俯仰力矩平衡、稳定性和操纵性呢？

无尾飞机的布局，通常采用三角翼。在设计中把机翼安排在机身后部，就可能保证飞机仍然具有足够的俯仰静稳定性。在机翼后缘配置升降副翼(能起副翼和升降舵双重作用的操纵面)，它能保证无尾飞机俯仰力矩平衡和操纵。在飞行中由于升力作用在重心之后，要产生下俯力矩，常规布局飞机靠水平尾翼产生负升力来平衡，无尾飞机则靠升降副翼向上偏转产生的负升力来平衡，如图 8-12 所示。

图 8-12 无尾飞机(幻影-2000)的俯仰力矩平衡

无尾飞机有许多优点。无尾飞机与常规飞机相比，在同一条件下，零升阻力较小，如图 8-13 所示。取消了水平尾翼，使机身的承力特性得到改善，不仅机身结构简单，重量也可减轻。所以，在相同条件下，无尾飞机大马赫数飞行的加速和爬升性能都较好。此外，从超声速飞行焦点后移引起俯仰静稳定度过强来看，无尾飞机与有尾飞机相比，俯仰静稳定度（在飞行力学中介绍）不至于过分增大。

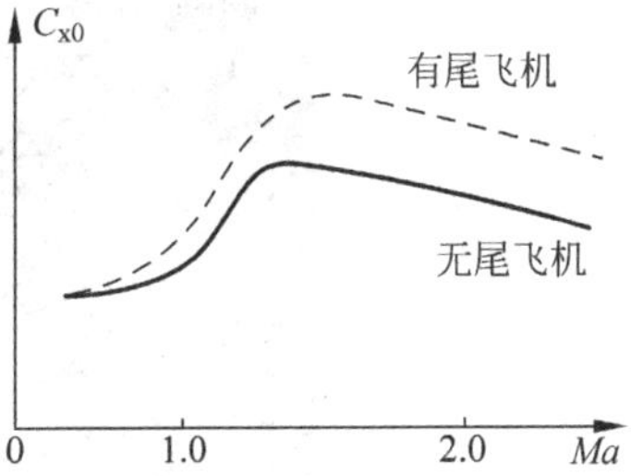

图 8-13　飞机 C_{x0} 与 Ma 关系曲线

无尾飞机也存在一些缺点。首先是起降性能较差。因为尾臂较短，在起飞、着陆中要较多地上偏升降副翼来配平，产生了较大的负升力，削弱了总升力；另外，机翼后缘设置升降副翼，与使用高效的增升装置有矛盾，出于平衡要求，不能使用后缘襟翼，这都要使起落性能变差。采用失速迎角较大和翼载荷较小的三角翼虽然能弥补起降性能差的缺陷，但翼载荷减小，会增大阵风敏感性。这种三角翼飞机由于迎角增加诱导阻力增长较快，有利迎角较小（有利迎角时，$C_{x0}=C_{xi}$），着陆进场时飞机往往会处于第二飞行范围，飞行轨迹不稳定，增加了进场时操纵的复杂性，因此，有些飞机不得不安装油门自动调节系统，以保证着陆下滑的安全。

8.4　前掠翼飞机

前掠翼飞机好像“颠倒”的后掠翼，其布局如图 8-14（美国的 X-29）和图 8-15（俄罗斯的 S-37）所示。

图 8-14　（美）X-29 前掠翼飞机

在相同条件下，前掠翼与后掠翼相比，气流流过机翼产生的翼根效应和翼尖效应相反，气流流过前掠翼，不是向外偏斜，而是向内偏斜，如图 8-16 所示。而前掠翼的载荷展向分布情况和后掠翼不同，翼根部分载荷大，翼尖部分载荷小，如图 8-17 所示。

图 8-15 （俄）S-37 前掠翼飞机

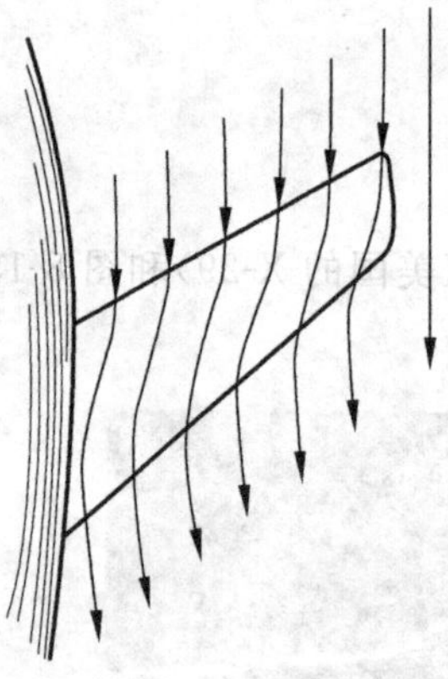

图 8-16 前掠翼的气流流动情况

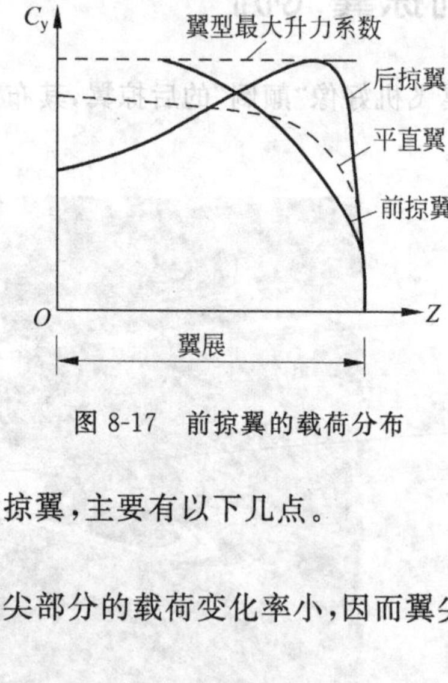

图 8-17 前掠翼的载荷分布

因此，相同条件下前掠翼的气动特性优于后掠翼，主要有以下几点。

(1) 诱导阻力小，升阻比大。

从前掠翼的载荷展向分布看出，前掠翼的翼尖部分的载荷变化率小，因而翼尖涡流相对较小，同一升力，诱导阻力小，所以升阻比大。

此外，由于前掠翼载荷分布比较靠近翼根，同一升力，产生的弯矩小于后掠翼，因此，结构重量较轻。如产生相同的弯矩，其展弦比就可比后掠翼大，从而减小诱导阻力。

(2) 翼根气流先分离。

前掠翼与后掠翼相反，首先在翼根部分气流分离，翼尖部分气流分离较迟。翼根气流分离对副翼的操纵效能没有影响，所以，大迎角飞行，操纵性能好。翼根分离形成的滚转力矩小，因而失速特性好。

(3) 飞机可用升力系数较大。

前掠翼采用鸭式前翼布局或附加机翼边条，就能利用脱体涡有效地控制翼根气流分离，提高机翼最大的可用升力。

(4) 机身和机翼的结合更符合面积律的要求。飞机横截面积沿纵轴的分布变化缓和平滑，有利于减小跨声速飞行时的阻力。

此外，由于机翼安装靠后，机翼承力机件靠后，使重心附近的有效容积增大，便于设计布局。

但是，前掠机翼存在着气动弹性发散问题。如图 8-18 所示，对于后掠机翼，当机翼迎角增大、升力增大时，机翼产生的扭转变形使机翼后缘提高、前缘降低，机翼相对于来流的迎角减小，从而减小升力，亦即机翼的结构是稳定的。而前掠机翼则相反，当迎角增大、升力增大时，机翼产生的扭转变形使得前缘提高、后缘降低，机翼相对于来流的迎角增大，从而使机翼升力和扭转变形继续增大。这种不稳定性称为气动弹性发散现象。前掠角越大，气动弹性发散现象越严重。为消除气动弹性发散现象，必须增加机翼结构刚度，但加强结构刚度会使飞机重量大大增加，从而抵消了前掠机翼的优越性，这就是前掠机翼技术多年没有得到普遍应用的主要原因。

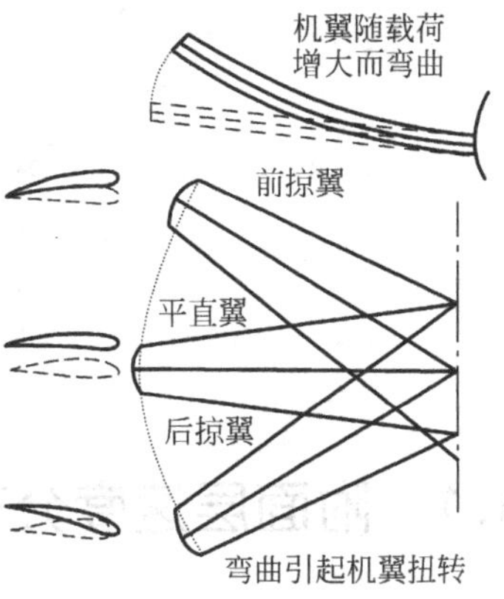

图 8-18　机翼加载后的情况

20 世纪 70 年代以后，随着复合材料的发展，给前掠机翼带来了新的希望。1975 年有人首次提出，用方向性碳纤维叠层复合材料来解决气动弹性发散问题。通过改变机翼结构的碳纤维的方向和厚度，可以控制飞机弯曲轴的方向，从而控制机翼受载时扭转的方向。这种方法叫做气动弹性剪裁。现在可以说，通过气动弹性剪裁，可以使前掠机翼变成稳定结构，而其本身重量增加很少。因此，前掠机翼才开始进入实用阶段。

此外，还有翼身融合体、自适应机翼、三翼面布局、随控布局及主动控制技术等陆续出现在非常规气动布局飞机上。例如，我国的第一代舰载战机就采用了翼身融合体、三翼面(含机翼、近距耦合式鸭翼、水平尾翼)、边条翼、双垂尾、双腹鳍、高性能增升装置等现代先进战机最新的气动布局样式，如图 8-19 所示。

总之，随着航空科技的日益发展和新技术、新材料的不断更新，新型飞机以及新的气动布局形式一定会越来越多地出现在人们的视野。

图 8-19　中国第一代舰载、多用途、超声速重型战斗机

附录A

低速风洞实验

A.1 附面层速度分布实验

1. 实验目的

(1) 掌握在一定风速下，气流方向模型板（平板或机翼）上附面层沿法向不同高度的气流速度的测定方法；

(2) 绘出附面层速度分布图；

(3) 确定所测点附面层的厚度。

2. 实验设备

(1) 低速风洞；

(2) 装有总压（全压）排管的模型板；

(3) 多管气压计；

(4) 红色酒精液。

3. 实验原理

模型板上所测点有直径 1mm 的静压孔，孔的一端的轴线与气流方向垂直，孔的另一端通过乳胶管与多管气压计的玻璃管相连。显然，该孔是用来测量模型板所测点在气流中的静压的。模型板上还装有 10 根左右外径约 0.8mm，内径约 0.4mm 的细铜管组成的总压排管。每根管子的开口都位于所测点的法线上，且对向来流方向，间隔均匀，离板面的距离（y_i）（$i=1,2,3,\cdots$）是逐渐增加的；每根管子的另一端通过乳胶管与多管气压计的玻璃管相连。显然，这些总压排管是用来测量模型板上所测点沿法线方向不同高度的全压的。未吹风前，多管气压计各玻璃管的液面是等高的；吹风后，测全压的玻璃管的液面与测静压的玻璃管的液面间出现一个高度差（Δh_i）（$i=1,2,3,\cdots$）。

因为在附面层内，沿板面法线方向压力不变，即静压（p）不变，而流速却是变化的，所以全压（p_0）也是变化的。紧贴板面，$V=0$，$p=p_0$；从板面沿法线方向向外，静压（p）不变，全压（p_0）增加，其增加量 Δp_0 为 $1/2\rho_\infty V_i^2$。根据 $\Delta p_0=(h_{静}-h_i)\gamma=1/2\rho_\infty V_i^2$ 得

$$V_i = \sqrt{2(h_{静} - h_i)\gamma\rho_\infty} = \sqrt{2\Delta h_i \gamma/\rho_\infty} \tag{A-1}$$

式中：γ 为酒精液的比重，N/m^3；ρ_∞ 为空气密度，kg/m^3；$h_{静}$ 为与静压孔相连的玻璃管液面高度，m；h_i 为与总压排管相连的玻璃管液面高度，m；V_i 为模型板某点法向各高度的气流速度，m/s。

4. 实验步骤

(1) 实验前记录如下数据：

① 空气密度(ρ_∞)。一般取海平面标准大气状态下的空气密度，即 $\rho_\infty = 1.225kg/m^3$。

② 酒精液比重(γ)。取 $\gamma = 7\,840N/m^3$。

③ 总压排管各管与板面的距离(y_i)。

④ 气流速度(V_∞)。

(2) 将模型板装于风洞实验段内，并使板面与风洞轴线平行。将多管气压计各玻璃管同总压排管各管及与静压孔相同的导管有顺序地连接起来。风洞开车，待风速稳定后，从多管气压计读下 $h_{静}$、h_i。

5. 数据处理

(1) 列表，求出 V_i。

y_i								
h_i								
$\Delta h_i = (h_{静} - h_i)$								
V_i								

表中 y_i、h_i、Δh 的单位可采用 mm，但按公式(A-1)计算 V_i 时，需换算成 m。

(2) 根据表中的数据 y_i、V_i 绘出附面层速度分布曲线。V_i 为横坐标，y_i 为纵坐标。为便于画曲线，纵坐标的 y_i 尺寸可放大数倍。

(3) 根据所绘曲线，粗略地确定所测点附面层的厚度。

A.2 翼型压力系数分布实验

1. 实验目的

(1) 掌握翼型压力系数 C_P 的测定方法。

(2) 绘出某迎角下翼型的压力系数分布图。

(3) 根据压力系数分布图，说明机翼各个部分对升力贡献的大小。

2. 实验设备

(1) 低速风洞；

(2) 有测压孔的翼型模型；

(3) 多管气压计；

(4) 红色酒精液。

3. 实验原理

参看图 4-16，各测点的剩余压力为

$$\Delta p_i = p_i - p_\infty = -\gamma(h_i - h_{静}) = -\gamma\Delta h_i$$

根据第 4 章式(4.3)得各点的压力系数为

$$C_{pi} = \frac{\Delta P_i}{1/2\rho_\infty V_\infty^2} = \frac{\gamma(h_i - h_{静})}{1/2\rho_\infty V_\infty^2} = \frac{\gamma\Delta h_i}{1/2\rho_\infty V_\infty^2} \quad \text{(A-2)}$$

式中：γ 为酒精液的比重，N/m^3；h_i 为连接翼型模型各测点的玻璃管液面高度，m；$h_{静}$ 为与模型前方相同的玻璃管液面的高度，m；ρ_∞ 为空气密度，kg/m^3；V_∞ 为风洞速度，m/s。

4. 实验步骤

(1) 实验前记录如下数据：

① 空气密度(ρ_∞)。一般取海平面标准大气压下的空气密度，即 $\rho_\infty=1.225kg/m^3$。

② 相对气流速度(V_∞)。

③ 酒精液比重(γ)。取 $\gamma=7\,840N/m^3$。

④ 各测点至翼型前缘的相对距离($\overline{X_i}=X_i/b$)。

(2) 将翼型模型安装于风洞实验段内，调好迎角，并将多管气压各玻璃管与连接翼型模型各测压孔的软管相连。开车，待风速稳定后，从多管气压计上面记下 h_i、$h_{静}$。

5. 数据处理

(1) 列表，求出 C_{Pi}。

表中 h_i、Δh_i 的单位可用 mm，但按公式(A-2)计算(C_{Pi})时，需换算成 m。

(2) 根据表中数据($\bar{x}$)、(C_{Pi})绘出坐标表示法的翼型压力系数分布图。其中，$\bar{x}$ 为横坐标，C_{pi} 为纵坐标。

(3) 根据翼型压力系数分布图，说明机翼各个部位对升力贡献的大小。

上表面	x_i							
	h_i							
	Δh_i							
	C_{Pi}							
下表面	x_i							
	h_i							
	Δh_i							
	C_{Pi}							

A.3 升力系数的测定实验

1. 实验目的

(1) 掌握不同迎角飞机升力系数的测定方法。

(2) 绘出某飞机模型升力系数(C_y)随迎角(α)变化的曲线,验证飞机升力系数随迎角的变化规律。

(3) 根据所绘曲线,确定该飞机模型的零升迎角(α_0)、临界迎角(α_{cr})、最大升力系数(C_{ymax})及线性段的升力系数斜率(C_y^α)。

2. 实验设备

(1) 低速风洞;
(2) 某型飞机模型;
(3) 天平。

3. 实验原理

参看图4-25,根据所测飞机模型各迎角α下升力Y的大小,利用升力公式,求出对应迎角的升力系数C_y,即

$$C_y = \frac{2Y}{\rho_\infty V_\infty^2 S}$$

式中:ρ_∞为空气密度,kg/m³;V_∞为风洞风速,m/s;S为飞机模型翼面积,m²。

4. 实验步骤

(1) 实验前记录如下数据:
① 飞机模型翼面积(S)。
② 风洞速度(V_∞)。
③ 空气密度(ρ_∞)。近似取海平面标准大气状态的空气密度,即$\rho_\infty=1.225\text{kg/m}^3$。

(2) 将飞机模型安装在风洞实验段的天平上。开车,待风速稳定后,调整飞机迎角,分别记下各迎角对应的升力数值。

5. 数据处理

(1) 列表,按公式$C_y=\dfrac{2Y}{\rho_\infty V_\infty^2 S}$求出所测飞机模型各迎角的升力系数$C_y$,并填入表中。

α/(°)	−1	0	2	4	6	8	10	12	14	16	18	20
Y												
C_y												

(2) 绘出所测飞机模型的升力系数曲线。

(3) 确定该飞机模型的零升迎角(α_0)、临界迎角(α_{cr})、最大升力系数(C_{ymax})和线性段的

升力系数斜率(C_y^{α})。

A.4 阻力系数的测定实验

1. 实验目的

(1)掌握不同迎角下飞机阻力系数的测定方法。

(2) 绘出某飞机模型阻力系数(C_x)随迎角(α)变化的曲线,验证飞机阻力系数随迎角变化的规律。

(3) 根据所绘曲线,确定该飞机模型的零升阻力系数(C_{x0})。

2. 实验设备

(1) 低速风洞;
(2) 飞机模型;
(3) 天平。

3. 实验原理

参看图 4-25,根据所测飞机模型各迎角(α)下阻力(X)的大小,利用阻力公式,求出对应迎角的阻力系数(C_x)。即

$$C_x=\frac{2X}{\rho_\infty V_\infty^2 S}$$

式中:ρ_∞为空气密度,kg/m³;V_∞为风洞风速,m/s;S为飞机模型的翼面积,m²。

4. 实验步骤

(1) 实验前记录如下数据:
① 飞机模型翼面积(S);
② 风洞风速(V_∞);
③ 空气密度(ρ_∞)。近似取海平面标准大气状态下的空气密度,即$\rho_\infty=1.225\text{kg/m}^3$。

(2) 将飞机模型安装在风洞实验段的天平上。开车,待风速稳定后,调整飞机的迎角,记下各迎角的阻力。

5. 数据处理

(1) 列表,按公式$C_x=\dfrac{2X}{\rho_\infty V_\infty^2 S}$求出所测飞机模型各应迎角阻力系数($C_x$),并填入表中。

α/(°)	−1	0	2	4	6	8	10	12	14	16	18	20
X												
C_x												

(2) 绘出所测飞机模型的阻力系数曲线。

(3) 确定该飞机模型的零升力阻力系数(C_{x0})。

附录B

声速公式的推导

为简单起见，我们用一维流动的例子来推导声速公式。参看图 B-1(a)，取一根很长的直管子，管内空气原是静止的，左端有一活塞。将其向右推动一下，原来静止的空气受到微小扰动，扰动波将以声速 c 向右传播。假设未受扰动的空气的压力、密度、温度和空气微团的运动速度分别是 p、ρ、T、$V(V=0)$。在受扰与未受扰的分界面上取一矩形微控制区，如图 B-1(b)所示。

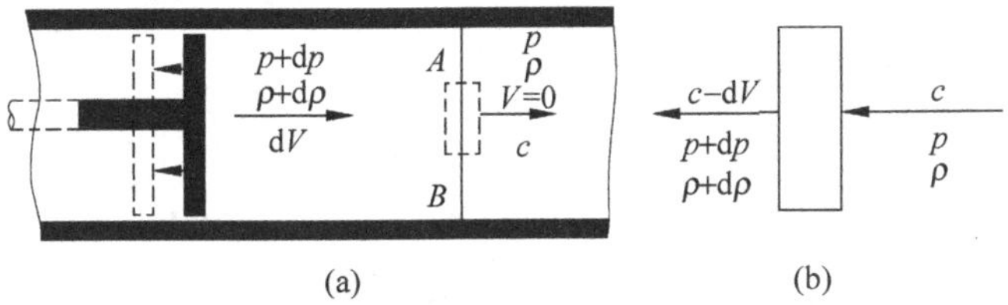

图 B-1　声速公式的推导

设微控制区的截面积为 A，根据连续方程得

$$\rho cA = (\rho + d\rho)(c - dV) \cdot A$$

消去 A 并略去二阶小量，化简后得

$$c d\rho = \rho dV \tag{B-1}$$

根据动量方程得

$$(p + dp)A - pA = \rho cA[c - (c - dV)]$$

消去 A 并化简得

$$dp = \rho c dV \tag{B-2}$$

由(B-1)和(B-2)两式消去 dV，得

$$c^2 = dp/d\rho$$

即得声速常用表达公式：

$$c = \sqrt{dp/d\rho} \tag{B-3}$$

由于声波是弱扰动波，其扰动过程是一个等熵过程，满足等熵关系式(1.7)

$$dp/\,d\rho = kRT$$

$$c = \sqrt{kRT} \tag{B-4}$$

对于空气，$k=1.4$，$R=287\text{J}/(\text{kg}\cdot\text{K})$，$T$ 为绝对温度，有声速与温度关系式：

$$c = 20.05\sqrt{T}$$

式中，T 为绝对温度。

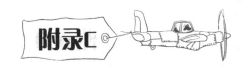

附录C

激波传播速度公式的推导

为简单起见，我们仍用一维流动的例子来推导激波传播速度公式。参看图 C-1，取一截面面积为 A 的一根长管，在 t_1 瞬间，压缩空气产生的激波前进到截面 $C—C$ 处，再经过时间 dt，激波传到截面 $D—D$ 截面，V_s 为激波的传播速度。在时间 dt 内，截面 $C—C$ 和截面 $D—D$ 间的气体运动速度由零增加到 V_g，压力、密度、温度由 p_1, ρ_1, T_1 增加到 p_2, ρ_2, T_2。显然截面 $C—C$ 和截面 $D—D$ 间的气体质量增加了，动量也增加了。由质量守恒定理知道，两截面间的空气质量增加 $V_s(\rho_2-\rho_1)dt$，应等于 dt 时间内从 $C—C$ 截面流入的气体质量 $\rho_2 A V_g dt$。

即

$$V_s A(\rho_2-\rho_1)dt = \rho_2 A V_g dt$$

得

$$V_g = V_s(\rho_2-\rho_1)/\rho_2 \tag{C-1}$$

由动量守恒定理知，两截面间动量增量 $\rho_1 A V_s dt V_g$ 应等于两截面处的压力差产生的冲量 $A(P_2-P_1)dt$。即

$$\rho_1 A V_s dt V_g = A(p_2-p_1)dt$$

得

$$V_g = (p_2-p_1)/V_s\rho_1 \tag{C-2}$$

由式(C-1)和式(C-2)得

$$V_g = V_s(\rho_2-\rho_1)/\rho_2 = (\rho_2-\rho_1)/V_s\rho_1$$

整理即有

$$V_s = \sqrt{\frac{p_1-p_2}{\rho_1-\rho_2}\cdot\frac{\rho_2}{\rho_1}} \tag{C-3}$$

式(C-3)即为激波的传播速度公式。

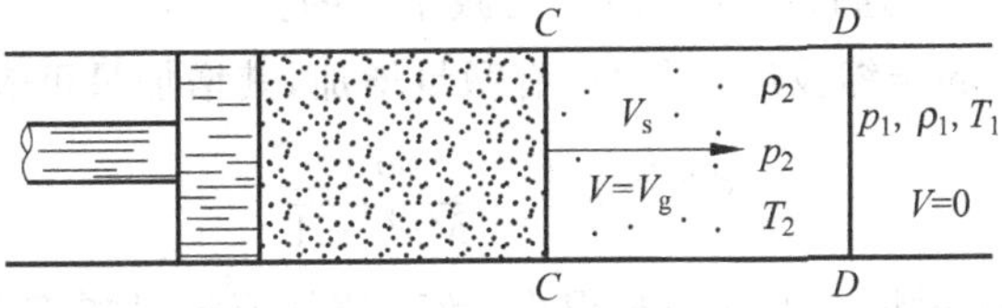

图 C-1　激波传播速度的推导

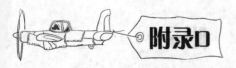

附录D

薄板翼型的超声速升力系数、阻力系数、升力系数斜率公式的推导

如图 D-1 所示，在 O 点处有一个无限小的外凸角 $\mathrm{d}\delta$，超声速气流流经此处向外转折一个 $\mathrm{d}\delta$ 角度。转折点 O 为扰动源，对流场产生一道膨胀波 OL。膨胀波对应于马赫数的马赫角 $\mu=\arcsin(1/Ma)$。气流外折时，流管截面面积变化量 $\mathrm{d}A$ 为

$$\mathrm{d}A = A'\sin(\mu+\mathrm{d}\delta) - A'\sin\mu = A'(\sin\mu\cos\mathrm{d}\delta + \cos\mu\sin\mathrm{d}\delta - \sin\mu)$$

式中：A 为波前流管截面积；A'为波面上流管截面积。

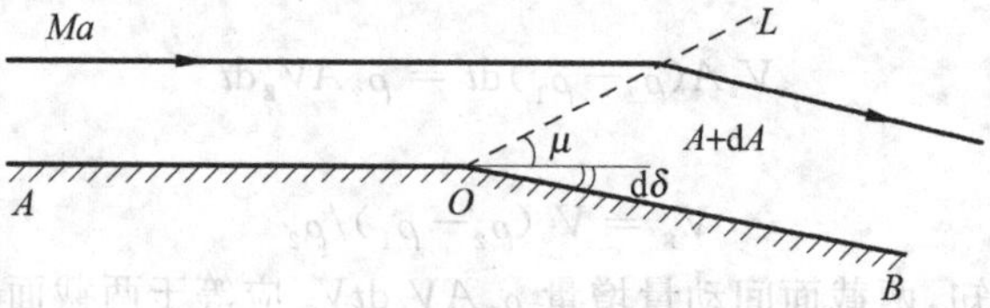

图 D-1　膨胀波后流管截面积的变化

因 $\mathrm{d}\delta$ 微小，所以 $\cos\mathrm{d}\delta\approx1$，$\sin\delta\approx\mathrm{d}\delta$，因此有

$$\mathrm{d}A = A'\cos\mu\mathrm{d}\delta = A\cot\mu\mathrm{d}\delta = A\sqrt{Ma^2-1}\,\mathrm{d}\delta \tag{D-1}$$

将 $\mathrm{d}A/A=(M^2-1)\mathrm{d}V/V$ 代入式(D-1)，得

$$\frac{\mathrm{d}V}{V} = \frac{\mathrm{d}\delta}{\sqrt{Ma^2-1}} \tag{D-2}$$

将微分形式的动量方程 $\mathrm{d}p=-\rho V\mathrm{d}V$ 代入式(D-2)得

$$\mathrm{d}p = -\rho V^2\,\frac{\mathrm{d}\delta}{\sqrt{Ma^2-1}} \tag{D-3}$$

式(D-3)为超声速气流通过膨胀波后压力减小量的公式。

若超声速气流通过弱压缩波后，压力应有微量增加，其增加量可表示为

$$\mathrm{d}p = \rho V^2\,\frac{\mathrm{d}\delta}{\sqrt{Ma^2-1}} \tag{D-4}$$

飞机高速飞行时，一般情况下迎角都很小，超声速气流流过翼型时可看作小角度转折。翼型前后缘对气流的扰动很弱，翼型上下表面的膨胀和压缩也很弱，因此可看成是理想绝热

(即等熵)过程。这样,可由式(D-3)和式(D-4)得

$$\mathrm{d}p_{上} = p_{上} - p_{\infty} = -\rho_{\infty}V_{\infty}^{2}\frac{\mathrm{d}\delta}{\sqrt{Ma_{\infty}^{2}-1}}$$

$$\mathrm{d}p_{下} = p_{下} - p_{\infty} = \rho_{\infty}V_{\infty}^{2}\frac{\mathrm{d}\delta}{\sqrt{Ma_{\infty}^{2}-1}}$$

因转折角很微小,可认为 $\mathrm{d}\delta=\alpha$,所以

$$p_{上} = p_{\infty} - \rho_{\infty}V_{\infty}^{2}\frac{\alpha}{\sqrt{Ma_{\infty}^{2}-1}}$$

$$p_{下} = p_{\infty} + \rho_{\infty}V_{\infty}^{2}\frac{\alpha}{\sqrt{Ma_{\infty}^{2}-1}}$$

这样,薄板翼型的总空气动力为

$$R = p_{下}S - p_{上}S = (p_{下} - p_{上})S = 2\rho_{\infty}V_{\infty}^{2}\frac{\alpha}{\sqrt{Ma_{\infty}^{2}-1}}$$

所以

$$C_{R} = \frac{R}{\frac{1}{2}\rho_{\infty}V_{\infty}^{2}} = \frac{4\alpha}{\sqrt{Ma_{\infty}^{2}-1}} \tag{D-5}$$

因为 $C_y=C_R\cos\alpha$,$C_{xw}=C_R\sin\alpha$,迎角 α 很小时,$\cos\alpha\approx1$,$\sin\alpha\approx\alpha$,所以

$$C_{y} = C_{R} = \frac{4\alpha}{\sqrt{Ma_{\infty}^{2}-1}} \tag{D-6}$$

$$C_{xw} = C_{R}\cdot\alpha = \frac{4\alpha^{2}}{\sqrt{Ma_{\infty}^{2}-1}} \tag{D-7}$$

$$C_{y}^{\alpha} = \frac{4}{\sqrt{Ma_{\infty}^{2}-1}} \tag{D-8}$$

式(D-6)～式(D-8)分别为薄板翼型超声速时的升力系数、阻力系数、升力系数斜率的公式。

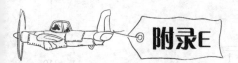

附录E

拉力公式的推导

在螺旋桨桨叶半径 r 处，取一宽度为 dr 的微元桨叶（叶素），见图 E-1，在此叶素上产生的空气动力为 dR，其大小为

$$dR = C_R \cdot 1/2\rho W^2 dS$$

式中：C_R 为桨叶空气动力系数；dS 为叶素面积，$dS=b dr$。

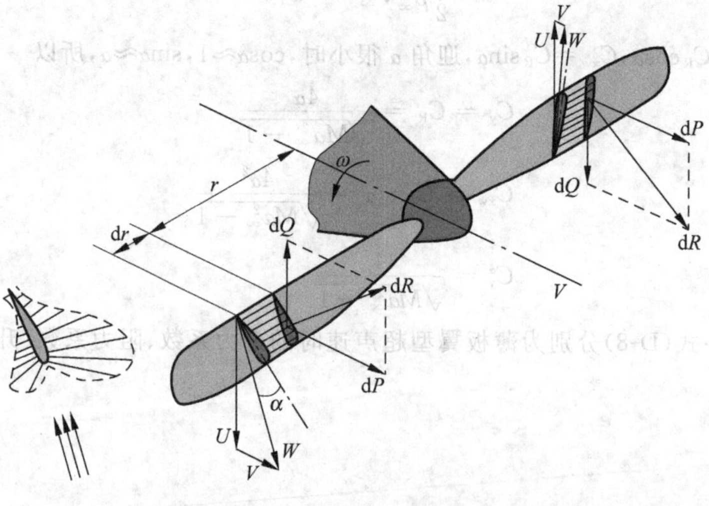

图 E-1　叶素上的空气动力

根据桨叶空气动力所起的作用，可将其分解为两个分力：一是与桨轴平行，起拉力作用的 dP；二是与桨轴垂直，起阻碍螺旋桨旋转的旋转阻力 dQ。

各叶素拉力的总和即为螺旋桨的总拉力：

$$P = K\int_{r_0}^{R} dP$$

式中：K 为桨叶数目；r 为螺旋桨半径；r_0 为螺旋桨桨毂半径。

如图 E-2 所示，空气动力 dR 可分解为垂直于和平行于合速度方向的两个分力 dY 和 dX，其大小可按下式计算：

$$dY = C_{y叶} \cdot 1/2\rho W^2 b dr$$

$$dX = C_{x叶} \cdot 1/2\rho W^2 b dr$$

式中：$C_{y叶}$为桨叶垂直于合速度方向的空气动力系数；$C_{x叶}$为桨叶平行于合速度方向的空气动力系数。

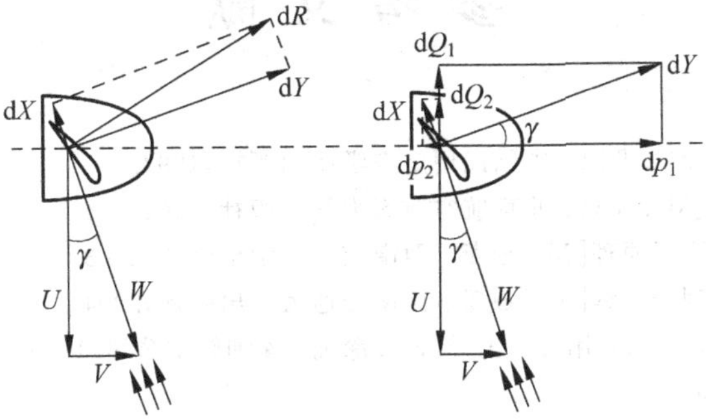

图 E-2　叶素上的拉力和旋转阻力

根据力的合成和分解原理，该叶素产生的拉力为

$$dp = dp_1 - dp_2 = dY\cos\gamma - dX\sin\gamma = (C_{y叶}\cos\gamma - C_{x叶}\sin\gamma) \cdot 1/2\rho W^2 b dr$$

桨叶剖面的合速度 W 可表示为

$$W = U/\cos\gamma = 2\pi rn/\cos\gamma$$

所以整个螺旋桨的拉力为

$$P = K\int_{r_0}^{r} dP = K\int_{r_0}^{r} (C_{y叶}\cos\gamma - C_{x叶}\sin\gamma) \cdot 1/2\rho(2\pi rn/\cos\gamma)^2 b dr$$

$$= (K/4)\pi^2 \rho n^2 D^4 \int_{r_0}^{1} \frac{C_{y叶}\cos\gamma - C_{x叶}\sin\gamma}{\cos^2\gamma} \bar{b}\, \bar{r}^2 d\bar{r}$$

令

$$C_P = (K/4)\pi^2 \int_{r_0}^{1} \frac{C_{y叶}\cos\gamma - C_{x叶}\sin\gamma}{\cos^2\gamma} \bar{b}\, \bar{r}^2 d\bar{r}$$

式中：C_P 为螺旋桨的拉力系数；$\bar{r}_0$ 为桨毂半径螺旋桨半径之比；$\bar{b}$ 为桨叶相对宽度；$\bar{r}$ 为桨叶剖面的相对半径；γ 为桨叶旋转面与合速度的夹角。

于是拉力公式可写为

$$P = C_P \rho n^2 D^4$$

式中：P 为螺旋桨拉力；C_P 为拉力系数；ρ 为空气密度；n 为螺旋桨转数；D 为螺旋桨桨叶直径。

参 考 文 献

[1] 肖锡林.空气动力学[M].北京：中国民用航空学院出版社，1993.

[2] 钱翼稷.空气动力学[M].北京：北京航空航天大学出版社，2004.

[3] 王大海，杨俊，余江.飞行原理[M].成都：西南交通大学出版社，2003.

[4] 赵廷渝.飞行员航空理论教程[M].成都：西南交通大学出版社，2004.

[5] 赵锡铭.波音 737-300 飞机实用飞行力学[M].深圳：深圳航空公司，1995.

[6] http://www.airmancn.com

[7] http://www.caacnews.com.cn

[8] http://www.cacs.net.cn

[9] http://www.ccsa.org.cn

[10] http://baike.baidu.com/view 161437.htm